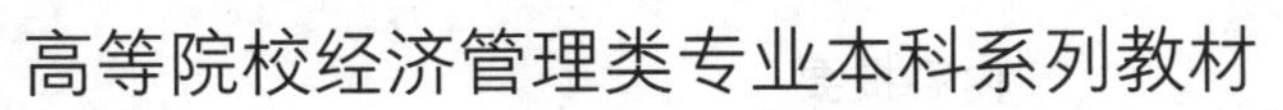

# 概率论与数理统计

（第2版）

GAILÜLUN YU SHULI TONGJI

主　编　殷　羽

副主编　艾艺红　徐文华

重庆大学出版社

## 内容提要

本书是一本高等学校非数学专业概率论与数理统计课程的教材.全书共分为10部分,内容包括排列组合、随机事件与概率、随机变量及其概率分布、二维随机变量及其概率分布、随机变量的数字特征、大数定律与中心极限定理、样本与统计量、参数估计、假设检验、Matlab在概率论统计中的应用简介。各章后选配了适量习题,并在书后附有习题答案.书末给出了泊松分布表、标准正态分布表、$\chi^2$分布分位数表、$t$分布分位数表、$F$分布分位数表5个重要分布表.

本书强调概率统计基本思想的渗透和对实际背景的描述,深入浅出,易于掌握。书中计算简单,较大程度地降低了学习难度.另外本书还通过二维码的形式配套了相关的数字化资源,便于学生自学或巩固.本书可作为高等学校经济、管理、工学等非数学专业的教材或教学参考书.

**图书在版编目(CIP)数据**

概率论与数理统计 / 殷羽主编. -- 2版. -- 重庆 :
重庆大学出版社, 2022.12(2023.2重印)
高等院校经济管理类专业本科系列教材
ISBN 978-7-5689-3591-3

Ⅰ.①概… Ⅱ.①殷… Ⅲ.①概率论—高等学校—教材②数理统计—高等学校—教材 Ⅳ.①O21

中国版本图书馆CIP数据核字(2022)第223358号

高等院校经济管理类专业本科系列教材
**概率论与数理统计(第2版)**
主 编 殷 羽
副主编 艾艺红 徐文华
策划编辑:顾丽萍
责任编辑:杨育彪 版式设计:顾丽萍
责任校对:关德强 责任印制:张 策
*
重庆大学出版社出版发行
出版人:饶帮华
社址:重庆市沙坪坝区大学城西路21号
邮编:401331
电话:(023)88617190 88617185(中小学)
传真:(023)88617186 88617166
网址:http://www.cqup.com.cn
邮箱:fxk@cqup.com.cn(营销中心)
全国新华书店经销
重庆华林天美印务有限公司印刷
*
开本:787mm×1092mm 1/16 印张:12.75 字数:330千
2022年12月第2版 2023年2月第7次印刷
印数:17 001—20 000
ISBN 978-7-5689-3591-3 定价:37.00元

# 前　言

本书根据重庆工商大学派斯学院近20年的教学实践编写而成,本书可作为高等学校经济、管理、工学等非数学专业的教材或教学参考书.

概率论与数理统计作为现代数学的重要分支,在自然科学、社会科学和工程技术等领域都具有极为广泛的应用,特别是随着计算机的全面普及,概率统计在经济、管理、金融、保险、生物、医学、石油、冶金、地质等方面的应用更是得到了长足发展. 正是概率统计的这种广泛应用性,使它今天成为各类专业大学生重要的数学必修课之一.

与高等数学(微积分)、线性代数这两门数学前期基础课程相比,学习概率论与数理统计时有两点值得注意:一是初学者往往对本门课程中一些重要概念的实质的领会感到困难;二是本门课程的应用性很强. 基于这两点,本书在编写过程中力求做到以下几点:

(1)尽量使用较少的数学知识,避免过于数学化的论证,深入浅出,但保持叙述的严谨性,并给出了一些计算方法的技巧总结.

(2)在内容安排上,对一些传统内容进行了适当调整和优化,以更好地体现知识的内在联系和循序渐进性.

(3)力求例题、习题合理配置,形式多样,难易适度. 习题均分为(A)(B)两组,其中(A)组习题反映了本章的基本要求,(B)组习题由填空题和选择题两部分组成,另附期末考试自测题,可供复习和总结使用. 书后附有习题答案.

(4)增加了排列组合等预备知识.

(5)为顺应培养现代化复合型人才的需求,编写了 Matlab 在概率统计中的应用简介,给出了一些在概率论与数理统计中常用的调用命令.

(6)书中增加了边注,扫描二维码可阅读相关内容或解答,有助于学生了解概率统计发展的历史线索,引导学生举一反三.

本书由殷羽担任主编,由艾艺红、徐文华担任副主编。本书的编写分工如下:预备知识由艾艺红执笔,第 1 章由田秀霞执笔,第 2、6、7、8 章由殷羽执笔,第 3 章由徐文华、徐畅凯执笔,第 4 章由唐建民执笔,第 5 章由葛杨执笔,第 9 章由周杰琳执笔,附表由周杰琳提供. 全书由殷羽修改定稿,统撰完成.

由于编者水平有限,书中难免存在疏漏之处,恳请读者批评指正.

编　者

2022 年 4 月

*Contents*

# 目录

## 第4章 随机变量的数字特征



## 第5章 大数定律与中心极限定理



## 第6章 样本与统计量



## 第7章 参数估计



## 第8章 假设检验



## *第9章 Matlab在概率统计中的应用简介

## 附表

# 预备知识

# 排列组合

排列和组合是学习概率与数理统计的预备知识,现将二者涉及的知识点归纳总结如下.

## 0.1 两条基本原理

1)加法原理

若完成一件事情有 $n$ 类方式,其中第一类方式有 $m_1$ 种方法,第二类方式有 $m_2$ 种方法,……,第 $n$ 类方式有 $m_n$ 种方法,只要用其中任何一种方法就可以把这件事完成,则完成这件事情共有

$$m_1 + m_2 + \cdots + m_n$$

种方法.

【例 0.1】 从甲地到乙地可以有 4 种方式:乘汽车、轮船、火车或飞机.若一天中有汽车 3 班,轮船 2 班,火车 4 班,飞机 1 班,那么从甲地到乙地共有

$$3 + 2 + 4 + 1 = 10$$

种方法.

2)乘法原理

若完成一件事情有 $n$ 个步骤,缺一不可,其中第一个步骤有 $m_1$ 种方法,第二个步骤有 $m_2$ 种方法,……,第 $n$ 个步骤有 $m_n$ 种方法,则完成这件事共有

$$m_1 \times m_2 \times \cdots \times m_n$$

种不同的方法.

【例 0.2】 从甲地到丙地必须经过乙地,从甲地到乙地有 3 条路线,从乙地到丙地有 2 条路线,则从甲地到丙地共有

$$3 \times 2 = 6$$

种方法.

**注** 以上两条基本原理在排列组合中将会反复使用.这两条原理回答的都是"关于完成

一件事情的不同方法的种数的问题”,但又有本质区别:加法原理针对的是“分类”问题,乘法原理针对的是“分步”问题.

## 0.2 排列

### 1)元素不允许重复的排列

【例 0.3】 从 4 面不同颜色的旗子中,选出 3 面排成一排作为一种信号,能组成多少种信号?

**解** 解决这个问题需要分为 3 步进行,第一步,先选第 1 面旗子,有 4 种选择方法;第二步,在剩下的 3 种颜色中,再选第 2 面旗子,有 3 种选法;第三步,在剩下的 2 种颜色中,选最后一面旗子,有 2 种选法. 根据乘法原理,共有 $4\times3\times2=24$ 种选法. 每种选法对应一种信号,故共能组成 24 种信号.

**定义 1** 从 $n$ 个不同的元素中取出 $m(m\leqslant n)$ 个不同的元素,按照一定的顺序排成一列,叫作从 $n$ 个不同的元素中取出 $m$ 个元素的**排列**. 所有这样排列的个数称为**排列数**,记为 $A_n^m$ 或 $P_n^m$.

$$A_n^m=\frac{n!}{(n-m)!}=n(n-1)(n-2)\cdots(n-m+1)$$

**规定** $A_n^0=1$. 当 $m=n$ 时,$A_n^n=n!=n\cdot(n-1)\cdot(n-2)\cdot\cdots\cdot2\cdot1$.

【例 0.4】 用 1,2,3,4 这 4 个数字可以组成多少个没有重复数字的三位数?

**解** 这是从 1,2,3,4 这 4 个数字中,任意选出 3 个数字排成一排,有多少种排法的排列问题. 故有 $A_4^3=4\times3\times2=24$ 种排法. 所以,用 1,2,3,4 这 4 个数字,可以组成 24 个没有重复数字的三位数.

### 2)元素允许重复的排列

元素允许重复包括元素重复和元素不重复两种情况,元素允许重复的排列指的是在排列中允许出现相同的元素.

下面讨论从 $n$ 个不同的元素中允许重复地任取 $m$ 个元素组成的排列的方法种数.

从 $n$ 个不同的元素中任取一个放在第一个位置上共有 $n$ 种方法,然后把该元素放回去,再从这 $n$ 个元素中任取一个放在第二个位置上仍有 $n$ 种方法,……,按这种方法进行 $m$ 次,每次都有 $n$ 种方法,根据乘法原理,可从 $n$ 个不同元素中允许重复地任取 $m$ 个元素组成的重复排列的个数为 $n\times n\times\cdots\times n=n^m$.

【例 0.5】 由 0,1,2,3,4,5,6,7,8,9 这 10 个数字所组成的四位数中,求:①没有重复的数字有几个;②4 个数字都相同的有几个;③恰好有 3 个数字相同的有几个?

**解** ①千位上的数字除 0 外有 9 种不同的取法;取定后,由于不允许重复,但 0 可以加入供选用,故百位上的数字有 9 种不同的取法;在千位、百位上的数字取定后,十位上的数字有 8 种不同的取法;在千位、百位、十位上的数字取定后,个位上的数字有 7 种不同的取法. 因此由乘法原理可以组成 $9\times9\times8\times7=4\ 536$ 个没有重复数字的四位数.

②由于千位上的数字有 9 种不同的取法,根据 4 个数字都相同的要求,千位上的数字取定后,百位、十位、个位上的数字也相应取定,故 4 个数字都相同的四位数有 9 个.

③千位上的数字与百位、十位上的数字相同的四位数的个数为 $9\times9=81$;千位上的数字与百位、个位上的数字相同的四位数的个数为 $9\times9=81$;千位上的数字与十位、个位上的数字相同的四位数的个数为 $9\times9=81$;千位确定后,百位上的数字与十位、个位上的数字相同的四位数的个数为 $9\times9=81$. 由加法原理,恰好有 3 个数字相同的四位数的个数为 $81+81+81+81=324$.

## 0.3 组合

通过对排列的讨论可知,排列是一个与次序有关的概念,例如从甲地到乙地的火车票与从乙地到甲地的火车票是两种不同的火车票,又如选同学 A 任班长、同学 B 任副班长与选同学 A 任副班长、同学 B 任班长是两种不同的职务安排. 但在实际问题中经常遇到一些与次序无关的问题:如选 A,B 两人为代表出席一个会议与选 B,A 两人为代表是同一种选法;又如"会计学与金融学专业之间进行足球赛"和"金融学与会计学专业之间进行足球赛"是同一场比赛,因此这是一个与排列概念不同的问题.

**定义** 2 从 $n$ 个不同的元素中,任取 $m(m\leqslant n)$ 个元素为一组,称为从 $n$ 个不同元素中取出 $m$ 个元素的一个**组合**. 所有这样组合的个数称为**组合数**,记为 $C_n^m$.

一般地,考虑 $C_n^m$ 与 $A_n^m$ 的关系:把"从 $n$ 个不同的元素中选出 $m(m\leqslant n)$ 个元素进行排列"这件事,分两步进行:第一步,从 $n$ 个不同的元素中取出 $m$ 个元素,一共有 $C_n^m$ 种取法;第二步,把取出的 $m$ 个元素进行排列,一共有 $A_m^m$ 种排法,根据乘法原理有 $A_n^m=C_n^m\cdot A_m^m$.

由此可以得出:

$$C_n^m=\frac{A_n^m}{A_m^m}=\frac{n!}{m!\ (n-m)!}$$

规定 $C_n^0=1$,组合数性质 $C_n^m=C_n^{n-m}$,$C_{n+1}^m=C_n^m+C_n^{m-1}$.

对于实际问题,要正确判别其是排列问题还是组合问题,关键在于区别要不要将所取的元素进行排列,若要排列则是排列问题,若无须排列则是组合问题.

**【例 0.6】** 盒子中有 3 个红球,6 个白球,任取 5 个球,求:①共有多少种取法;②恰好有 1 个红球的取法数;③至少有 2 个红球的取法数;④至多有 1 个红球的取法数.

**解** ①从 $3+6=9$ 个球中任取 5 个球,共 $C_9^5=126$ 种取法.

②任取 5 个球中恰好有 1 个红球,即所取球中 1 红 4 白,完成这件事情需要经过两个步骤:先是从 3 个红球中任取 1 个,共 $C_3^1$ 种取法;再从 6 个白球中任取 4 个,共 $C_6^4$ 种取法,根据乘法原理,共 $C_3^1\cdot C_6^4=C_3^1\cdot C_6^2=45$ 种取法.

③任取 5 个球中至少有 2 个红球,包括"2 红 3 白"和"3 红 2 白"两种情形,结合乘法原理和加法原理,共 $C_3^2\cdot C_6^3+C_3^3\cdot C_6^2=75$ 种取法.

④任取 5 个球中至多有 1 个红球,包括"1 红 4 白"和"0 红 5 白"两种情形,结合乘法原理和加法原理,共 $C_3^1\cdot C_6^4+C_3^0\cdot C_6^5=51$ 种取法.

【例0.7】 从1,3,5,7,9中任取3个数字,从2,4,6,8中任取2个数字,一共可以组成多少个没有重复数字的五位数?

**解** 第一步:从1,3,5,7,9中任取3个数字,共有$C_5^3$种取法;

第二步:从2,4,6,8中任取2个数字,共有$C_4^2$种取法;

第三步:把取出的5个数字进行排列,共有$A_5^5$种排法;

根据乘法原理,一共可以组成$C_5^3 \cdot C_4^2 \cdot A_5^5 = 7\ 200$个没有重复数字的五位数.

# 第1章

# 随机事件与概率

概率论是研究随机现象统计规律性的数学学科，它的理论与方法在自然科学、社会科学、工程技术、经济管理等诸多领域有着广泛的应用. 从17世纪人们利用古典概型来研究人口统计、产品检查等问题，到20世纪30年代概率论公理化体系的建立，概率论形成了自己严格的概念体系和严密的逻辑结构.

本章重点介绍概率论的两个最基本的概念：随机事件与概率. 主要内容包括：随机事件与概率的定义、古典概型、条件概率、乘法公式、全概率公式与贝叶斯公式以及事件的独立性等.

## 1.1 随机现象与随机事件

### 1.1.1 确定性现象和随机现象

在自然界和人类社会生活中普遍存在着两类现象：必然现象和随机现象.

在一定条件下必然出现的现象称为**确定性现象**. 例如：

①没有受到外力作用的物体永远保持原来的运动状态；

②异性电荷相互吸引，同性电荷相互排斥；

③市场经济条件下，商品供过于求，其价格下降.

在相同的条件下可能出现也可能不出现的现象称为**随机现象**. 例如：

①抛掷一枚硬币出现正面还是出现反面；

②检查产品质量时任意抽取的产品是合格品还是次品；

③未来的一段时间内来到一个服务系统（例如超市、商场、火车站等）的顾客数量，可能是0个，也可能是1个，……，还可能是1 000个，……

我们对事物的效果或者性能作一次观察或者进行一次试作，称为**试验**. 如果试验具有以下特点：

（1）**重复性**　试验可以在相同的条件下重复进行.

（2）**明确性**　每次试验的所有可能结果都是明确的、可观测的，并且试验的可能结果有两个或更多个.

(3)**随机性** 每次试验将要出现的结果事先不能准确预知,但可以肯定会出现上述所有结果中的一个,则称为**随机试验**,简称为**试验**,通常用字母 $E_1$, $E_2$,…表示.

想一想:化学实验是不是随机试验

随机试验结果的外在表现即为随机现象.由于随机现象的结果事先不能预知,初看似乎毫无规律.然而,当我们对同一随机现象进行大量重复试验时,发现其每种可能的结果出现的频率具有稳定性,这表明随机现象存在其固有的量的规律性.我们把随机现象在大量重复试验时所表现出来的量的规律性称为随机现象的**统计规律性**.抛掷硬币的试验是历史上研究随机现象统计规律性的最著名的试验,该试验结果见表1.1.

**表1.1 历史上抛掷硬币试验的记录**

| 试验者 | 抛掷次数 $n$ | 正面朝上的次数 $n_A$ | 正面朝上的频率$\frac{n_A}{n}$ |
|---|---|---|---|
| De Morgan | 2 048 | 1 061 | 0.518 1 |
| Buffon | 4 040 | 2 048 | 0.506 9 |
| Fisher | 10 000 | 4 979 | 0.497 9 |
| Pearson | 12 000 | 6 019 | 0.501 6 |
| Pearson | 24 000 | 12 012 | 0.500 5 |

试验表明:虽然每次抛掷一枚硬币事先无法预知出现正面还是反面,但大量重复该试验时发现,出现正面和反面的次数大致相等,即正面出现的频率在0.5附近摆动,并且随着试验次数的增加,频率更加稳定地趋于0.5.

## 1.1.2 样本空间与样本点

对于随机试验 $E$,虽然在每次试验之前不能确定本次试验的结果,但是试验的所有可能结果在试验之前都是明确可知的,一个随机试验的所有可能结果组成的集合称为该试验的**样本空间**,记为 $\Omega$.样本空间的每一个元素 $\omega$(每一个可能结果)称为**样本点**.

**【例1.1】** 抛掷一枚硬币,观察正面 $H$ 和反面 $T$ 出现的情况(将这两个结果依次记作 $\omega_1$ 和 $\omega_2$),则试验的样本空间为

$$\Omega=\{出现H,出现T\}=\{\omega_1,\omega_2\}$$

**【例1.2】** 将一枚硬币掷3次,在观察正面 $H$、反面 $T$ 出现情况的试验中,其样本空间为

$$\Omega=\{HHH,HHT,HTH,THH,HTT,THT,TTH,TTT\}$$

**【例1.3】** 抛掷一枚骰子,观察出现的点数,则试验的样本空间为

$$\Omega=\{1,2,3,4,5,6\}$$

**【例1.4】** 观察一部电梯一年内出现故障的次数,则样本空间为

$$\Omega=\{0,1,2,\cdots\}$$

**【例1.5】** 测量某机床加工的零件长度与零件规定长度的偏差 $\omega$(单位:mm).由于通常可以知道其偏差的范围,故可以假定偏差的绝对值不超过某一固定的正数 $\varepsilon$,则样本空间为

$$\Omega = \{\omega \mid -\varepsilon \leqslant \omega \leqslant \varepsilon\}$$

【例 1.6】　测试某种电子元件的寿命(单位:h),则试验的样本空间为

$$\Omega = \{\omega \mid 0 \leqslant \omega < +\infty\}$$

## 1.1.3　随机事件

在概率论中,称随机试验 $E$ 的样本空间 $\Omega$ 的子集为 $E$ 的**随机事件**,简称为**事件**,用大写字母 $A,B,C$ 等表示.在每次试验中,如果事件 $A$ 中的一个样本点 $\omega$ 发生,则称事件 $A$ 在这次试验中发生,记作 $\omega \in A$.例如,在例 1.6 中,若规定电子元件的寿命大于 5 000 h 为正品,那么满足这一条件的样本点组成 $\Omega$ 的子集 $A=\{\omega \mid \omega \geqslant 5\ 000\}$,称 $A$ 为该试验的一个随机事件.显然,当 $A$ 发生时,有 $\omega \geqslant 5\ 000$.

特别地,由一个样本点组成的单点子集,称为**基本事件**.样本空间 $\Omega$ 作为它自身的子集,包含了所有的样本点,每次试验总是发生,称为**必然事件**.空集 $\varnothing$ 作为样本空间的子集,不包含任何样本点,每次试验都不发生,称为**不可能事件**.

【例 1.7】　在例 1.3 中,关于抛掷一枚骰子观察出现的点数的随机试验,其样本空间为 $\Omega=\{1,2,3,4,5,6\}$,则

①$A=\{$出现奇数点$\}=\{1,3,5\}$;

②$B=\{$出现的点数不小于 3,不大于 5$\}=\{3,4,5\}$;

③$C=\{$出现的点数能被 4 整除$\}=\{4\}$;

④$D=\{$出现的点数不超过 7$\}=\Omega$;

⑤$E=\{$出现的点数超过 8$\}=\varnothing$.

都是随机事件.其中,$C$ 是基本事件,$D$ 为必然事件,$E$ 为不可能事件.

## 1.1.4　事件之间的关系

为了通过对简单事件的研究来掌握复杂事件,需要研究事件间的关系及运算.由于事件是一个集合(样本空间派生出的子集),因此事件间的关系及运算与集合间的关系及运算是相互对应的.

在以下的讨论中,记一个随机试验为 $E$,$\Omega$ 为 $E$ 的样本空间,$\omega$ 为 $\Omega$ 中的样本点,$A,B,A_k$ $(k=1,2,\cdots)$是试验 $E$ 的事件,也是 $\Omega$ 的子集.

### 1)包含关系

$A \subset B$ 的准确含义是

$$\text{若 } \omega \in A, \text{则 } \omega \in B$$

它表示事件 $A$ 发生必然导致事件 $B$ 发生,这时称事件 $B$ **包含**事件 $A$,或者称事件 $A$ **包含于**事件 $B$.

显然,事件 $A \subset B$ 的含义与集合论中的含义是一致的,并且对任意事件 $A$,有

$$\varnothing \subset A \subset \Omega$$

在例 1.7 中,有 $C \subset B, C \subset D$.在例 1.6 中,若记 $A=\{\omega \mid \omega \geqslant 5\ 000\}$,$B=\{\omega \mid \omega \geqslant 4\ 000\}$,则 $A \subset B$.

2)相等关系

如果事件 $A$ 包含事件 $B$,事件 $B$ 也包含事件 $A$,即 $B \subset A$ 且 $A \subset B$,则称事件 $A$ 与事件 $B$ **相等**(或等价),记作 $A=B$. 显然,事件 $A$ 与事件 $B$ 相等是指这两个事件同时发生或者同时不发生.

3)互不相容

如果事件 $A$ 与事件 $B$ 在任何一次试验中都不能同时发生,则称事件 $A$ 与事件 $B$ **互不相容**(或**互斥**),否则称事件 $A$ 与事件 $B$ **相容**. 显然,事件 $A$ 与事件 $B$ 互不相容说明集合 $A$ 与集合 $B$ 无公共元素. 在例 1.7 中,事件 $A$ 与事件 $C$ 互不相容,事件 $A$ 与事件 $E$ 互不相容,而事件 $A$ 与事件 $B$ 相容.

### 1.1.5 事件的运算

1)交运算

"事件 $A$ 和事件 $B$ 同时发生",这一事件称为事件 $A$ 与事件 $B$ 的**交**(或**积**),记作 $A \cap B$(或 $AB$),即

$$A \cap B = \{\text{事件 } A \text{ 发生且事件 } B \text{ 发生}\} = \{\omega \mid \omega \in A \text{ 且 } \omega \in B\}$$

这与集合论中交集的含义一致. 在例 1.7 中,$AB=\{3,5\}$,$BC=\{4\}$.

事件的交可以推广到多个事件的情形:

$$\bigcap_{i=1}^{n} A_i = \{\text{事件 } A_1, A_2, \cdots, A_n \text{ 同时发生}\}$$

$$\bigcap_{i=1}^{\infty} A_i = \{\text{事件 } A_1, A_2, \cdots, A_n, \cdots \text{同时发生}\}$$

显然,事件 $A,B$ 互不相容$\Leftrightarrow AB=\varnothing \Leftrightarrow A,B$ 不能同时发生.

2)并运算

"事件 $A$ 和事件 $B$ 至少有一个发生",这一事件称为事件 $A$ 和事件 $B$ 的**并**(或**和**),记作 $A \cup B$(或 $A+B$),即

$$A \cup B = \{\text{事件 } A \text{ 发生或事件 } B \text{ 发生}\} = \{\omega \mid \omega \in A \text{ 或 } \omega \in B\}$$

这与集合论中并集的含义一致. 在例 1.7 中,$A \cup B=\{1,3,4,5\}$,$B \cup C=\{3,4,5\}$.

事件的并可以推广到多个事件的情形:

$$\bigcup_{i=1}^{n} A_i = \{\text{事件 } A_1, A_2, \cdots, A_n \text{ 中至少有一个发生}\}$$

$$\bigcup_{i=1}^{\infty} A_i = \{\text{事件 } A_1, A_2, \cdots, A_n, \cdots \text{中至少有一个发生}\}$$

3)差运算与对立运算

"事件 $A$ 发生而事件 $B$ 不发生",这一事件称为事件 $A$ 与事件 $B$ 的**差**,记作 $A-B$,即

$$A - B = \{\text{事件 } A \text{ 发生且事件 } B \text{ 不发生}\} = \{\omega \mid \omega \in A \text{ 且 } \omega \notin B\}$$

在例 1.7 中,$A-B=\{1\}$,$B-C=\{3,5\}$.

特别地,称事件 $B=\Omega-A$ 为事件 $A$ 的**对立事件**(或**逆事件**),表示 $A$ 不发生,记作 $\overline{A}$. 如果在一次试验中事件 $A$ 与事件 $B$ 互为对立事件,则在该次试验中事件 $A$ 与事件 $B$ 有且仅有一个发生.

显然,事件 $A,B$ 相互对立的充要条件是

$$A\cup B=\Omega \text{ 且 } AB=\varnothing$$

**注** 相互对立事件与互不相容(互斥)事件的区别:相互对立事件一定互不相容,而互不相容事件不一定相互对立.

#### 4)完备事件组

如果一组事件 $A_k(k=1,2,\cdots,n)$ 满足下列两个条件:

(1)两两互不相容($A_i\cap A_j=\varnothing,i\neq j,i,j=1,2,\cdots,n$);

(2)在每次试验中,至少有一个发生($\bigcup\limits_{i=1}^{n}A_i=\Omega$),

则称 $A_k(k=1,2,\cdots,n)$ 构成一个**完备事件组**. 显然,一个事件组构成完备事件组的充要条件是,该组事件在每次试验中有且仅有一个发生.

与集合的运算类似,事件的运算有如下规律:

(1)**交换律** $A\cup B=B\cup A,AB=BA$;

(2)**结合律** $(A\cup B)\cup C=A\cup(B\cup C),(AB)C=A(BC)$;

(3)**分配律** $A\cap(B\cup C)=(A\cap B)\cup(A\cap C)$,
$A\cup(B\cap C)=(A\cup B)\cap(A\cup C)$;

(4)**对偶律** $\overline{A\cup B}=\overline{A}\cap\overline{B},\overline{A\cap B}=\overline{A}\cup\overline{B}$;

(5)**差化律** $A-B=A-AB=A\overline{B}$.

上述事件的运算规律可以推广到多个事件的情形.

图 1.1 直观地表示了上述事件的各种关系及运算,我们把这种直观图称为文氏图.

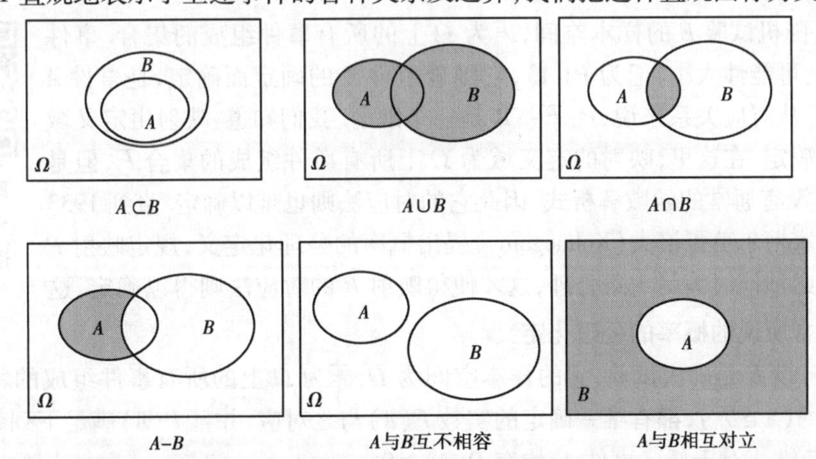


**图 1.1 事件的关系与运算**

【例 1.8】 设 $A,B,C$ 为随机试验中的 3 个事件,则

①事件"$A$ 发生而 $B$ 与 $C$ 都不发生"可表示为

$$A\cap\overline{B}\cap\overline{C}\text{ 或 }A-B-C\text{ 或 }A-(B\cup C)$$

②事件“3 个事件都发生”可表示为

$$A\cap B\cap C=ABC$$

③事件“$A$ 与 $B$ 同时发生，而 $C$ 不发生”可表示为

$$A\cap B\cap\overline{C}=AB\overline{C}\text{ 或 }A\cap B-C$$

④事件“3 个事件恰有一个发生”可表示为

$$(A\cap\overline{B}\cap\overline{C})\cup(\overline{A}\cap B\cap\overline{C})\cup(\overline{A}\cap\overline{B}\cap C)=A\overline{B}\overline{C}\cup\overline{A}B\overline{C}\cup\overline{A}\overline{B}C$$

⑤事件“3 个事件中恰有两个发生”可表示为

$$(A\cap B\cap\overline{C})\cup(\overline{A}\cap B\cap C)\cup(A\cap\overline{B}\cap C)=AB\overline{C}\cup\overline{A}BC\cup A\overline{B}C$$

⑥事件“3 个事件中至少有两个发生”可表示为

$$AB\overline{C}\cup\overline{A}BC\cup A\overline{B}C\cup ABC$$

利用分配律可得

$$AB\overline{C}\cup\overline{A}BC\cup A\overline{B}C\cup ABC=AB\cup BC\cup AC$$

想一想：怎样把 $AB\overline{C}\cup\overline{A}BC\cup A\overline{B}C\cup ABC$ 化简成 $AB\cup BC\cup AC$？

## 1.2 随机事件的概率

我们知道随机事件在一次试验中可能发生也可能不发生，但是我们更希望知道：一个随机事件 $A$ 在一次试验中发生的可能性有多大. 我们把用来表征事件 $A$ 在一次试验中发生的可能性大小的数值称为事件 $A$ 的概率.

### 1.2.1 概率的公理化定义

设 $\Omega$ 是随机试验 $E$ 的样本空间，$\mathcal{F}$ 为 $\Omega$ 上的所有事件组成的集合. 事件 $A\in\mathcal{F}$ 发生的可能性大小，记为 $P(A)$，它随着事件 $A$ 的确定而确定，是事件 $A$ 固有的属性. 从对应关系来说，$P:\mathcal{F}\to\mathbf{R}$ 是一个映射. 我们知道：映射由定义域与对应法则确定. 在这里，映射的定义域为 $\Omega$ 上所有事件组成的集合 $\mathcal{F}$，但是由于映射 $P$ 没有通常的函数解析式，因此它的对应法则也难以确定. 直到 1933 年苏联数学家柯尔莫哥洛夫(Kolmogorov)提出概率的公理化定义，规定映射 $P$ 的对应法则必须同时满足 3 条公理，这才使得映射 $P$ 的对应法则得以确定. 这就是我们通常所说的**概率的公理化定义**.

重要人物简介柯尔莫哥洛夫

**定义 1** 设 $E$ 是随机试验，它的样本空间为 $\Omega$，$\mathcal{F}$ 为 $\Omega$ 上的所有事件组成的集合. 如果对任意事件 $A(A\in\mathcal{F})$，都有唯一确定的实数 $P(A)$ 与之对应，并且 $P(A)$ 满足下列条件：

(1) **非负性** 对于任一事件 $A$，均有 $P(A)\geqslant 0$；

(2) **规范性(正则性)** 对于必然事件 $\Omega$，有 $P(\Omega)=1$；

(3) **可列可加性** 对于两两互不相容的事件 $A_1,A_2,\cdots,A_n,\cdots$(即当 $i\neq j$ 时，有 $A_iA_j=\varnothing$，$i,j=1,2,\cdots$)，有

$$P\left(\bigcup_{i=1}^{\infty} A_i\right) = \sum_{i=1}^{\infty} P(A_i)$$

则称 $P(A)$ 为事件 $A$ 的概率.

概率的公理化定义虽然高度抽象,但它具有广泛的适应性. 在第 5 章将证明,当 $n\to\infty$ 时,频率 $f_n(A)$ 在一定条件下收敛于概率 $P(A)$,可见概率的公理化定义涵盖了概率的统计定义.

### 1.2.2 概率的基本性质

根据概率的公理化定义,可以推出概率的许多重要性质,这些性质对进一步理解概率的概念起到促进作用,同时也是计算概率的重要依据.

**性质 1** 对于不可能事件$\varnothing$,有 $P(\varnothing)=0$.

**证** 令 $A_i=\varnothing(i=1,2,\cdots)$,则 $A_1,A_2,\cdots,A_n,\cdots$ 是两两互不相容的事件,且 $\bigcup_{i=1}^{\infty}A_i=\varnothing$,根据概率的可列可加性有

$$P(\varnothing)=P\left(\bigcup_{i=1}^{\infty} A_i\right) = \sum_{i=1}^{\infty} P(A_i) = \sum_{i=1}^{\infty} P(\varnothing)$$

于是,根据非负性有

$$P(\varnothing)=0$$

**注** ①不可能事件的概率等于零,但是概率等于零的事件不一定是不可能事件;

②必然事件的概率等于 1,但是概率等于 1 的事件不一定是必然事件.

**性质 2(概率的有限可加性)** 若事件 $A_1,A_2,\cdots,A_n$ 两两互不相容(即当 $i\neq j$ 时,有 $A_iA_j=\varnothing,i,j=1,2,\cdots,n$),则

$$P\left(\bigcup_{i=1}^{n} A_i\right) = \sum_{i=1}^{n} P(A_i)$$

**证** 令 $A_i=\varnothing(i=n+1,n+2,\cdots)$,于是,根据概率的可列可加性以及性质 1 有

$$P\left(\bigcup_{i=1}^{n} A_i\right) = P\left(\bigcup_{i=1}^{\infty} A_i\right) = \sum_{i=1}^{\infty} P(A_i) = \sum_{i=1}^{n} P(A_i)$$

**性质 3(对立事件的概率公式)** 对于任意事件 $A$,有

$$P(A)=1-P(\overline{A})$$

**证** 因为 $A\cup\overline{A}=\Omega,A\cap\overline{A}=\varnothing$,由性质 2 有

$$1=P(\Omega)=P(A\cup\overline{A})=P(A)+P(\overline{A})$$

于是,可得

$$P(A)=1-P(\overline{A})$$

**注** 对立事件的概率公式的意义在于:当一个事件的概率不容易直接计算时,我们常常通过计算它的对立事件来完成,这种"反思维"的方式在概率的计算问题中经常被采用.

**性质 4(真差的概率公式)** 如果事件 $A\subset B$,则有

$$P(B-A)=P(B)-P(A)$$

**证** 因为$A\subset B$,所以

$$B = A \cup (B - A),且A(B - A) = \varnothing$$

由性质2有

$$P(B) = P(A) + P(B - A)$$

移项得

$$P(B - A) = P(B) - P(A)$$

由性质4可得下面3条性质.

**性质5(概率的单调性)** 如果事件$A\subset B$,则有

$$P(A) \leqslant P(B)$$

**性质6** 对于任意事件$A$,有

$$0 \leqslant P(A) \leqslant 1$$

**性质7(概率的减法公式)** 对于任意两个事件$A$与$B$,有

$$P(B - A) = P(B) - P(AB)$$

**证** 因为$P(B-A)=P(B-AB)$且$AB\subset B$,则由性质4,有

$$P(B - A) = P(B - AB) = P(B) - P(AB)$$

### 1.2.3 概率的加法公式

概率的加法公式用来解决若干个事件并的概率计算问题.

**定理1(两个事件的概率的加法公式)** 对于任意两个事件$A$与$B$,有

$$P(A \cup B) = P(A) + P(B) - P(AB)$$

**证** 因为$A\cup B=A\cup(B-A)=A\cup(B-AB)$且$AB\subset B$,而$A$与$B-AB$互不相容,即

$$A(B - AB) = \varnothing$$

由性质2和性质4,得

$$P(A \cup B) = P(A) + P(B - AB) = P(A) + P(B) - P(AB)$$

**注** 概率的加法公式可以推广到有限个事件的情形. 如对任意3个事件$A,B,C$,概率的加法公式为

$$P(A \cup B \cup C) = P(A) + P(B) + P(C) - P(AB) - P(BC) - P(AC) + P(ABC)$$

**【例1.9】** 设$A,B,C$是同一试验$E$的3个事件,$P(A)=P(B)=P(C)=\frac{1}{3}$,$P(AB)=P(AC)=\frac{1}{8}$,$P(BC)=0$. 求:①$P(B-A)$;②$P(B\cup C)$;③$P(A\cup B\cup C)$;④$P(\overline{B}\,\overline{C})$.

**解** 由概率的性质,可得

①$P(B-A)=P(B)-P(AB)=\frac{1}{3}-\frac{1}{8}=\frac{5}{24}$

②$P(B\cup C)=P(B)+P(C)-P(BC)=\frac{1}{3}+\frac{1}{3}-0=\frac{2}{3}$

③由于$ABC\subset BC$,根据性质5和性质6,有

$$0 \leqslant P(ABC) \leqslant P(BC) = 0$$

从而

$$P(ABC)=0$$

于是

$$\begin{aligned}P(A\cup B\cup C)&=P(A)+P(B)+P(C)-P(AB)-P(BC)-P(AC)+P(ABC)\\&=\frac{1}{3}+\frac{1}{3}+\frac{1}{3}-\frac{1}{8}-0-\frac{1}{8}+0\\&=\frac{3}{4}\end{aligned}$$

④$P(\overline{B}\,\overline{C})=P(\overline{B\cup C})=1-P(B\cup C)=1-\frac{2}{3}=\frac{1}{3}$

**【例 1.10】** 由长期统计资料得知,某一地区在 4 月份每天下雨的概率为$\frac{4}{15}$,刮风的概率为$\frac{7}{15}$,既刮风又下雨的概率为$\frac{2}{15}$. 求 4 月份的任意一天下雨或刮风至少有一种发生的概率.

**解** 在 4 月份中任取一天,令 $A=\{$下雨$\}$,$B=\{$刮风$\}$,则

$$P(A)=\frac{4}{15},P(B)=\frac{7}{15},P(AB)=\frac{2}{15}$$

从而,由概率的加法公式得

$$\begin{aligned}P(A\cup B)&=P(A)+P(B)-P(AB)\\&=\frac{4}{15}+\frac{7}{15}-\frac{2}{15}\\&=\frac{3}{5}\end{aligned}$$

## 1.3　古典概率模型与几何概率模型

概率的公理化定义只给出了概率的定义,并没有给出计算概率的方法和公式. 实际上,在一般情形之下概率的计算是比较困难的. 下面讨论两类基本的概率模型——古典概率模型和几何概率模型. 在这两种概率模型下计算事件的概率是本节的主要任务.

### 1.3.1　古典概率模型

下面讨论一类最简单也最常见的随机试验 $E$,它满足如下两个条件:

(1)**有限性**　样本空间的基本事件只有有限多个;

(2)**等可能性**　每一个基本事件发生的可能性相同.

这种等可能的概率模型被称为**古典概率模型**,简称为**古典概型**(或**等可能概型**). 古典概型曾经是概率论发展初期的主要研究对象.

下面我们讨论古典概型中事件概率的计算公式.

设随机试验 $E$ 的样本空间为 $\Omega=\{\omega_1,\omega_2,\cdots,\omega_n\}$,记

$$P(\omega_1)=P(\omega_2)=\cdots=P(\omega_n)=p$$

显然,基本事件$\{\omega_1\},\{\omega_2\},\cdots,\{\omega_n\}$是两两互不相容的(即$\{\omega_i\}\cap\{\omega_j\}=\varnothing,i\neq j$),且

$$\Omega=\{\omega_1\}\cup\{\omega_2\}\cup\cdots\cup\{\omega_n\}$$

由概率的有限可加性,有

$$1=P(\Omega)=P(\omega_1)+P(\omega_2)+\cdots+P(\omega_n)$$

从而

$$np=1,p=\frac{1}{n}$$

即

$$P(\omega_1)=P(\omega_2)=\cdots=P(\omega_n)=\frac{1}{n}$$

设事件$A=\{\omega_{i_1},\omega_{i_2},\cdots,\omega_{i_k}\}$,即$A=\{\omega_{i_1}\}\cup\{\omega_{i_2}\}\cup\cdots\cup\{\omega_{i_k}\}$,其中$i_1,i_2,\cdots,i_k$是$1,2,\cdots,n$中的某$k$个数,则有

$$P(A)=P(\omega_{i_1})+P(\omega_{i_2})+\cdots+P(\omega_{i_k})=\frac{k}{n}$$

即

$$P(A)=\frac{A\text{包含的基本事件个数}}{\Omega\text{包含的基本事件总数}} \tag{1.1}$$

**注** 按式(1.1),古典概型中事件$A$的概率为事件$A$所包含的基本事件个数$k$与样本空间$\Omega$所包含的基本事件总数$n$的比值.

**【例1.11】** 将一枚硬币抛掷3次,求"恰有一次出现正面"的概率.

**解** 设$A=\{$恰有一次出现正面$\}$.因为试验的样本空间为

$$\Omega=\{HHH,HHT,HTH,THH,HTT,THT,TTH,TTT\}$$

所以

$$n=8(\text{基本事件总数})$$

又

$$A=\{HTT,THT,TTH\}$$

所以

$$k=3(A\text{所包含的基本事件个数})$$

因此

$$P(A)=\frac{3}{8}$$

**注** 在实际利用式(1.1)计算事件$A$的概率时,并不需要像该题这样写出样本空间来,只需要算出基本事件总数$n$和$A$所包含的基本事件数$k$.

**【例1.12】** 袋中有5只白球,4只红球,3只黑球.①从中任取4只,求4只中恰有2只白球、1只红球、1只黑球的概率;②从中任取3只,求3只中至少有1只红球的概率.

**解** ①记$A=\{$4只球中恰有2只白球、1只红球、1只黑球$\}$.从12只球中任取4只,共有$n=C_{12}^4$种不同的取法,每一种取法所得到的结果是一个基本事件,所以$n=C_{12}^4$.又12只球中有5只白球、4只红球、3只黑球,所以取到2只白球、1只红球、1只黑球的不同的取法分别为$C_5^2,C_4^1$与$C_3^1$,即$k=C_5^2C_4^1C_3^1$.于是

$$P(A)=\frac{C_5^2C_4^1C_3^1}{C_{12}^4}=\frac{8}{33}$$

②记 $B=\{3$ 只球中至少有 1 只红球$\}$. 3 只球中至少有 1 只红球,包含“3 只球中恰有 1 只红球”“3 只球中恰有 2 只红球”以及“3 只球全是红球”3 种情况. 类似于①的分析,所求概率为

$$P(B)=\frac{C_4^1C_8^2+C_4^2C_8^1+C_4^3}{C_{12}^3}=\frac{41}{55}$$

由于事件 $B$ 包含 3 种情况,可以考虑先求其对立事件 $\overline{B}$ 的概率,而 $\overline{B}=\{3$ 只球中没有红球$\}$,根据性质 3 有

$$P(B)=1-P(\overline{B})=1-\frac{C_8^3}{C_{12}^3}=\frac{41}{55}$$

【例 1.13】 从 0,1,2,3,4,5,6,7,8,9 中任取 3 个不同的数字,求下列事件的概率:①取到的 3 个数字不含 0 和 5;②取到的 3 个数字不含 0 或 5.

**解** 设 $A=\{$取到的 3 个数字不含 0 和 5$\}$,$B=\{$取到的 3 个数字不含 0 或 5$\}$,基本事件总数为 $C_{10}^3$.

①事件 $A$ 包含了 $C_8^3$ 个基本事件,所以

$$P(A)=\frac{C_8^3}{C_{10}^3}=\frac{7}{15}$$

②由于事件 $B$ 包含取到的 3 个数字“不含 0 含 5”“含 0 不含 5”“既不含 0 也不含 5” 3 种情况. 故

$$P(B)=\frac{C_8^2+C_8^2+C_8^3}{C_{10}^3}=\frac{14}{15}$$

另解 $\overline{B}=\{$取到的 3 个数字既含 0 也含 5$\}$,从而

$$P(B)=1-P(\overline{B})=1-\frac{C_8^1}{C_{10}^3}=\frac{14}{15}$$

【例 1.14】 将 $n$ 个球随机地放入 $N(N\geqslant n)$ 个箱子中,其中每个球都等可能地放入任意一个箱子,求下列事件的概率:①每个箱子最多放有 1 个球;②某指定的一个箱子不空.

**解** 将 $n$ 个球随机地放入 $N$ 个箱子中,共有 $N^n$ 种不同的放法,记①和②中的事件分别为 $A$ 和 $B$.

①事件 $A$ 相当于在 $N$ 个箱子中任意取出 $n$ 个,然后再将 $n$ 个球放入其中,每箱 1 球,所以共有 $C_N^n\cdot n!$ 种不同的放法,于是

$$P(A)=\frac{C_N^n\cdot n!}{N^n}$$

②事件 $B$ 的逆事件 $\overline{B}=\{$某指定的一个箱子是空的$\}$,它相当于将 $n$ 个球全部放入其余的 $N-1$ 个箱子中,所以

$$P(\overline{B})=\frac{(N-1)^n}{N^n}$$

进而

$$P(B)=1-P(\overline{B})=1-\frac{(N-1)^n}{N^n}=\frac{N^n-(N-1)^n}{N^n}$$

### *1.3.2 几何概率模型

古典概型的局限性在于试验结果的有限性与等可能性,为了解决基本事件个数无限多时的概率问题,产生了**几何概率模型**,简称**几何概型**.

如果试验相当于向面积为 $S(\Omega)$ 的平面区域 $\Omega$ 内任意投掷一点(图 1.2),而这个点(称为随机点)落在 $\Omega$ 内任意一点的可能性相同,进而随机点落在 $\Omega$ 内任意子区域 $A$ 的可能性大小与 $A$ 的面积成正比,而与 $A$ 的位置和形状无关,称这样的试验为平面上的**几何概型**.

设 $A=\{$随机点落在区域 $A$ 内$\}$,$S(A)$ 为区域 $A$ 的面积,根据几何概型的定义,事件 $A$ 的概率为

$$P(A)=\frac{S(A)}{S(\Omega)}$$

即

$$P(A)=\frac{A\text{ 的面积}}{\Omega\text{ 的面积}} \tag{1.2}$$

**注** 如果试验相当于向直线上的区间内投掷随机点,则只需将式(1.2)中的面积改为长度,上述讨论依然成立;如果试验相当于向空间区域内投掷随机点,则只需将面积改成体积.

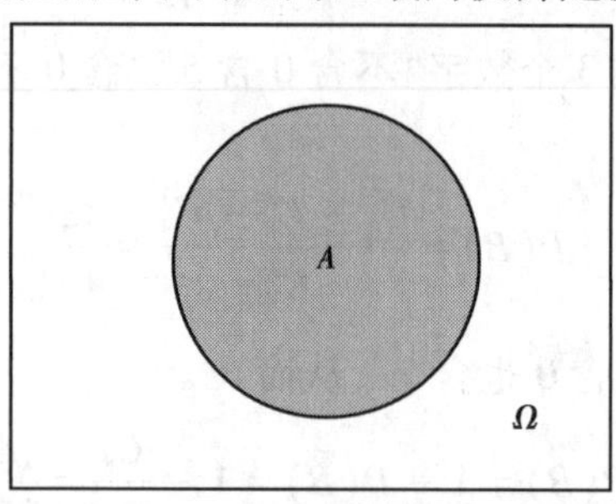


**图 1.2 向平面区域内投点的几何概型**

**【例 1.15】** 某人午觉醒来发现自己的表停了,便打开收音机收听电台报时. 已知电台每个整点报时一次,求他能在 10 min 之内听到电台报时的概率.

**解** 由于上一次报时和下一次报时的时间间隔为 60 min,而这个人可能在(0,60)内的任一时刻打开收音机,因此这是一个直线上的几何概型问题. 用 $x$ 表示他打开收音机的时刻,$A=\{$他能在 10 min 之内听到电台报时$\}$,则

$$\Omega=\{x\mid 0<x<60\},A=\{x\mid 50<x<60\}\subset\Omega$$

于是

$$P(A)=\frac{60-50}{60-0}=\frac{1}{6}$$

**【例 1.16】** 两人相约 7~8 点在某地见面,先到的人等另一个人 20 min,超过 20 min 就离去,试求两个人能见面的概率.

**解** 用 $x,y$ 分别表示两人到达的时刻,则

$$0<x<60,0<y<60$$

即$(x,y)$为平面区域

$$\Omega = \{(x,y) \mid 0 < x < 60, 0 < y < 60\}$$

内的任意一点,这是一个平面上的几何概型问题. 设$A$表示事件"两个人能见面",则

$$A = \{(x,y) \mid (x,y) \in \Omega, |x-y| < 20\}$$

如图1.3所示,所以

$$P(A) = \frac{60^2 - \frac{1}{2} \times 40 \times 40 \times 2}{60^2} = \frac{5}{9}$$

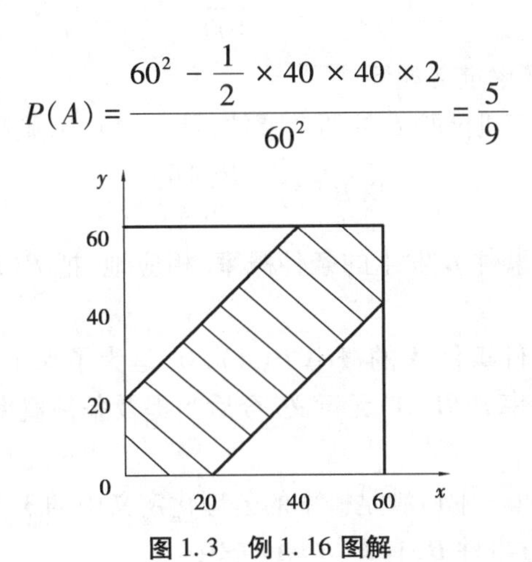


图1.3　例1.16图解

# 1.4　条件概率与乘法公式

## 1.4.1　条件概率

在实际问题中,除了考虑某事件$B$发生的概率$P(B)$,有时还要考虑在"事件$A$已经发生"的条件下,事件$B$发生的概率. 一般情况下,两者的概率是不同的,为了区别,把后者称为**条件概率**,记作$P(B|A)$,读作在事件$A$发生的条件下事件$B$发生的条件概率.

**【例1.17】** 设100件产品中有5件是不合格品,而5件不合格品中又有3件是次品,2件是废品. 现从100件产品中任意抽取一件,假定每件产品被抽到的可能性相同,求:①抽到的产品是次品的概率;②在抽到的产品是不合格品的条件下,求该产品是次品的概率.

**解** 设$B$={抽到的产品是次品},$A$={抽到的产品是不合格品}.

①由于100件产品中有3件是次品,按古典概型计算,有

$$P(B) = \frac{3}{100}$$

②由于抽到的产品是不合格品已经发生,则所求概率即为从5件不合格产品中任取一件,故取到次品的概率为

$$P(B|A) = \frac{3}{5}$$

可见,$P(B|A) \neq P(B)$.

由于$AB$表示事件"抽到的产品是不合格品,且是次品",而在100件产品中只有3件既

是不合格产品又是次品,因此 $P(AB)=\frac{3}{100}$. 又 $P(A)=\frac{5}{100}$,所以有

$$P(B \mid A)=\frac{3}{5}=\frac{\frac{3}{100}}{\frac{5}{100}}=\frac{P(AB)}{P(A)}$$

受此式启发,对条件概率定义如下:

**定义 2** 设 $A$ 和 $B$ 是随机试验 $E$ 的两个事件,且 $P(A)>0$,则称

$$P(B \mid A)=\frac{P(AB)}{P(A)} \tag{1.3}$$

为在事件 $A$ 发生的条件下事件 $B$ 发生的**条件概率**. 相应地,把 $P(B)$ 称为**无条件概率**,一般地,$P(B \mid A) \neq P(B)$.

在上述定义中要求条件事件 $A$ 的概率 $P(A)>0$,是为了保证分母不为零,是必要的假设. 当 $P(A)=0$ 时,条件概率 $P(B \mid A)$ 无意义. 今后当提及条件概率时,自动认为条件事件的概率大于零.

容易证明,条件概率 $P(\cdot \mid A)$ 满足概率的公理化定义中的 3 个条件,即

(1) **非负性** 对于任意事件 $B$,有 $P(B \mid A) \geqslant 0$;

(2) **规范性(正则性)** 对于必然事件 $\Omega$,有 $P(\Omega \mid A)=1$;

(3) **可列可加性** 对于两两互不相容的事件 $B_1, B_2, \cdots$,有

$$P\left(\left(\bigcup_{i=1}^{\infty} B_i\right) \mid A\right)=\sum_{i=1}^{\infty} P(B_i \mid A)$$

既然条件概率满足上述 3 条公理,所以条件概率也是概率. 于是,在 1.2 节中,对于概率给出的所有结果,也都适用于条件概率. 需要强调的是,公式两边都有相同的条件事件. 例如:

(1) **不可能事件的条件概率公式**

$$P(\varnothing \mid A)=0$$

(2) **对立事件的条件概率公式** 对于任意事件 $B$,有

$$P(\bar{B} \mid A)=1-P(B \mid A)$$

(3) **真差的条件概率公式** 当事件 $B_1 \subset B_2$ 时,有

$$P((B_2-B_1) \mid A)=P(B_2 \mid A)-P(B_1 \mid A)$$

(4) **条件概率的减法公式** 对于任意事件 $B_1$ 与 $B_2$,有

$$P((B_2-B_1) \mid A)=P(B_2 \mid A)-P(B_1 B_2 \mid A)$$

(5) **条件概率的加法公式** 对于任意事件 $B_1$ 与 $B_2$,有

$$P((B_1 \cup B_2) \mid A)=P(B_1 \mid A)+P(B_2 \mid A)-P(B_1 B_2 \mid A)$$

特别地,当 $B_1$ 与 $B_2$ 互不相容时,有

$$P((B_1 \cup B_2) \mid A)=P(B_1 \mid A)+P(B_2 \mid A)$$

在计算条件概率时,通常采用的两种方法:一是从条件概率的本来含义直接得到条件概率,即在缩小的样本空间下计算条件概率;二是根据式(1.3)计算条件概率. 前者一般在有实际问题背景的时候应用,后者无论有无实际背景都可以应用.

**【例 1.18】** 有外观相同的三极管 6 只,按照电流放大系数分类,4 只属于甲类,2 只属

于乙类. 不放回地抽取三极管 2 次,每次抽取 1 只. 求在第一次抽到甲类三极管的条件下,第二次抽到甲类三极管的概率.

**解** 设 $A_i=\{$第 $i$ 次取到甲类三极管$\}(i=1,2)$,则 $A_1A_2=\{$两次抽到甲类三极管$\}$,按古典概型计算,有

$$P(A_1)=\frac{4}{6}=\frac{2}{3},P(A_1A_2)=\frac{4\times 3}{6\times 5}=\frac{2}{5}$$

所以

$$P(A_2\mid A_1)=\frac{P(A_1A_2)}{P(A_1)}=\frac{\frac{2}{5}}{\frac{2}{3}}=\frac{3}{5}$$

另外,本题也可在缩小的样本空间下计算条件概率 $P(A_2\mid A_1)$. 因为 $A_1$ 已经发生,即第一次已经抽走了 1 只甲类三极管,此时样本空间由 6 只三极管缩小为 5 只三极管,3 只甲类,2 只乙类,从而第二次抽到甲类的概率为$\frac{3}{5}$,所以

$$P(A_2\mid A_1)=\frac{3}{5}$$

**【例 1.19】** 口袋中有 10 个乒乓球,3 个黄球,7 个白球,从中任取一球观察颜色后不放回,然后再任取一球. ①已知第一次取到的是黄球,求第二次取到的仍是黄球的概率;②已知第二次取到的是黄球,求第一次取到的也是黄球的概率.

**解** 设 $A_i=\{$第 $i$ 次取到黄球$\}(i=1,2)$,则 $\overline{A}_1=\{$第一次取到白球$\}$.

①已知 $A_1$ 已经发生,即第一次取到的是黄球,那么第二次就在剩余的 2 个黄球和 7 个白球中任取一个,故第二次取到黄球的概率为$\frac{2}{9}$,即有

$$P(A_2\mid A_1)=\frac{2}{9}$$

②已知 $A_2$ 发生,即第二次取到的是黄球. 由于第一次取球发生在第二次取球之前,因此问题的结构不像①那么直观,我们采用式(1.3)计算 $P(A_1\mid A_2)$.

$$P(A_1A_2)=\frac{3\times 2}{10\times 9}=\frac{1}{15}$$

$$\begin{aligned}P(A_2)&=P(A_1A_2\cup\overline{A}_1A_2)=P(A_1A_2)+P(\overline{A}_1A_2)\\&=\frac{3\times 2}{10\times 9}+\frac{7\times 3}{10\times 9}=\frac{3}{10}\end{aligned}$$

所以

$$P(A_1\mid A_2)=\frac{P(A_1A_2)}{P(A_2)}=\frac{\frac{1}{15}}{\frac{3}{10}}=\frac{2}{9}$$

**注** 第一次取球时,可能取到的是 10 个球中的任意一个,但当我们知道第二次取到的是黄球之后,反过来推断,第一次取到的是 2 个黄球和 7 个白球中的一个,从而②的结果与①相同.

### 1.4.2 概率的乘法公式

由 $A$ 和 $B$ 的对称性以及 $AB=BA$,可得条件概率的另一形式

$$P(A|B)=\frac{P(AB)}{P(B)}\quad (P(B)>0) \tag{1.4}$$

从而得到概率的乘法公式.

**定理 2(乘法公式)** 对于任意两个事件 $A$ 和 $B$,如果 $P(A)>0$,则有

$$P(AB)=P(A)P(B|A) \tag{1.5}$$

对称地,如果 $P(B)>0$,有

$$P(AB)=P(B)P(A|B) \tag{1.6}$$

概率的**乘法公式**(1.5)和(1.6)用来计算两个事件同时发生(事件的交)的概率. 对于有限个事件 $A_1,A_2,\cdots,A_n$,当 $P(A_1A_2\cdots A_{n-1})>0$ 时,有

$$P(A_1A_2\cdots A_n)=P(A_1)P(A_2|A_1)P(A_3|A_1A_2)\cdots P(A_n|A_1A_2\cdots A_{n-1}) \tag{1.7}$$

例如,3 个事件的概率乘法公式为

$$P(ABC)=P(A)P(B|A)P(C|AB)\quad (P(AB)>0) \tag{1.8}$$

**【例 1.20】** 一批灯泡共有 100 只,其中 10 只是次品,其余是正品,做不放回抽取,每次取一只,求第三次才取得正品的概率.

**解** 设 $A_i=\{$第 $i$ 次取得正品$\}(i=1,2,3)$,而第三次才取得正品,即为第一次和第二次取得次品,且第三次取得正品,即为事件 $\overline{A}_1\overline{A}_2A_3$,故概率为

$$\begin{aligned}P(\overline{A}_1\overline{A}_2A_3)&=P(\overline{A}_1)P(\overline{A}_2|\overline{A}_1)P(A_3|\overline{A}_1\overline{A}_2)\\&=\frac{10}{100}\cdot\frac{9}{99}\cdot\frac{90}{98}\\&\approx 0.008\ 3\end{aligned}$$

**注** 本题也可以用古典概型的方法求解,则 $P(\overline{A}_1\overline{A}_2A_3)=\dfrac{10\times9\times90}{100\times99\times98}\approx0.008\ 3$.

**【例 1.21】** 某人忘记了所要拨打的电话号码的最后一位数字,因而只能随意拨码. 求他拨码不超过 3 次就能拨对电话的概率.

**解** 设 $A_i=\{$第 $i$ 次接通$\}(i=1,2,3)$,则他拨码不超过 3 次,即为事件 $A_1\cup\overline{A}_1A_2\cup\overline{A}_1\overline{A}_2A_3$,且 $A_1,\overline{A}_1A_2,\overline{A}_1\overline{A}_2A_3$ 两两互不相容,所以

$$\begin{aligned}P(A_1\cup\overline{A}_1A_2\cup\overline{A}_1\overline{A}_2A_3)&=P(A_1)+P(\overline{A}_1A_2)+P(\overline{A}_1\overline{A}_2A_3)\\&=P(A_1)+P(\overline{A}_1)P(A_2|\overline{A}_1)+P(\overline{A}_1)P(\overline{A}_2|\overline{A}_1)P(A_3|\overline{A}_1\overline{A}_2)\\&=\frac{1}{10}+\frac{9}{10}\times\frac{1}{9}+\frac{9}{10}\times\frac{8}{9}\times\frac{1}{8}\\&=\frac{3}{10}\end{aligned}$$

# 1.5 全概率公式与贝叶斯公式

## 1.5.1 全概率公式

**定理3(全概率公式)** 设$\Omega$为试验$E$的样本空间,$B$为$E$的任一事件,事件$A_1,A_2,\cdots,A_n$为试验$E$的完备事件组,且$P(A_i)>0(i=1,2,\cdots,n)$,则有

$$P(B)=\sum_{i=1}^{n}P(A_i)P(B\mid A_i) \tag{1.9}$$

**证** 由事件$A_1,A_2,\cdots,A_n$为试验$E$的完备事件组,有

$$A_i\cap A_j=\varnothing,i\neq j,i,j=1,2,\cdots,n$$

且

$$\bigcup_{i=1}^{n}A_i=\Omega$$

所以

$$B=B\Omega=B(\bigcup_{i=1}^{n}A_i)=\bigcup_{i=1}^{n}(A_iB)$$

且

$$(A_iB)(A_jB)=(A_iA_j)B=\varnothing B=\varnothing,i\neq j,i,j=1,2,\cdots,n$$

即$A_1B,A_2B,\cdots,A_nB$两两互不相容,由概率的性质有

$$P(B)=P(\bigcup_{i=1}^{n}(A_iB))=\sum_{i=1}^{n}P(A_iB)$$

由$P(A_i)>0$以及乘法公式,得

$$P(A_iB)=P(A_i)P(B\mid A_i)\ (i=1,2,\cdots,n)$$

代入上式有

$$P(B)=\sum_{i=1}^{n}P(A_i)P(B\mid A_i)$$

如果把$A_1,A_2,\cdots,A_n$视为“原因”事件,那么$B$就是一个“结果”事件,其中每一个“原因”事件$A_i$都可能导致综合“结果”$B$发生. 由于$A_1,A_2,\cdots,A_n$构成一个完备事件组,因此$A_1,A_2,\cdots,A_n$是导致综合“结果”$B$发生的所有不同“原因”. 因此,全概率公式本质上是由所有不同的“原因”导出综合“结果”的概率公式.

例如,学生成绩好($B$)这一综合结果,是由自身努力($A_1$)、学习环境良好($A_2$)、身体素质良好($A_3$),……,教师教学水平高($A_n$)多种因素促成. 如果知道各种原因发生的概率$P(A_i)$ $(i=1,2,\cdots,n)$和由各个“原因”导致的综合“结果”的条件概率$P(B\mid A_i)(i=1,2,\cdots,n)$,那么就可以求出“结果”$B$发生的概率$P(B)$.

**注** 在复杂情况下直接计算$P(B)$不易时,可以根据具体情况构造一组完备事件组$A_1,A_2,\cdots,A_n$,使事件$B$发生的概率是各事件$A_i(i=1,2,\cdots,n)$发生的条件下引起事件$B$发生的概率的总和,然后再根据式(1.9)进行计算.

**【例 1.22】** 人们为了解一只股票未来一段时间内价格的变化,往往会分析影响股票价格的因素,比如利率的变化.假设利率下调的概率为 60%,利率不变的概率为 40%.根据经验,在利率下调的情况下,该股票价格上涨的概率为 80%;在利率不变的情况下,其价格上涨的概率为 40%.求该股票价格上涨的概率.

**解** 设 $B=\{$股票价格上涨$\}$,$A=\{$利率下调$\}$,则 $\overline{A}=\{$利率不变$\}$.根据题意,有

$$P(A)=60\%=0.6,\qquad P(\overline{A})=40\%=0.4$$

$$P(B\mid A)=80\%=0.8,\qquad P(B\mid \overline{A})=40\%=0.4$$

由全概率公式,有

$$\begin{aligned}P(B)&=P(A)P(B\mid A)+P(\overline{A})P(B\mid \overline{A})\\&=0.6\times 0.8+0.4\times 0.4\\&=0.64\end{aligned}$$

**【例 1.23】** 某工厂有 4 个车间生产同一种计算机配件,4 个车间的产量分别占总产量的 15%,20%,30% 和 35%,已知这 4 个车间的次品率依次为 0.04,0.03,0.02 和 0.01.现在从该厂生产的产品中任取一件,问恰好抽到次品的概率是多少?

**解** 设 $A_i=\{$任取一件,恰好抽到第 $i$ 个车间的产品$\}(i=1,2,3,4)$,$B=\{$任取一件,恰好抽到次品$\}$.根据题意,有

$$P(A_1)=15\%=0.15,\qquad P(A_2)=20\%=0.20$$

$$P(A_3)=30\%=0.30,\qquad P(A_4)=35\%=0.35$$

$$P(B\mid A_1)=0.04,\qquad P(B\mid A_2)=0.03$$

$$P(B\mid A_3)=0.02,\qquad P(B\mid A_4)=0.01$$

于是由全概率公式,有

$$\begin{aligned}P(B)&=P(A_1)P(B\mid A_1)+P(A_2)P(B\mid A_2)+P(A_3)P(B\mid A_3)+P(A_4)P(B\mid A_4)\\&=0.15\times 0.04+0.2\times 0.03+0.3\times 0.02+0.35\times 0.01\\&=0.021\,5\\&=2.15\%\end{aligned}$$

### 1.5.2 贝叶斯公式

各原因发生的概率 $P(A_i)(i=1,2,\cdots,n)$,通常在"结果"发生之前就已经明确,它往往是根据以往的经验确定的一种主观概率,因而称为**先验概率**.当"结果" $B$ 已经发生之后,再来考虑各种原因发生的概率 $P(A_i\mid B)(i=1,2,\cdots,n)$,它是在事件 $B$ 发生之后对 $A_i$ 的重新认识,称为**后验概率**.**贝叶斯公式**实质就是利用先验概率去求后验概率.下面给出它的计算公式.

重要人物简介

贝叶斯

**定理 4(贝叶斯公式)** 设 $\Omega$ 为试验 $E$ 的样本空间,$B$ 为 $E$ 的任一事件,事件 $A_1,A_2,\cdots,A_n$ 为试验 $E$ 的完备事件组,且 $P(B)>0,P(A_i)>0(i=1,2,\cdots,n)$,则有

$$P(A_i\mid B)=\frac{P(A_i)P(B\mid A_i)}{\sum\limits_{j=1}^{n}P(A_j)P(B\mid A_j)}\ (i=1,2,\cdots,n)\tag{1.10}$$

**证** 由条件概率的定义,有

$$P(A_i \mid B) = \frac{P(A_iB)}{P(B)}$$

由乘法公式和全概率公式,有

$$P(A_iB) = P(A_i)P(B \mid A_i)$$

$$P(B) = \sum_{j=1}^{n} P(A_j)P(B \mid A_j)$$

所以

$$P(A_i \mid B) = \frac{P(A_iB)}{P(B)} = \frac{P(A_i)P(B \mid A_i)}{\sum\limits_{j=1}^{n} P(A_j)P(B \mid A_j)} \quad (i = 1,2,\cdots,n)$$

**【例 1.24】**(**续例 1.23**) 若该厂规定,一旦发现了次品就要追究有关车间的经济责任.现在从该厂生产的产品中任取一件,结果为次品,但该件产品是哪个车间生产的标志已经脱落.问厂方如何处理这件次品比较合理,即各个车间应该承担多大的经济责任?

**解** 从概率的角度考虑可以按 $P(A_i \mid B)$ 的大小来追究第 $i(i=1,2,3,4)$ 个车间的经济责任.由贝叶斯公式,有

$$\begin{aligned} P(A_1 \mid B) &= \frac{P(A_1)P(B \mid A_1)}{\sum\limits_{i=1}^{4} P(A_i)P(B \mid A_i)} \\ &= \frac{P(A_1)P(B \mid A_1)}{P(B)} \\ &= \frac{0.15 \times 0.04}{0.0215} \\ &\approx 0.2791 \end{aligned}$$

同理,可得

$$P(A_2 \mid B) \approx 0.2791, P(A_3 \mid B) \approx 0.2791, P(A_4 \mid B) \approx 0.1628$$

这样,各车间依次承担 27.91%,27.91%,27.91%和 16.28%的经济责任.

**【例 1.25】** 有朋友自远方来访,他乘火车、轮船、汽车和飞机来的概率分别是 0.3,0.2,0.1,0.4.如果他乘火车、轮船和汽车来的话,迟到的概率分别是$\frac{1}{4}$,$\frac{1}{3}$,$\frac{1}{12}$,而乘飞机来不会迟到.①求他迟到的概率;②如果他迟到了,则他是乘火车来的概率是多少?

**解** 给乘火车、轮船、汽车和飞机分别编号为 1,2,3,4,设 $A_i$={乘第 $i$ 种交通工具}$(i=1,2,3,4)$,$B$={迟到},则

①由全概率公式,有

$$\begin{aligned} P(B) &= \sum_{i=1}^{4} P(A_i)P(B \mid A_i) \\ &= 0.3 \times \frac{1}{4} + 0.2 \times \frac{1}{3} + 0.1 \times \frac{1}{12} + 0.4 \times 0 \\ &= 0.15 \end{aligned}$$

②由贝叶斯公式,有

$$P(A_1 \mid B)=\frac{P(A_1)P(B \mid A_1)}{\sum_{i=1}^{4}P(A_i)P(B \mid A_i)}$$

$$=\frac{0.3\times\frac{1}{4}}{0.3\times\frac{1}{4}+0.2\times\frac{1}{3}+0.1\times\frac{1}{12}+0.4\times 0}$$

$$=0.5$$

# 1.6 事件的独立性与伯努利概型

## 1.6.1 事件的独立性

粗略地说,两个事件相互独立是指其中一个事件的发生不影响另一个事件的发生. 例如,事件 $A$ 表示"晚上 7 点整甲家人看电视",事件 $B$ 表示"晚上 7 点整乙家人看电视". 显然,$A$ 的发生不影响 $B$ 的发生,反之亦然.

这可以用概率式子表示成 $P(B \mid A)=P(B)$ 且 $P(A \mid B)=P(A)$. 但只要其中的条件概率有意义,那么这两个式子就是相互等价的. 于是,乘法公式可以改写成

$$P(AB)=P(A)P(B)$$

下面正式给出事件相互独立的定义.

**定义 3(两个事件的独立性)** 设 $A$ 和 $B$ 是随机试验 $E$ 的两个事件,如果

$$P(AB)=P(A)P(B) \tag{1.11}$$

则称事件 $A$ 与 $B$ **相互独立**.

**【例 1.26】** 将一枚硬币掷 3 次,观察正面 $H$、反面 $T$ 出现情况的试验中,其样本空间

$$\Omega=\{HHH,HHT,HTH,THH,HTT,THT,TTH,TTT\}$$

设 $A=\{$前两次出现正面$\}=\{HHH,HHT\}$,$B=\{$第三次出现反面$\}=\{HHT,HTT,THT,TTT\}$,$C=\{$前两次出现反面$\}=\{TTH,TTT\}$. 则

$$AB=\{HHT\},AC=\varnothing$$

从而

$$P(AB)=\frac{1}{8}=\frac{1}{4}\times\frac{1}{2}=P(A)P(B)$$

$$P(AC)=0\neq\frac{1}{4}\times\frac{1}{4}=P(A)P(C)$$

因此,事件 $A$ 与 $B$ 相互独立,而 $A$ 与 $C$ 不相互独立,且 $A$ 与 $C$ 是互不相容的.

**注** ①相互独立与互不相容是没有必然联系的两个概念. 首先从定义来看,$A$ 与 $B$ 相互独立的定义是 $P(AB)=P(A)P(B)$,而 $A$ 与 $B$ 互不相容的定义是 $AB=\varnothing$,前者的定义与概率有关,后者的定义没有借助概率. 其次从实际结果来看,两个事件相互独立,这两个事件未必互不相容. 在例 1.26 中,$A$ 与 $B$ 相互独立,但 $A$ 与 $B$ 相容;同样,两个事件互不相容,这两个

事件也未必相互独立,还是在例 1.26 中,$A$ 与 $C$ 互不相容,但 $A$ 与 $C$ 不相互独立. 除此之外,还有如下性质:

**性质 8** 若 $P(A)>0, P(B)>0$,则 $A,B$ 相互独立与 $A,B$ 互不相容不能同时成立.

②两个事件互相独立的本质是:其中一个事件的发生与否不会影响另一个事件的发生. 从而,$A$ 与 $B$ 相互独立

$$\Leftrightarrow P(AB)=P(A)P(B)\Leftrightarrow P(B)=P(B\mid A)\Leftrightarrow P(B)=P(B\mid \overline{A})$$
$$\Leftrightarrow P(A)=P(A\mid B)\Leftrightarrow P(A)=P(A\mid \overline{B})$$

③若 $A$ 与 $B$ 相互独立,则 $\overline{A}$ 与 $B$,$A$ 与 $\overline{B}$,$\overline{A}$ 与 $\overline{B}$ 也相互独立.

**证** (以 $A$ 与 $\overline{B}$ 为例) 因为

$$A\overline{B}=A-AB$$

所以

$$P(A\overline{B})=P(A)-P(AB)$$

若 $A$ 与 $B$ 相互独立,则

$$P(AB)=P(A)P(B)$$

从而

$$\begin{aligned}P(A\overline{B})&=P(A)-P(A)P(B)\\&=P(A)[1-P(B)]\\&=P(A)P(\overline{B})\end{aligned}$$

所以 $A$ 与 $\overline{B}$ 相互独立.

④如果 $P(A)=0$,则事件 $A$ 与任意事件 $B$ 都相互独立;如果 $P(A)=1$,则事件 $A$ 与任意事件 $B$ 都相互独立. 特别地,$\varnothing$ 与任意事件相互独立,$\Omega$ 与任意事件相互独立.

**证** 由 $P(A)=0$ 及概率的单调性有

$$P(AB)=0$$

从而

$$P(AB)=P(A)P(B)$$

所以 $A$ 与 $B$ 相互独立.

由 $P(A)=1$ 及概率的单调性有

$$P(A\cup B)=1$$

由加法公式有

$$\begin{aligned}P(AB)&=P(A)+P(B)-P(A\cup B)\\&=P(B)\end{aligned}$$

从而

$$P(AB)=P(A)P(B)$$

所以 $A$ 与 $B$ 相互独立.

**【例 1.27】** 甲、乙两射手彼此独立地向同一目标各射击一次,甲射中目标的概率为 0.8,乙射中目标的概率为 0.7,则目标被射中的概率是多少?

**解** 设$A=\{$甲射中目标$\}$,$B=\{$乙射中目标$\}$,则$A\cup B=\{$目标被射中$\}$. 显然$A,B$相互独立,则

$$\begin{aligned}P(A\cup B)&=P(A)+P(B)-P(AB)\\&=P(A)+P(B)-P(A)P(B)\\&=0.8+0.7-0.8\times 0.7\\&=0.94\end{aligned}$$

下面利用对偶性进行计算:

$$\begin{aligned}P(A\cup B)&=1-P(\overline{A\cup B})=1-P(\overline{A}\cap\overline{B})\\&=1-P(\overline{A})P(\overline{B})\\&=1-0.2\times 0.3\\&=0.94\end{aligned}$$

**注** 关于事件独立性判断的常用方法:

①由实际问题本身决定,如例1.27.

②根据事件独立性的定义及概率计算得知,如例1.26.

③在知道独立性事件的基础上经过一些推理得知相关事件的独立性,如上述注③的证明.

独立性的概念可以推广到3个事件甚至任意有限多个事件.

**定义**4(**3个事件的相互独立性**) 设$A,B,C$是随机试验$E$的3个事件,如果$A,B,C$同时满足

$$\begin{cases}P(AB)=P(A)P(B)\\P(BC)=P(B)P(C)\\P(AC)=P(A)P(C)\\P(ABC)=P(A)P(B)P(C)\end{cases}\tag{1.12}$$

则称事件$A,B,C$**相互独立**.

更一般地,设$A_1,A_2,\cdots,A_n$是同一试验$E$中的$n$个事件,如果对于任意正整数$k$以及这$n$个事件中的任意$k$个$(2\leqslant k\leqslant n)$事件$A_{i_1},A_{i_2},\cdots,A_{i_k}$,都有等式

$$P(A_{i_1}A_{i_2}\cdots A_{i_k})=P(A_{i_1})P(A_{i_2})\cdots P(A_{i_k})$$

成立,则称$n$个事件$A_1,A_2,\cdots,A_n$**相互独立**.

**注** 与两个事件相互独立的推广结论类似,如果$n$个事件相互独立,可以证明,将其中任何$m(1\leqslant m\leqslant n)$个事件改为相应的逆事件,形成的新的$n$个事件仍然相互独立,例如,若$A,B,C$相互独立,那么$\overline{A},B,\overline{C}$或$A,\overline{B},C$等也相互独立.

**【例1.28】** 设有4张相同的卡片,1张涂上红色,1张涂上黄色,1张涂上绿色,1张涂上红、黄、绿3种颜色. 从这4张卡片中任取1张,用$A,B,C$分别表示事件"取出的卡片上涂有红色""取出的卡片上涂有黄色""取出的卡片上涂有绿色",讨论事件$A,B,C$是否相互独立.

**解** 显然

$$P(A)=P(B)=P(C)=\frac{2}{4}=\frac{1}{2}$$

$$P(AB)=P(AC)=P(BC)=\frac{1}{4}$$

所以有

$$P(AB)=P(A)P(B)$$
$$P(AC)=P(A)P(C)$$
$$P(BC)=P(B)P(C)$$

可见,事件 $A,B,C$ 是两两独立的.但

$$P(ABC)=\frac{1}{4}\neq P(A)P(B)P(C)$$

所以事件 $A,B,C$ 不相互独立.

### 1.6.2 伯努利概型

重要人物简介
雅各布·伯努利

如果一个随机试验 $E$ 只有两个可能结果:$A$ 和 $\overline{A}$,且 $P(A)=p(0<p<1)$,当 $A$ 发生时视为成功,$\overline{A}$ 发生时视为失败,则称这个试验为成功的概率为 $p$ 的**伯努利试验**.

将一个伯努利试验重复进行 $n$ 次,如果每次试验结果都不受其他各次试验结果的影响,则称这 $n$ 次试验序列为 $n$ **重伯努利试验**(或 $n$ **重伯努利概型**),简称为**伯努利概型**.

**定理 5(伯努利定理)** 设在一次试验中,事件 $A$ 发生的概率为 $p(0<p<1)$,则在 $n$ 重伯努利试验中,事件 $A$ 恰好发生 $k$ 次的概率为

$$P_n(k)=C_n^k p^k(1-p)^{n-k}\quad(k=0,1,2,\cdots,n)\tag{1.13}$$

**证** 用 $A_i(i=1,2,\cdots,n)$ 表示事件"第 $i$ 次试验中 $A$ 发生",那么"$n$ 次试验中前 $k$ 次 $A$ 发生,后 $n-k$ 次 $A$ 不发生"的概率为

$$\begin{aligned}P(A_1A_2\cdots A_k\overline{A}_{k+1}\cdots\overline{A}_n)&=P(A_1)P(A_2)\cdots P(A_k)P(\overline{A}_{k+1})\cdots P(\overline{A}_n)\\&=p^k(1-p)^{n-k}\end{aligned}$$

类似地,$A$ 在指定的 $k$ 个试验序号上发生,在其余的 $n-k$ 个试验序号上不发生的概率都是 $p^k(1-p)^{n-k}$,而在试验序号 $1,2,\cdots,n$ 中指定 $k$ 个序号的不同方式共有 $C_n^k$ 种,所以在 $n$ 重伯努利试验中,事件 $A$ 恰好发生 $k$ 次的概率为

$$P_n(k)=C_n^k p^k(1-p)^{n-k}\quad(k=0,1,2,\cdots,n)$$

式(1.13)称为**伯努利公式**.

由二项式展开定理得

$$\sum_{k=0}^{n}P_n(k)=\sum_{k=0}^{n}C_n^k p^k(1-p)^{n-k}=[p+(1-p)]^n=1\tag{1.14}$$

它表示 $n$ 重伯努利试验中成功 0 次,1 次,…,$n$ 次的概率总和为 1.

**推论 1** 设在一次试验中,事件 $A$ 发生的概率为 $p(0<p<1)$,则在 $n$ 重伯努利试验中,事件 $A$ 在第 $k$ 次试验中才首次发生的概率为

$$p(1-p)^{k-1}\quad(k=1,2,\cdots,n)\tag{1.15}$$

**【例 1.29】** 某机构有一个 5 人组成的顾问小组,若每个顾问贡献正确意见的概率为 0.9,现在该机构对某事可行与否分别征求各位顾问的意见,并按多数人的意见作出决策,求作出正确决策的概率.

**解** 对 5 人组成的顾问小组进行考察,视贡献正确意见为成功,则成功的概率为 0.9,从

而最终能作出正确决策的概率为

$$\sum_{k=3}^{5} P_5(k) = C_5^3 \times (0.9)^3 \times (0.1)^2 + C_5^4 \times (0.9)^4 \times 0.1 + C_5^5 \times (0.9)^5 \approx 0.991\,4$$

这个概率接近百分之百了,说明决策错误的可能性是很小的. 所以,“少数服从多数”和“民主集中制”原则蕴藏了深刻的概率道理.

**【例 1.30】** 某车间有 5 台同类型的机床,每台机床配备的电动机功率为 10 kW. 已知每台机床工作时,平均每小时实际开动 12 min,且各台机床开动与否相互独立. 如果为这 5 台机床提供 30 kW 的电力,求这 5 台机床能正常工作的概率.

**解** 对 5 台机床进行考察,视开动为成功,则成功的概率为$\frac{12}{60}=\frac{1}{5}$. 每台机床配备的电动机功率为 10 kW,而总电量只提供 30 kW,故 5 台机床能正常工作,等价于机床开动的台数小于等于 3 台. 所以 5 台机床能正常工作的概率为

$$\sum_{k=0}^{3} P_5(k) = 1 - P_5(4) - P_5(5) = 1 - C_5^4 \times \left(\frac{1}{5}\right)^4 \times \left(\frac{4}{5}\right) - C_5^5 \times \left(\frac{1}{5}\right)^5 \approx 0.993\,3$$

**【例 1.31】** 箱子中有 10 个同型号的电子元件,其中有 3 个次品,7 个合格品. 每次从中随机抽取一个,检测后放回. ①共抽取 10 次,求 10 次中恰有 3 次取到次品的概率;②如果没取到次品就一直取下去,直到取到次品为止,求恰好要取 3 次和至少要取 3 次的概率.

**解** 由于该试验每次抽取 1 个,检测后放回,各次试验结果间相互独立,故为伯努利试验.

①对 10 次抽取进行考察,视抽到次品为成功,则成功的概率为$\frac{3}{10}$,从而 10 次中恰有 3 次取到次品的概率为

$$P_{10}(3) = C_{10}^3 \times \left(\frac{3}{10}\right)^3 \times \left(1 - \frac{3}{10}\right)^7 \approx 0.266\,8$$

②设 $A_i=\{$第 $i$ 次取到次品$\}(i=1,2,\cdots)$,则 $P(A_i)=\frac{3}{10}(i=1,2,\cdots)$. 由于该试验是“如果没取到次品就一直取下去,直到取到次品为止”,则事件恰好要取 3 次,即为第 1 次、第 2 次取到正品,且第 3 次取到次品,故概率为

$$P(\overline{A_1}\,\overline{A_2}A_3) = P(\overline{A_1})P(\overline{A_2})P(A_3) = \frac{7}{10} \times \frac{7}{10} \times \frac{3}{10} = 0.147$$

而事件至少要取 3 次,即为前两次取到正品,故概率为

$$P(\overline{A_1}\,\overline{A_2}) = P(\overline{A_1})P(\overline{A_2}) = \frac{7}{10} \times \frac{7}{10} = 0.49$$

习题1　参考答案

# 习题 1

## (A)

1. 写出下列试验的样本空间：

(1)连续投掷一颗骰子直至6个点数中有一个点数出现两次，记录投掷的次数.

(2)连续投掷一颗骰子直至6个点数中有一个点数接连出现两次，记录投掷次数.

(3)连续投掷一枚硬币直至正面出现，观察正反面出现的情况.

(4)抛一枚硬币，若出现 $H$ 则再抛一次，试验停止；若出现 $T$，则再抛一颗骰子，试验停止. 观察出现的各种结果.

(5)某城市一天的用电量.

2. 设 $A,B,C$ 为某随机试验中的3个事件，试表示下列事件：

(1) $A,B$ 中至少有一个发生，且 $C$ 不发生；

(2) $A,B,C$ 都不发生；

(3) $A,B,C$ 不都发生；

(4) $A,B,C$ 至多有一个发生；

(5) $A,B,C$ 至多有两个发生.

3. 甲、乙、丙3人射击同一目标，令 $A_1=\{甲击中目标\}$，$A_2=\{乙击中目标\}$，$A_3=\{丙击中目标\}$. 用 $A_1,A_2,A_3$ 的运算表示下列事件：

(1)3人都击中目标；

(2)只有甲击中目标；

(3)只有一人击中目标；

(4)至少有一人击中目标；

(5)至少有两人击中目标；

(6)最多有一人击中目标.

4. 设 $A,B$ 是两个事件，已知 $P(A)=0.25$，$P(B)=0.5$，$P(AB)=0.125$，求 $P(A\cup B)$，$P(\overline{A}B)$，$P(\overline{AB})$，$P((A\cup B)(\overline{AB}))$.

5. 某城市总共发行3种报纸：甲、乙、丙. 在这个城市的居民中，订甲报的有45%，订乙报的有35%，订丙报的有30%，同时订甲、乙两报的有10%，同时订甲、丙两报的有8%，同时订乙、丙两报的有5%，同时订3种报纸的有3%，求下列事件的概率：(1)至少订一种报纸；(2)不订任何报纸；(3)只订一种报纸；(4)正好订两种报纸.

6. 把10本书随机地放在书架上，求其中指定的3本书放在一起的概率.

7. 将3封信随机地投入4个邮箱，求恰有3个邮箱，其中各有1封信的概率.

8. 一个班级中有8名男生和7名女生，现随机地选出3名学生参加比赛，求选出的学生中，男生数多于女生数的概率.

9. 将 3 只球(1 ~ 3 号)随机地放入 3 只盒子(1 ~ 3 号)中,一只盒子装一只球. 若一只球装入与球同号的盒子,称为一个配对. (1)求恰有 1 只配对的概率;(2)求 3 只球至少有 1 只配对的概率.

10. 在 100,101,…,999 这 900 个三位数中,任取一个三位数,求不包含数字 1 的概率.

11. 在仅由数字 0,1,2,3,4,5 组成且每个数字至多出现一次的全体三位数中,任取一个三位数. (1)求该数是奇数的概率;(2)求该数大于 330 的概率.

12. 在 11 张卡片上分别写上 engineering 这 11 个字母,从中任意连抽 6 张,求依次排列结果为 ginger 的概率.

13. 一公司向 $M$ 个销售点分发 $n(n<M)$ 张提货单,设每张提货单分发给每一销售点是等可能的,每一销售点得到的提货单不限,求其中某一特定的销售点得到 $k(k\leqslant n)$ 张提货单的概率.

14. 设 $P(A)=0.5$,$P(B)=0.3$,$P(AB)=0.1$,求 $P(A|B)$,$P(B|A)$,$P(A|A\cup B)$,$P(A|AB)$.

15. 一只盒子装有 2 只白球,2 只红球,在盒中取球两次,每次任取一只,做不放回抽样,已知得到的两只球中至少有一只是红球,求另一只也是红球的概率.

16. 一医生根据以往的资料得到下面的信息,他的病人中有 5% 的人以为自己患癌症,且确实患癌症;有 45% 的人以为自己患癌症,但实际上未患癌症;有 10% 的人以为自己未患癌症,但确实患了癌症;最后 40% 的人以为自己未患癌症,且确实未患癌症. 设 $A$ = {病人以为自己患癌症}, $B$ = {病人确实患了癌症},求下列概率:(1) $P(A)$, $P(B)$;(2) $P(B|A)$;(3) $P(B|\overline{A})$;(4) $P(A|\overline{B})$;(5) $P(A|B)$.

17. 一部手机第一次落地摔坏的概率是 0.5. 若第一次没摔坏,第二次落地摔坏的概率是 0.7. 若第二次没摔坏,第三次落地摔坏的概率是 0.9. 求该手机三次落地没有摔坏的概率。

18. 某批产品中,甲厂生产的产品占 60%,并且甲厂产品的次品率为 10%. 从这批产品中随机地抽取一件,求该产品是甲厂生产的次品的概率.

19. 袋中装有 1 个白球、1 个黑球. 从中任取 1 个,若取出白球,则试验停止;若取出黑球,则把取出黑球放回的同时,再加入 1 个黑球,如此下去,直到取出白球为止. 问试验恰好在第 3 次取球后结束的概率是多少?

20. 袋中有 6 只白球,5 只红球,每次在袋中任取 1 只球,若取到白球,放回,并放入 1 只白球;若取到红球不放回也不放入另外的球. 连续取球 4 次,求第一、二次取到白球且第三、四次取到红球的概率.

21. 一在线计算机系统,有 4 条输入通信线,其性质如表 1.2 所示,求一随机选择的进入信号无误差地被接收的概率.

**表 1.2 通信线信息**

| 通信线 | 通信量的份额 | 无误差被接收的信息的份额 |
|---|---|---|
| 1 | 0.4 | 0.8 |
| 2 | 0.3 | 0.9 |
| 3 | 0.1 | 0.7 |
| 4 | 0.2 | 0.6 |

22. 一种用来检验 50 岁以上的人是否患有关节炎的检验法，对于确实患关节炎的病人有 85% 给出了正确的结果，而对于已知未患关节炎的人有 4% 会认为他患关节炎. 已知人群中有 10% 的人患有关节炎. 问一名被检验者经检验，认为他没有关节炎，而他却有关节炎的概率.

23. 袋中装有 50 个乒乓球，其中 20 个是黄球，30 个是白球，今有两人依次随机地从袋中各取一球，取后不放回，求第二个人取得黄球的概率.

24. 计算机中心有 3 台打字机 $A,B,C$，程序分配给各打字机打字的概率依次为 0.6，0.3，0.1，打字机发生故障的概率依次为 0.01，0.05，0.04. 已知一程序因打字机发生故障而被破坏了，求该程序是在 $A,B,C$ 上打字的概率分别为多少？

25. 在通信网络中装有密码钥匙，设全部收到的信息中有 95% 是可信的. 又设全部不可信的信息中只有 10% 是使用密码钥匙传送的，而全部可信信息是使用密码钥匙传送的. 求由密码钥匙传送的一信息是可信信息的概率.

26. 据统计，某地区癌症患者占人口总数的 5‰. 根据以往的临床记录，癌症患者对某种试验呈阳性反应的概率为 0.95，非癌症患者对这种试验呈阳性反应的概率为 0.01. 若某人对这种试验呈阳性反应，求此人患有癌症的概率.

27. 设两两独立的 3 个事件 $A,B,C$ 满足条件 $ABC=\varnothing$，$P(A)=P(B)=P(C)$，$P(A\cup B\cup C)=\dfrac{9}{16}$，求 $P(A)$.

28. 证明：(1) 若 $P(A|B)>P(A)$，则 $P(B|A)>P(B)$；(2) 若 $P(A|B)=P(A|\overline{B})$，则事件 $A$ 与 $B$ 相互独立.

29. 甲、乙、丙三人独立地向一架飞机射击. 设甲、乙、丙的命中率分别为 0.4，0.5，0.7. 又飞机中 1 弹、2 弹、3 弹而坠毁的概率分别为 0.2，0.6，1. 若三人各向飞机射击一次，求：(1) 飞机坠毁的概率；(2) 已知飞机坠毁，求飞机被击中 2 弹的概率.

30. 三人独立破译一密码，他们能独立译出的概率分别为 $\dfrac{1}{3},\dfrac{1}{4},\dfrac{1}{5}$. 求此密码能被译出的概率.

31. 设 $A,B,C$ 3 个运动员自离球门 25 米处踢进球的概率依次为 0.5，0.7，0.6，设 $A,B,C$ 各在离球门 25 米处踢一球，设各人进球与否相互独立，求：(1) 恰有一人进球的概率；(2) 恰有两人进球的概率；(3) 至少有一人进球的概率.

32. 已知某种灯泡的耐用时间在 1 000 小时以上的概率为 0.2，求 3 个该型号的灯泡在使用 1 000 小时以后最多有一个坏掉的概率.

33. 在试验 $E$ 中，事件 $A$ 发生的概率为 $P(A)=p$，将试验 $E$ 独立重复进行 3 次，若在 3 次试验中 $A$ 至少出现一次的概率为 $\dfrac{19}{27}$，求 $p$.

34. 设某手机一天收到了 8 条微信，每条微信是公事的概率为 0.2，是私事的概率为 0.8. 求该手机每天至少收到 1 条公事微信的概率.

35. 店内有 4 名售货员，根据经验每名售货员平均在 1 小时内只用秤 15 分钟，问该店配置几台秤较为合理？

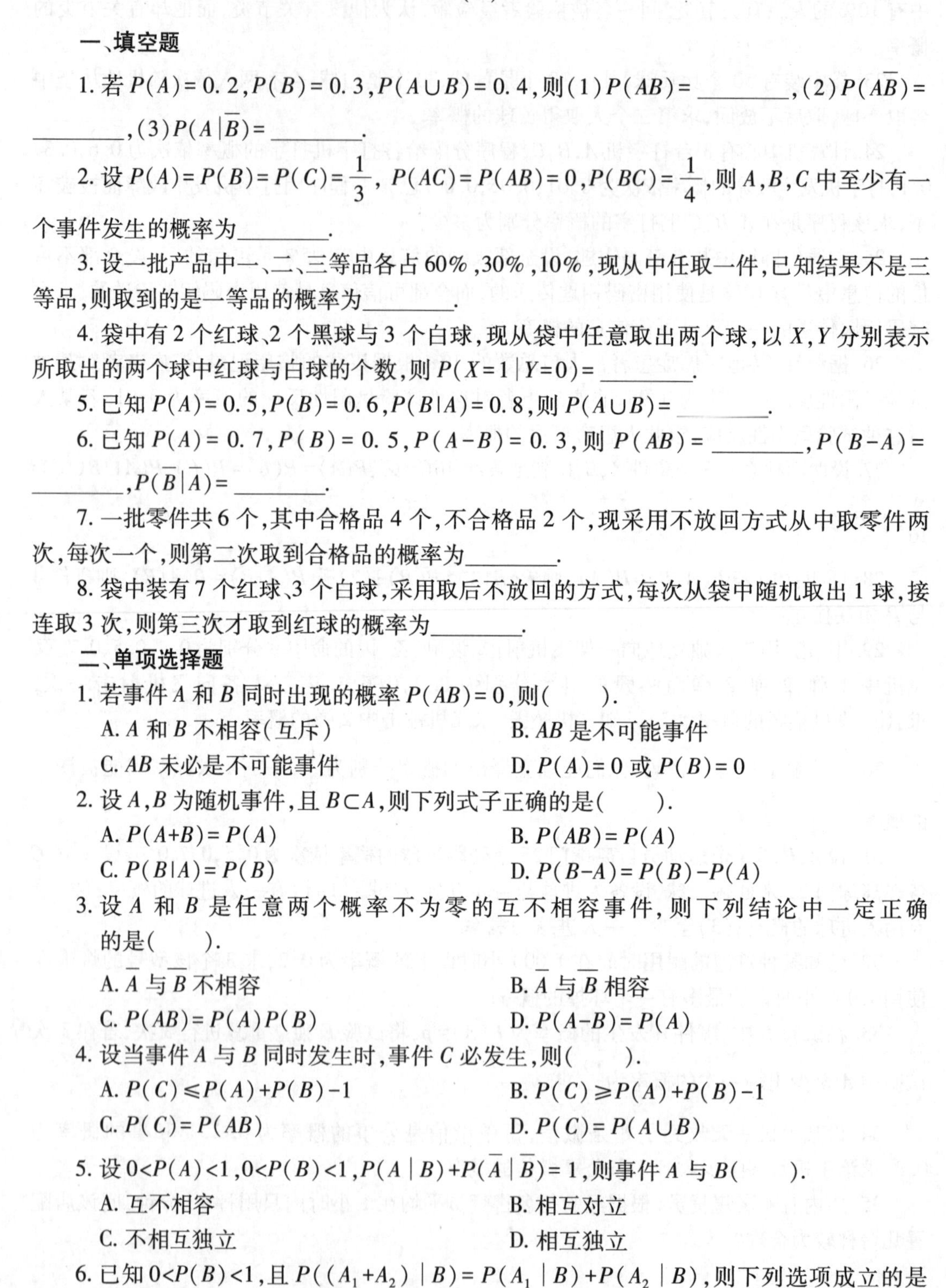

(B)

一、填空题

1. 若 $P(A)=0.2,P(B)=0.3,P(A\cup B)=0.4$,则(1)$P(AB)=$ ________,(2)$P(A\overline{B})=$ ________,(3)$P(A|\overline{B})=$ ________.

2. 设 $P(A)=P(B)=P(C)=\frac{1}{3}$, $P(AC)=P(AB)=0,P(BC)=\frac{1}{4}$,则 $A,B,C$ 中至少有一个事件发生的概率为________.

3. 设一批产品中一、二、三等品各占60%,30%,10%,现从中任取一件,已知结果不是三等品,则取到的是一等品的概率为________.

4. 袋中有 2 个红球、2 个黑球与 3 个白球,现从袋中任意取出两个球,以 $X,Y$ 分别表示所取出的两个球中红球与白球的个数,则 $P(X=1|Y=0)=$ ________.

5. 已知 $P(A)=0.5,P(B)=0.6,P(B|A)=0.8$,则 $P(A\cup B)=$ ________.

6. 已知 $P(A)=0.7,P(B)=0.5,P(A-B)=0.3$,则 $P(AB)=$ ________,$P(B-A)=$ ________,$P(\overline{B}|\overline{A})=$ ________.

7. 一批零件共 6 个,其中合格品 4 个,不合格品 2 个,现采用不放回方式从中取零件两次,每次一个,则第二次取到合格品的概率为________.

8. 袋中装有 7 个红球、3 个白球,采用取后不放回的方式,每次从袋中随机取出 1 球,接连取 3 次,则第三次才取到红球的概率为________.

二、单项选择题

1. 若事件 $A$ 和 $B$ 同时出现的概率 $P(AB)=0$,则(　　).

A. $A$ 和 $B$ 不相容(互斥)　　B. $AB$ 是不可能事件

C. $AB$ 未必是不可能事件　　D. $P(A)=0$ 或 $P(B)=0$

2. 设 $A,B$ 为随机事件,且 $B\subset A$,则下列式子正确的是(　　).

A. $P(A+B)=P(A)$　　B. $P(AB)=P(A)$

C. $P(B|A)=P(B)$　　D. $P(B-A)=P(B)-P(A)$

3. 设 $A$ 和 $B$ 是任意两个概率不为零的互不相容事件,则下列结论中一定正确的是(　　).

A. $\overline{A}$ 与 $\overline{B}$ 不相容　　B. $\overline{A}$ 与 $\overline{B}$ 相容

C. $P(AB)=P(A)P(B)$　　D. $P(A-B)=P(A)$

4. 设当事件 $A$ 与 $B$ 同时发生时,事件 $C$ 必发生,则(　　).

A. $P(C)\leqslant P(A)+P(B)-1$　　B. $P(C)\geqslant P(A)+P(B)-1$

C. $P(C)=P(AB)$　　D. $P(C)=P(A\cup B)$

5. 设 $0<P(A)<1,0<P(B)<1,P(A|B)+P(\overline{A}|\overline{B})=1$,则事件 $A$ 与 $B$(　　).

A. 互不相容　　B. 相互对立

C. 不相互独立　　D. 相互独立

6. 已知 $0<P(B)<1$,且 $P((A_1+A_2)|B)=P(A_1|B)+P(A_2|B)$,则下列选项成立的是(　　).

A. $P((A_1+A_2)\mid\overline{B})=P(A_1\mid\overline{B})+P(A_2\mid\overline{B})$

B. $P(A_1B+A_2B)=P(A_1B)+P(A_2B)$

C. $P(A_1+A_2)=P(A_1\mid B)+P(A_2\mid B)$

D. $P(B)=P(A_1)P(B\mid A_1)+P(A_2)P(B\mid A_2)$

7. 对于任意两个事件 $A$ 和 $B$,有 $P(A-B)=($ $)$.

A. $P(A)-P(B)$
B. $P(A)-P(B)+P(AB)$
C. $P(A)-P(AB)$
D. $P(A)+P(\overline{B})-P(A\overline{B})$

8. 若事件 $A,B$ 满足 $P(A)+P(B)>1$,则 $A$ 与 $B$ 必定( ).

A. 独立 B. 不独立 C. 相容 D. 不相容

9. 设 $A,B,C$ 3 个事件两两独立,则 $A,B,C$ 相互独立的充分必要条件是( ).

A. $A$ 与 $BC$ 独立
B. $AB$ 与 $A\cup C$ 独立
C. $AB$ 与 $AC$ 独立
D. $A\cup B$ 与 $A\cup C$ 独立

10. 对于任意两个事件 $A$ 和 $B$,与 $A\cup B=B$ 不等价的是( ).

A. $A\subseteq B$ B. $\overline{B}\subseteq\overline{A}$ C. $A\overline{B}=\varnothing$ D. $\overline{A}B=\varnothing$

# 第2章

# 随机变量及其概率分布

概率论是从数量上来研究随机现象内在规律性的，为了全面地研究随机试验的结果，揭示客观存在的统计规律性，更方便有力地研究随机现象，需将随机现象的结果数量化，即把随机试验的结果与实数对应起来，从而利用数学知识来解决概率问题，同时也把对试验结果的概率研究问题转化为研究随机变量的概率分布问题.

## 2.1 随机变量的概念及分布函数

### 2.1.1 随机变量的概念

下面通过例子来说明如何将随机试验的结果与实数对应起来，并在此基础上，引入随机变量的概念.

(1)在有些随机试验中，试验的结果本身就由数量来表示.

例如，在掷一颗骰子，观察其出现的点数的试验中，试验的结果就可分别由数1,2,3,4,5,6来表示. 若用$X$表示掷到的点数，则

$$X(\omega)=\omega,\omega=1,2,3,4,5,6$$

则可用$\{X=1\}$表示事件{掷到1点}；用$\{X\leqslant 4\}$表示事件{掷到的点数不超过4}；等等.

(2)在另外一些随机试验中，试验结果看起来与数量无关，但可以指定一个数量来表示它.

例如，在掷一枚硬币观察其正反面朝上的试验中，若规定“出现正面”对应数1，“出现反面”对应数0，则该试验的每一种可能结果，都有唯一确定的实数与之对应. 那么$X$作为样本空间$\Omega$上的实值函数可定义为

$$X(\omega)=\begin{cases}1 & \omega=\text{正面}\\0 & \omega=\text{反面}\end{cases}$$

上述例子表明，随机试验的结果都可用一个实数来表示，这个数随着实验结果的不同而变化，因此，它是样本点的函数，而这个函数就是随机变量.

**定义1** 设$E$是随机试验，$\Omega$是其样本空间. 如果对每个$\omega\in\Omega$，都有一个唯一确定的实

数 $X(\omega)$ 与之对应,则称定义在样本空间 $\Omega$ 上的实值单值函数 $X=X(\omega)$ 为**随机变量**.

**注** 随机变量即为定义在样本空间上的实值函数. 如图 2.1 所示,画出了样本点 $\omega$ 与实数 $X=X(\omega)$ 对应的示意图.

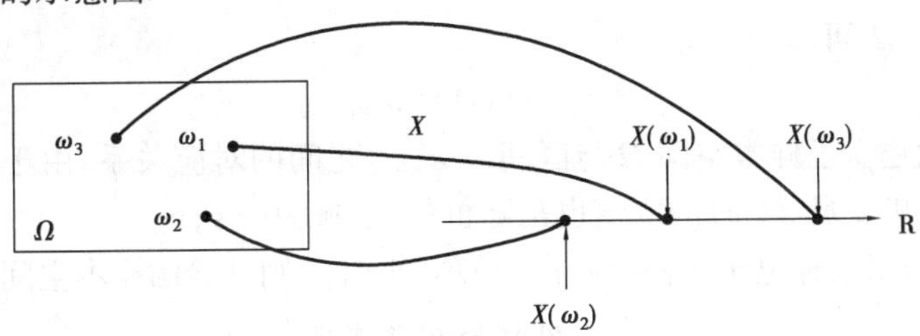


图 2.1 随机变量对应关系

随机变量常用英文大写字母 $X,Y,Z,X_1,X_2,X_3$ 或希腊字母 $\xi,\eta$ 等表示. 而表示随机变量所取的值时,一般采用小写字母 $x,y,z$ 等.

随机变量与高等数学中函数的比较:

①它们都是实值函数,但前者在试验前只知道它可能取值的范围,而不能预先肯定它将取哪个值.

②因试验结果的出现具有一定的概率,故前者取每个值和每个确定范围内的值也有一定的概率.

在第 1 章中,都是用文字语言或集合表示事件. 现在要习惯用随机变量的等式或不等式表示事件.

一般地,如果 $X$ 是随机变量,$x,x_1,x_2$ 是实数,那么可用下列几种常见形式表示事件:

①$\{X=x\},\{X\neq x\},\{X<x\},\{X\leqslant x\},\{X>x\},\{X\geqslant x\}$;

②$\{x_1<X<x_2\},\{x_1<X\leqslant x_2\},\{x_1\leqslant X<x_2\},\{x_1\leqslant X\leqslant x_2\}$.

下面再举一些随机变量的例子.

**【例 2.1】** 将一枚硬币掷 3 次,观察正面 $H$、反面 $T$ 出现情况的试验中,其样本空间

$$\Omega=\{HHH,HHT,HTH,THH,HTT,THT,TTH,TTT\}$$

设 $X$ 表示正面出现的次数,则 $X$ 作为样本空间 $\Omega$ 上的函数,定义为

| $\omega$ | $HHH$ | $HHT$ | $HTH$ | $THH$ | $HTT$ | $THT$ | $TTH$ | $TTT$ |
|---|---|---|---|---|---|---|---|---|
| $X$ | 3 | 2 | 2 | 2 | 1 | 1 | 1 | 0 |

若设 $A=\{$恰好出现两次正面$\}$,则 $A=\{HHT,HTH,THH\}=\{X=2\}$,且

$$P(A)=P\{X=2\}=\frac{3}{8}$$

类似地,有

$$P\{X\leqslant 1\}=\frac{4}{8}=\frac{1}{2}$$

**【例 2.2】** 观察一部电梯一年内出现故障的次数. 则样本空间

$$\Omega=\{0,1,2,\cdots\}$$

设 $X$ 表示该部电梯一年内出现故障的次数,则

$$X(\omega)=\omega,\omega=0,1,2,\cdots$$

**【例 2.3】** 测量某机床加工的零件长度与零件规定长度的偏差 $\omega$(单位:毫米). 由于通常可以知道其偏差的范围,故可以假定偏差的绝对值不超过某一固定的正数 $\varepsilon$. 则样本空间

$$\Omega = \{\omega \mid -\varepsilon \leqslant \omega \leqslant \varepsilon\}$$

对于每个偏差 $\omega \in \Omega$,可取

$$X(\omega) = \omega$$

与之对应,这样就建立了样本空间 $\Omega$ 与区间 $[-\varepsilon,\varepsilon]$ 之间的对应关系. 由于试验结果的出现是随机的,因此随机变量 $X(\omega)$ 的取值也是随机的,值域为 $[-\varepsilon,\varepsilon]$.

**【例 2.4】** 测试某种电子元件的寿命(单位:小时),则试验的样本空间

$$\Omega = \{\omega \mid 0 \leqslant \omega < +\infty\}$$

对于每个 $\omega \in \Omega$,可取

$$X(\omega) = \omega$$

与之对应,这样就建立了样本空间 $\Omega$ 与区间 $[0,+\infty)$ 之间的对应关系. 由于试验结果的出现是随机的,因此随机变量 $X(\omega)$ 的取值也是随机的,值域为 $[0,+\infty)$.

显然,随机变量是建立在随机事件基础上的一个概念. 既然事件发生的可能性对应于一定的概率,那么随机变量也以一定的概率取各种可能值. 按其取值情况可以把随机变量分为两类:

①若随机变量的取值只可能取有限个或可列无穷个(即虽然是无穷个,但可以一个接一个地排列起来)值,则称其为**离散型随机变量**,如例 2.1、例 2.2.

②若随机变量的取值可以在整个数轴上取值,或至少有一部分值取某实数区间的全部值,则称其为**非离散型随机变量**.

非离散型随机变量范围很广,情况比较复杂,其中最重要的,在实际中常遇到的是**连续型随机变量**(其精确定义见 2.4 节),如例 2.3、例 2.4.

本书仅研究离散型和连续型两类随机变量.

### 2.1.2 分布函数

**定义 2** 设 $X$ 是任意一个随机变量,称如下定义的函数

$$F(x) = P\{X \leqslant x\}, x \in \mathbf{R} \tag{2.1}$$

为 $X$ 的分布函数,记作 $X \sim F(x)$ 或 $X \sim F_X(x)$.

**注** ①任何随机变量都有分布函数,而且分布函数由随机变量本身唯一决定.

②分布函数 $F(x)$ 的几何意义:分布函数 $F(x)$ 是事件 $\{X \leqslant x\}$ 的概率,也表示 $X$ 落在区间 $(-\infty, x]$ 内的概率.

③对任意实数 $x_1, x_2 (x_1 < x_2)$,有

$$P\{x_1 < X \leqslant x_2\} = P\{X \leqslant x_2\} - P\{X \leqslant x_1\} = F(x_2) - F(x_1) \tag{2.2}$$

**定理 1** 分布函数 $F(x)$ 具有下列性质:

(1)**有界性** 对 $\forall x \in \mathbf{R}$,有 $0 \leqslant F(x) \leqslant 1$;

(2)**单调不减性** 当 $x_1 < x_2$ 时,有 $F(x_1) \leqslant F(x_2)$;

(3)**极限性质** $F(-\infty) = \lim\limits_{x \to -\infty} F(x) = 0, F(+\infty) = \lim\limits_{x \to +\infty} F(x) = 1$;

(4)**处处右连续** 对 $\forall x_0 \in \mathbf{R}$,有 $F(x_0 + 0) = \lim\limits_{x \to x_0^+} F(x) = F(x_0)$.

**证**　(1)根据分布函数 $F(x)$ 的几何意义,性质(1)显然成立.

(2)当 $x_1<x_2$ 时,因为事件 $\{X\leqslant x_1\}\subset\{X\leqslant x_2\}$,所以由分布函数的定义式(2.1)及概率的单调性,可得

$$F(x_1)=P\{X\leqslant x_1\}\leqslant P\{X\leqslant x_2\}=F(x_2)$$

即性质(2)成立.

(3)在式(2.1)两边分别取 $x\to-\infty$ 和 $x\to+\infty$ 时的极限,可得

$$F(-\infty)=P\{X\leqslant-\infty\}=P(\varnothing)=0;F(+\infty)=P\{X\leqslant+\infty\}=P(\Omega)=1$$

即性质(3)成立.

(4)性质(4)的证明需要较专业的数学知识,此处证略.

任何随机变量的分布函数都具有上述4条性质,反过来可以证明,凡是满足上述4条性质的函数一定是某随机变量的分布函数. 换句话说,上述4条性质是判断一个函数是否可以作为分布函数的充要条件.

**【例2.5】**　显然,$F_1(x)=\begin{cases}0.6e^x & x<0\\ 0.9 & 0\leqslant x<1\\ 1 & x\geqslant 1\end{cases}$满足定理1的4条性质,是分布函数;$F_2(x)=\begin{cases}0 & x<0\\ 0.2x & 0\leqslant x<4\\ 0.3 & 4\leqslant x<5\\ 1 & x\geqslant 5\end{cases}$不是分布函数,因为 $F_2(2)=0.4$,而 $F_2(4)=0.3$,不满足分布函数的单调不减性.

**【例2.6】**　如果 $F(x)$ 和 $G(x)$ 都是分布函数,那么 $\frac{2}{5}F(x)+\frac{3}{5}G(x)$、$F(x)G(x)$ 和 $F(3x+1)$ 也都是分布函数,而 $4F(x)-3G(x)$ 不是分布函数,因为对于某个 $x_0\in\mathbf{R}$,有可能 $4F(x_0)-3G(x_0)<0$,不满足分布函数的有界性.

## 2.1.3　用分布函数表示概率

分布函数完整地描述了随机变量的统计规律. 如果知道了随机变量的分布函数,那么可以求出该随机变量落在任何区间内的概率. 例如

(1)$P\{X\leqslant b\}=F(b)$

(2)$P\{X<b\}=F(b-0)$

(3)$P\{X>b\}=1-P\{X\leqslant b\}=1-F(b)$

(4)$P\{X\geqslant b\}=1-P\{X<b\}=1-F(b-0)$

(5)$P\{a<X\leqslant b\}=F(b)-F(a)$

(6)$P\{a\leqslant X\leqslant b\}=F(b)-F(a-0)$

(7)$P\{a<X<b\}=F(b-0)-F(a)$

(8)$P\{a\leqslant X<b\}=F(b-0)-F(a-0)$

(9)$P\{X=a\}=P\{a\leqslant X\leqslant a\}=F(a)-F(a-0)$

# 2.2 离散型随机变量

## 2.2.1 离散型随机变量的分布列

**定义 3** 设离散型随机变量 $X$ 的所有可能取值为 $x_1,x_2,\cdots,x_n,\cdots$，称 $X$ 取各个值的概率

$$P\{X=x_i\}=p_i,i=1,2,\cdots,n,\cdots$$

为 $X$ 的**概率分布列**，简称**分布列**或**分布律**.

分布列也常用如下二维列表来表示，其优点在于简单明了，一目了然.

| $X$ | $x_1$ | $x_2$ | $\cdots$ | $x_n$ | $\cdots$ |
|---|---|---|---|---|---|
| $P$ | $p_1$ | $p_2$ | $\cdots$ | $p_n$ | $\cdots$ |

**定理 2** 分布列具有下列性质：

(1) **非负性** $p_i\geqslant 0,i=1,2,\cdots,n,\cdots$；

(2) **规范性(正则性)** $\sum\limits_i p_i=1$.

**证** (1)根据概率的非负性，显然成立.

(2) $\sum\limits_i p_i=\sum\limits_i P\{X=x_i\}=P(\bigcup\limits_i\{X=x_i\})=P(\Omega)=1$.

所以，概率分布体现了随机变量取各个可能值的分布情况. 反之，满足定理 2 的，一定是某个离散型随机变量的概率分布.

**【例 2.7】** 袋子里有 5 个球，编号为 1,2,3,4,5，从中任取 3 个，设 $X$ 为取出的球的最大编号，求 $X$ 的分布列，并计算 $P\{3<X\leqslant 5\}$.

**解** $X$ 的所有可能取值为 3,4,5. 从 5 个球中任取 3 个，基本事件总数为 $C_5^3$. $\{X=i\}$ 表示取出的 3 个球中的最大号码为 $i(i=3,4,5)$，由古典概型的概率计算方法得

$P\{X=3\}=\dfrac{1}{C_5^3}=0.1$(3 个球的编号为 1,2,3)

$P\{X=4\}=\dfrac{C_3^2}{C_5^3}=0.3$(有一球编号为 4，从 1,2,3 中任取 2 个的组合与数字 4 搭配成 3 个)

$P\{X=5\}=\dfrac{C_4^2}{C_5^3}=0.6$(有一球编号为 5，从 1,2,3,4 中任取 2 个的组合与数字 5 搭配成 3 个)

故 $X$ 的分布列为

| $X$ | 3 | 4 | 5 |
|---|---|---|---|
| $P$ | 0.1 | 0.3 | 0.6 |

则 $P\{3<X\leqslant 5\}=P\{X=4\}+P\{X=5\}=0.3+0.6=0.9$.

【例 2.8】 如图 2.2 所示,电子线路中装有两个并联的继电器. 假设两个继电器是否接通具有随机性,且彼此独立. 已知每个继电器接通的概率为 0.8,设 $X$ 表示线路中接通的继电器的个数. 求:①$X$ 的分布列;②线路接通的概率.

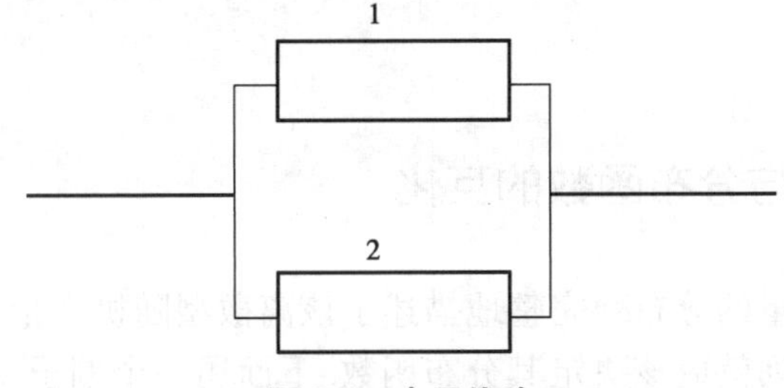


图 2.2 电子线路

**解** ①$X$ 的所有可能取值为 0,1,2. 两个继电器(一号和二号)是否接通是相互独立的,$\{X=i\}$ 表示线路中继电器接通个数为 $i$ 个,$i=0,1,2$,则由独立性计算得

$P\{X=0\}=0.2\times0.2=0.04$(一号和二号继电器都没接通)

$P\{X=1\}=0.8\times0.2+0.2\times0.8=0.32$(一号接通二号没接通或者一号没接通二号接通)

$P\{X=2\}=0.8\times0.8=0.64$(一号和二号继电器都接通)

故 $X$ 的分布列为

| $X$ | 0 | 1 | 2 |
|---|---|---|---|
| $P$ | 0.04 | 0.32 | 0.64 |

②因为此电路是并联电路,只要一个继电器接通,整个线路就接通,所以线路接通等价于事件 $\{X\geqslant1\}$ 发生. 于是所求概率为

$$P\{X\geqslant1\}=P\{X=1\}+P\{X=2\}=0.32+0.64=0.96$$

【例 2.9】 设随机变量 $X$ 的分布列为

$$P\{X=k\}=\frac{k}{15},k=1,2,3,4,5$$

求:①$P\left\{\frac{1}{2}<X<\frac{5}{2}\right\}$;②$P\{1\leqslant X\leqslant3\}$;③$P\{X>3\}$.

**解** ①$P\left\{\frac{1}{2}<X<\frac{5}{2}\right\}=P\{X=1\}+P\{X=2\}=\frac{1}{15}+\frac{2}{15}=\frac{1}{5}$

②$P\{1\leqslant X\leqslant3\}=P\{X=1\}+P\{X=2\}+P\{X=3\}=\frac{1}{15}+\frac{2}{15}+\frac{3}{15}=\frac{2}{5}$

③$P\{X>3\}=P\{X=4\}+P\{X=5\}=\frac{4}{15}+\frac{5}{15}=\frac{3}{5}$

*【例 2.10】 设离散型随机变量 $X$ 的分布列为

$$P\{X=x_k\}=a\left(\frac{1}{3}\right)^k,k=1,2,3,\cdots$$

求常数 $a$.

**解** 由无穷级数的知识和分布列的规范性有

$$1=\sum_{k=1}^{\infty} a\left(\frac{1}{3}\right)^{k}=a\cdot\frac{\frac{1}{3}}{1-\frac{1}{3}}=\frac{a}{2}$$

故 $a=2$.

## 2.2.2 分布列与分布函数的互化

既然离散型随机变量的分布列完整地描述了该离散型随机变量取值的统计规律,那么离散型随机变量的分布列就应该决定其分布函数. 下面用一个例子说明如何根据离散型随机变量的分布列求其分布函数.

**【例 2.11】** 求例 2.7 中的随机变量 $X$ 的分布函数.

**解** 由分布函数的定义,式(2.1)可表述为

$$F(x)=P\{X\leqslant x\}=\begin{cases}P(\varnothing) & x<3\\ P\{X=3\} & 3\leqslant x<4\\ P\{X=3\}+P\{X=4\} & 4\leqslant x<5\\ P\{X=3\}+P\{X=4\}+P\{X=5\} & x\geqslant 5\end{cases}$$

从而

$$F(x)=\begin{cases}0 & x<3\\ 0.1 & 3\leqslant x<4\\ 0.4 & 4\leqslant x<5\\ 1 & x\geqslant 5\end{cases}$$

其图像如图 2.3 所示.

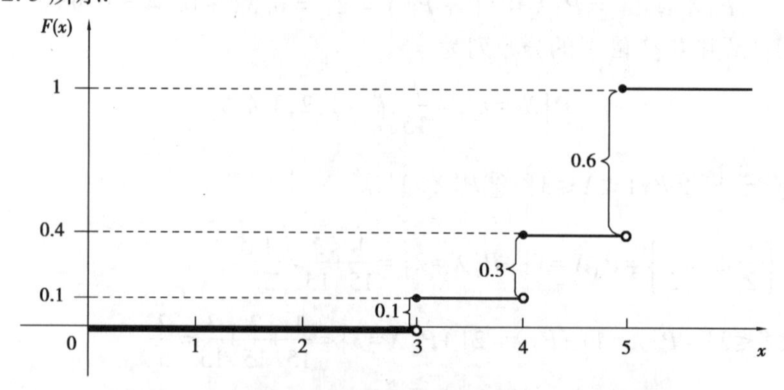


图 2.3 离散型随机变量 $X$ 的分布函数 $F(x)$ 的图像

由图可知,离散型随机变量的分布函数的图形是一条阶梯形状的曲线,在每个分段点处右连续,且分段点即为 $X$ 所有取值,而该点处的跳跃度是取该值的概率. 因此,如果知道了离散型随机变量的分布函数,很容易求得其分布列.(参见习题 2(A),10)

另外,对于例 2.7 中概率 $P\{3<X\leqslant 5\}$ 还可用分布函数计算得

$$P\{3<X\leqslant 5\}=F(5)-F(3)=1-0.1=0.9$$

# 2.3 几种重要的离散型分布

## 2.3.1 单点分布

**定义4** 如果一个随机变量 $X$ 只有一个取值 $C$,则称 $X$ 服从**单点分布**. 显然,它的分布列为

$$P(X=C)=1$$

分布函数为

$$F(x)=\begin{cases}0 & x<C \\ 1 & x \geqslant C\end{cases}$$

其实,任何常数都可以看作是一个随机变量,并称之为**常数值随机变量**. 与必然事件 $\Omega$ 和不可能事件 $\varnothing$ 一样,常数值随机变量虽然已经失去了随机性,但我们仍然把它当作一类很重要的随机变量来研究.

## 2.3.2 两点分布

**定义5** 设如果一个随机变量 $X$ 只有两个可能取值,且其分布列为

$$P\{X=x_1\}=p, P\{X=x_2\}=1-p \ (0<p<1)$$

则称 $X$ 服从 $x_1, x_2$ 处参数为 $p$ 的**两点分布**.

这是除单点分布外最简单的一种分布类型. 它虽然简单,但在实际生活中很常见,如新生婴儿的性别是男还是女,产品一次抽样的结果是正品还是次品,掷一颗骰子是否掷出点2,一次投篮是否投中,一次投标是否中标,都可以用一个服从两点分布的随机变量来描述.

任何两点分布,均可以通过变换化成标准的概型

| $X$ | 0 | 1 |
|---|---|---|
| $P$ | $1-p$ | $p$ |

其中,$0<p<1$. 此时,称 $X$ 服从参数为 $p$ 的 **0-1 分布**,记作 $X \sim B(1,p)$,其分布函数为

$$F(x)=\begin{cases}0 & x<0 \\ 1-p & 0 \leqslant x<1 \\ 1 & x \geqslant 1\end{cases}$$

在0-1分布中,如果用 $\{X=1\}$ 表示成功,$\{X=0\}$ 表示失败,那么 $X$ 表示一次伯努利试验中成功的次数.

【**例2.12**】 100件产品中,有96件是正品,4件是次品,今从中任取一件,若规定

$$X=\begin{cases}1 & \text{取到正品} \\ 0 & \text{取到次品}\end{cases}$$

则

$$P\{X=1\}=0.96, P\{X=0\}=0.04$$

于是,$X$ 服从参数为 0.96 的 0-1 分布,即 $X\sim B(1,0.96)$.

在实际问题中,有时一个随机试验可能有多个结果. 例如,产品质量检查中,若检查结果有 4 种:一级品、二级品、三级品和不合格品. 但是,如果把前 3 种统称为合格品,则试验的结果就只有合格品和不合格品两种了. 于是,也可以用两点分布来描述随机试验. 又如,研究者记录了某城市每月交通事故发生的次数,则它可能的取值为 0,1,2,…,这是无限多个结果. 但是,如果我们现在关心的问题是每月是否发生交通事故,则可以把观测的结果分成"发生交通事故"和"不发生交通事故"两种情况. 于是,就可用两点分布来研究每月是否发生交通事故.

## 2.3.3 二项分布

在 1.6 节中研究过伯努利概型,现在我们上升到随机变量这个层面来研究它.

**定义 6** 设 $X$ 表示 $n$ 重伯努利试验中成功的次数,成功概率为 $p$,则可把伯努利公式(1.13)重新写成如下分布列的形式

$$P\{X=k\}=C_n^k p^k q^{n-k}, k=0,1,2,\cdots,n \tag{2.3}$$

其中,$0<p<1$,$q=1-p$,称 $X$ 服从参数为 $n,p$ 的**二项分布**,记作 $X\sim B(n,p)$.

用 $p_k$ 表示式(2.3)中给出的概率,由式(1.14)可知,$p_k$ 满足分布列的性质(定理 2):

(1) $p_k>0, k=0,1,2,\cdots,n$;

(2) $\sum\limits_{k=0}^{n} p_k=1$.

同时,每个 $p_k=C_n^k p^k q^{n-k}$ 恰好是二项式 $(p+q)^n$ 展开式中的各项,这就是"二项分布"这一名称的来历.

特别地,若 $n=1$,即 $X\sim B(1,p)$,则 $X$ 服从参数为 $p$ 的 0-1 分布.

**【例 2.13】** 10 个产品中有 3 个次品,现从中有放回地取 3 次,每次任取 1 个,求在所取的 3 个中恰有 2 个次品的概率.

**解** 因为这是有放回地抽取,每次试验结果之间相互独立,故它是伯努利试验. 设 $X$ 为 3 次抽取中取到次品的个数,取到次品的概率为 0.3,则 $X\sim B(3,0.3)$. 于是,所求概率为

$$P\{X=2\}=C_3^2(0.3)^2(0.7)=0.189$$

**注** 若将本例的"有放回"改为"无放回",那么各次试验结果之间不再是相互独立的,所以不再是伯努利概型,此时,只能用古典概型求解

$$P\{X=2\}=\frac{C_7^1 C_3^2}{C_{10}^3}=0.175$$

**【例 2.14】** 设随机变量 $X$ 服从参数为 $3,p$ 的二项分布,已知 $P\{X\geqslant 1\}=\frac{19}{27}$,求 $P\{X=2\}$.

**解** 由 $\frac{19}{27}=P\{X\geqslant 1\}=1-P\{X=0\}=1-(1-p)^3$ 得 $p=\frac{1}{3}$,故 $X\sim B\left(3,\frac{1}{3}\right)$,于是 $P\{X=2\}=C_3^2\times\left(\frac{1}{3}\right)^2\times\frac{2}{3}=\frac{2}{9}$.

【例 2.15】 某人进行射击,设每次射击的命中率为 0.08,独立射击 10 次,试求至少击中 3 次的概率.

**解** 设 $X$ 为 10 次射击命中的次数,命中率为 0.08,则 $X\sim B(10,0.08)$. 于是所求概率为

$$P\{X\geqslant3\}=1-P\{X=0\}-P\{X=1\}-P\{X=2\}$$
$$=1-C_{10}^{0}(0.08)^{0}(0.92)^{10}-C_{10}^{1}(0.08)(0.92)^{9}-C_{10}^{2}(0.08)^{2}(0.92)^{8}\approx0.0401$$

## 2.3.4 泊松分布

**定义 7** 若离散型随机变量 $X$ 的分布列为

$$P\{X=k\}=\frac{\lambda^{k}}{k!}e^{-\lambda},k=0,1,2,\cdots \tag{2.4}$$

重要人物简介
泊松

其中,$\lambda>0$,则称 $X$ 服从参数为 $\lambda$ 的泊松分布,记作 $X\sim P(\lambda)$.

用 $p_k$ 表示式(2.4)中给出的概率,容易验证 $p_k$ 满足分布列的性质(定理 2):

(1) $p_k>0,k=0,1,2,\cdots$;

(2) $\sum\limits_{k=0}^{\infty}p_k=\sum\limits_{k=0}^{\infty}\frac{\lambda^{k}}{k!}e^{-\lambda}=e^{-\lambda}\sum\limits_{k=0}^{\infty}\frac{\lambda^{k}}{k!}=e^{-\lambda}\cdot e^{\lambda}=1.$

服从或近似地服从泊松分布的例子是大量存在的. 例如:

①服务系统在单位时间内来到的顾客数;

②击中飞机的炮弹数;

③大量螺丝钉中不合格品出现的次数;

④数字通信中传输数字的误码个数;

⑤母鸡在一生中产蛋的只数.

涉及泊松分布的概率值计算可通过附表 1 来实现.

【例 2.16】 某城市每天发生火灾的次数 $X\sim P(1)$,求该城市一天内发生 3 次或 3 次以上火灾的概率.

**解** 由概率的性质得

$$P\{X\geqslant3\}=1-P\{X=0\}-P\{X=1\}-P\{X=2\}$$
$$=1-e^{-1}\left(\frac{1^{0}}{0!}+\frac{1}{1!}+\frac{1^{2}}{2!}\right)\approx0.0803$$

也可通过附表 1 查表得

$$P\{X\geqslant3\}=1-P\{X\leqslant2\}$$
$$\approx1-0.920=0.080$$

泊松分布还有一个非常实用的特性,那就是**二项分布的泊松近似**. 具体地讲,对于 $X\sim B(n,p)$,$Y\sim P(\lambda)$,其中 $n$ 较大,$p$ 较小,而 $\lambda=np$,如果要计算 $P\{X=k\}=C_n^kp^k(1-p)^{n-k}$,那么可近似计算 $P\{Y=k\}=\frac{\lambda^{k}}{k!}e^{-\lambda}$. 即

$$C_n^kp^k(1-p)^{n-k}\approx\frac{\lambda^{k}}{k!}e^{-\lambda}$$

这个结论可叙述为:在 $n$ 较大,$p$ 较小的条件下,参数为 $n,p$ 的二项分布的概率计算问题可以转化为参数为 $\lambda=np$ 的泊松分布的概率计算问题.

一般情况下,当 $p\leqslant 0.1$ 时,这种近似是很好的,甚至不必 $n$ 很大都可以. 例如,当 $p=0.01$ 时,即使 $n=2$,这种近似程度就已经很好了.

**【例 2.17】** 在例 2.15 中,根据二项分布已经计算出了 10 次射击至少命中 3 次的概率约为 0.040 1,现利用二项分布的泊松近似重新计算此概率.

**解** 因为例 2.15 中,$X\sim B(10,0.08)$,符合二项分布的泊松近似条件,则 $\lambda=np=0.8$. 故

$$X\sim B(10,0.08)\sim P(0.8)$$

则查表得

$$\begin{aligned}P\{X\geqslant 3\}&=1-P\{X\leqslant 2\}\\&\approx 1-0.953=0.047\end{aligned}$$

它与例 2.15 的结果相比较,近似效果确实是良好的.

如果命中率较大(比如 0.25),那么用泊松分布代替二项分布就不合适了. 另外,如果试验次数也很大(比如进行 100 次射击),那么类似于例 2.15 的求解方法涉及的计算量将是烦琐的. 利用 5.2 节的中心极限定理,可以方便地计算出它的精确度较高的近似值.

**【例 2.18】** 某出租汽车公司共有出租汽车 500 辆,设每天每辆出租汽车出现故障的概率为 0.01,试求:①一天内出现故障的出租汽车不超过 10 辆的概率;②一天内出现故障的出租汽车大于等于 1 辆且不超过 5 辆的概率.

**解** 设 $X$ 表示一天内 500 辆出租汽车出现故障的汽车数,出现故障的概率为 0.01,则 $X\sim B(500,0.01)$,符合二项分布的泊松近似条件,则 $\lambda=np=5$. 故

$$X\sim B(500,0.01)\sim P(5)$$

则①查表得

$$P\{X\leqslant 10\}\approx 0.986$$

②查表得

$$\begin{aligned}P\{1\leqslant X\leqslant 5\}&=P\{X\leqslant 5\}-P\{X\leqslant 0\}\\&\approx 0.616-0.007=0.609\end{aligned}$$

这些结果为出租汽车公司作出管理决策提供了概率依据. 比如,该公司到底应该配备多少技术维修人员,需要兼顾如下两点:一是维修人员太多造成人力和财力浪费;二是维修人员太少,出租汽车维修拥挤,出租汽车司机对公司满意度降低.

# 2.4 连续型随机变量

## 2.4.1 连续型随机变量的定义

**定义 8** 设随机变量 $X\sim F(x)$,若存在非负可积函数 $f(x)$,使得对任意的 $x\in\mathbf{R}$,有

$$F(x)=P\{X\leqslant x\}=\int_{-\infty}^{x}f(t)\,\mathrm{d}t \tag{2.5}$$

则称 $X$ 为**连续型随机变量**,且称 $f(x)$ 是连续型随机变量 $X$ 的概率密度函数,简称**概率密度**、**密度函数**或**密度**,记作 $X\sim f(x)$.

概率密度是连续型随机变量所特有的,就像分布列是专门针对离散型随机变量一样,且有类似于分布列的两条共性(定理2).

**定理3** 概率密度具有下列性质:

(1)**非负性** 对任意的 $x\in\mathbf{R}$,$f(x)\geqslant 0$;

(2)**规范性(正则性)** $\int_{-\infty}^{+\infty}f(x)\,\mathrm{d}x=1$.

事实上,在式(2.5)两边取当 $x\to+\infty$ 时的极限得

$$\int_{-\infty}^{+\infty}f(x)\,\mathrm{d}x=F(+\infty)=1$$

规范性有明显的几何意义,如图2.4所示.

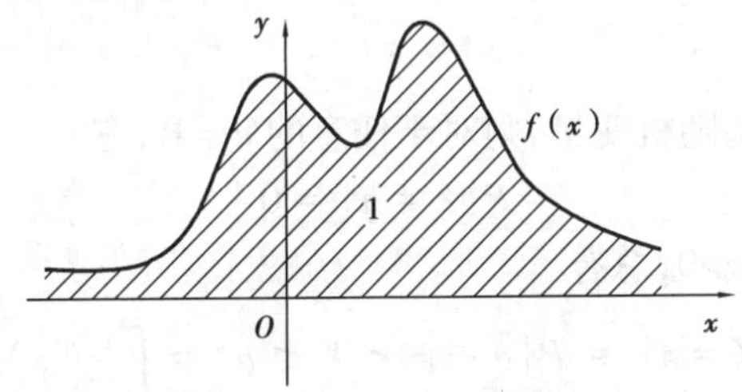


图2.4 规范性的几何意义

任何连续型随机变量的概率密度都具有上述两个性质;反之,可以证明,凡是满足上述两个性质的函数一定是某个连续型随机变量的概率密度.换句话说,上述两个性质是判断一个函数是否可以作为概率密度的充分必要条件.

**【例2.19】** 设 $f(x)$ 和 $g(x)$ 都是概率密度,那么 $\frac{3}{4}f(x)+\frac{1}{4}g(x)$ 也是概率密度,而 $f(x)g(x)$ 和 $5f(x)-4g(x)$ 就未必是概率密度,因为前者未必满足 $\int_{-\infty}^{+\infty}f(x)\,\mathrm{d}x=1$,后者未必满足 $5f(x)-4g(x)\geqslant 0$.

对一个连续型随机变量 $X$,若已知其概率密度 $f(x)$,则根据定义,可求得 $X$ 的取值落在区间 $(a,b]$ 上的概率为

$$\begin{aligned}P\{a<X\leqslant b\}&=P\{X\leqslant b\}-P\{X\leqslant a\}\\&=\int_{-\infty}^{b}f(x)\,\mathrm{d}x-\int_{-\infty}^{a}f(x)\,\mathrm{d}x\\&=\int_{-\infty}^{b}f(x)\,\mathrm{d}x+\int_{a}^{-\infty}f(x)\,\mathrm{d}x=\int_{a}^{b}f(x)\,\mathrm{d}x\end{aligned} \tag{2.6}$$

## 2.4.2 连续型随机变量分布函数的性质

**性质1** 连续型随机变量的分布函数处处连续.

**证** 对于任意 $x_0\in\mathbf{R}$,由式(2.5)得

$$\lim_{x\to x_0}F(x)=\lim_{x\to x_0}\int_{-\infty}^{x}f(t)\,dt=\int_{-\infty}^{x_0}f(t)\,dt=F(x_0)$$

这表明 $F(x)$ 在 $x=x_0$ 处连续.

【例 2.20】 设连续型随机变量 $X$ 的分布函数为

$$F(x)=\begin{cases}0 & x\leqslant -1\\ A+B\arctan x & -1<x<1\\ 1 & x\geqslant 1\end{cases}$$

求常数 $A,B$.

**解** 因为连续型随机变量 $X$ 的分布函数处处连续,所以

$$F(-1+0)=\lim_{x\to -1^+}F(x)=\lim_{x\to -1^+}(A+B\arctan x)=A-\frac{\pi}{4}B=F(-1)=0$$

$$F(1-0)=\lim_{x\to 1^-}F(x)=\lim_{x\to 1^-}(A+B\arctan x)=A+\frac{\pi}{4}B=F(1)=1$$

联立解得 $A=\dfrac{1}{2},B=\dfrac{2}{\pi}$.

**性质 2** 设 $X$ 是连续型随机变量,则对于任意的 $a\in\mathbf{R}$,有

$$P\{X=a\}=0 \tag{2.7}$$

**证** 对于任意给定的 $\varepsilon>0$,总有

$$P\{X=a\}\leqslant P\{a-\varepsilon<X\leqslant a\}=\int_{a-\varepsilon}^{a}f(x)\,dx$$

上式两端同时求极限 $\varepsilon\to 0$ 得

$$0\leqslant P\{X=a\}=\lim_{\varepsilon\to 0}P\{X=a\}\leqslant\lim_{\varepsilon\to 0}\int_{a-\varepsilon}^{a}f(x)\,dx=0$$

所以有

$$P\{X=a\}=0$$

**注** 式(2.7)说明连续型随机变量取任何一个实数的概率都等于零,但并不意味着 $\{X=a\}=\varnothing$. 即一个事件的概率等于零,并不能推出这件事是不可能事件;同样地,一个事件的概率等于1,也不能推出这件事是必然事件.

此外,由式(2.6)及性质2可得出性质3.

**性质 3** 设连续型随机变量 $X$ 的概率密度和分布函数分别为 $f(x)$ 和 $F(x)$,则对任意的 $a,b\in\mathbf{R}$,有

$$\begin{aligned}P\{a<X<b\}&=P\{a\leqslant X<b\}=P\{a\leqslant X\leqslant b\}=P\{a<X\leqslant b\}\\&=F(b)-F(a)=\int_a^b f(x)\,dx\end{aligned} \tag{2.8}$$

在利用上式计算概率时,如果概率密度 $f(x)$ 在区间 $(a,b]$(或 $[a,b]$,$(a,b)$,$[a,b)$)内的取值有些部分为零,此时积分区间可缩小到 $f(x)$ 的非零区间与 $(a,b]$ 的交集部分. 即设 $f(x)$ 的非零区间 $\cap(a,b]=[c,d]$①,则

$$P\{a<X\leqslant b\}=\int_a^b f(x)\,dx=\int_c^d f(x)\,dx$$

① 或(c,d],[c,d),(c,d)均成立,无本质区别。

【例 2.21】 设 $X \sim f(x)=\begin{cases} ax & 0<x<1 \\ 0 & \text{其他} \end{cases}$，求：①$a$ 的值；②$P\{X=0.1\}$；③$P\{-1<X<0.5\}$；④$P\{X<0.2|0.1<X<0.5\}$.

**解** ①根据规范性

$$\begin{aligned} 1 &= \int_{-\infty}^{+\infty} f(x)\,\mathrm{d}x \\ &= \int_{-\infty}^{0} 0\mathrm{d}x + \int_{0}^{1} ax\mathrm{d}x + \int_{1}^{+\infty} 0\mathrm{d}x \\ &= \frac{1}{2}ax^2 \Big|_0^1 = \frac{a}{2} \end{aligned}$$

则

$$a = 2$$

②根据性质 2 可得 $P\{X=0.1\}=0$.

③$P\{-1<X<0.5\} = \int_0^{0.5} 2x\mathrm{d}x = x^2 \Big|_0^{0.5} = \frac{1}{4}$

④$P\{X<0.2|0.1<X<0.5\} = \dfrac{P\{X<0.2 \cap 0.1<X<0.5\}}{P\{0.1<X<0.5\}}$

$$= \frac{P\{0.1<X<0.2\}}{P\{0.1<X<0.5\}} = \frac{\int_{0.1}^{0.2} 2x\mathrm{d}x}{\int_{0.1}^{0.5} 2x\mathrm{d}x} = \frac{1}{8}$$

### 2.4.3 概率密度与分布函数的互化

若 $f(x)$ 在点 $x$ 处连续，则在式(2.5)两边求导得

$$F'(x) = \left[\int_{-\infty}^{x} f(t)\,\mathrm{d}t\right]' = f(x) \tag{2.9}$$

式(2.5)和式(2.9)是概率密度与分布函数互化的桥梁. 前者的作用在于通过积分由概率密度求分布函数，后者的作用在于通过微分由分布函数求概率密度.

【例 2.22】 求例 2.20 中连续型随机变量 $X$ 的概率密度 $f(x)$.

**解** 根据例 2.20 的结果，连续型随机变量 $X$ 的分布函数为

$$F(x) = \begin{cases} 0 & x \leqslant -1 \\ \dfrac{1}{2} + \dfrac{2}{\pi}\arctan x & -1 < x < 1 \\ 1 & x \geqslant 1 \end{cases}$$

从而由式(2.9)得 $X$ 的概率密度为

$$f(x) = \begin{cases} \dfrac{2}{\pi(1+x^2)} & -1 < x < 1 \\ 0 & \text{其他} \end{cases}$$

需要指出的是，此例中 $F(x)$ 在 $x=\pm 1$ 处的导数都不存在，此时概率密度 $f(x)$ 可以赋给任何非负值. 为了使分段不至于变得较复杂，这里让 $f(-1)=0$，$f(1)=0$. 当然

$$f(x)=\begin{cases}\dfrac{2}{\pi(1+x^2)} & -1\leqslant x\leqslant 1\\ 0 & \text{其他}\end{cases}$$

$$f(x)=\begin{cases}\dfrac{2}{\pi(1+x^2)} & -1\leqslant x< 1\\ 0 & \text{其他}\end{cases}$$

$$f(x)=\begin{cases}\dfrac{2}{\pi(1+x^2)} & -1< x\leqslant 1\\ 0 & \text{其他}\end{cases}$$

等都是例 2.22 中随机变量 $X$ 的概率密度.

即连续型随机变量的概率密度不唯一,修改概率密度在任意几个点的函数值不影响该随机变量的其他性质.

**【例 2.23】** 已知连续型随机变量 $X\sim f(x)=\begin{cases}4-2x & 1<x<2\\ 0 & \text{其他}\end{cases}$,求 $X$ 的分布函数 $F(x)$.

**解** 由于概率密度表达式是分段函数,有两个分段点:1,2,这两个分段点将数轴分成 3 个区间:$(-\infty,1)$,$[1,2)$,$[2,+\infty)$,考虑下面积分中的上限变量 $x$ 分别落在这 3 个区间时的积分,可得

$$F(x)=P\{X\leqslant x\}=\int_{-\infty}^{x}f(t)\,\mathrm{d}t$$

$$=\begin{cases}\int_{-\infty}^{x}f(t)\,\mathrm{d}t & x<1\\ \int_{-\infty}^{1}f(t)\,\mathrm{d}t+\int_{1}^{x}f(t)\,\mathrm{d}t & 1\leqslant x<2\\ \int_{-\infty}^{1}f(t)\,\mathrm{d}t+\int_{1}^{2}f(t)\,\mathrm{d}t+\int_{2}^{x}f(t)\,\mathrm{d}t & x\geqslant 2\end{cases}$$

$$=\begin{cases}\int_{-\infty}^{x}0\mathrm{d}t & x<1\\ \int_{-\infty}^{1}0\mathrm{d}t+\int_{1}^{x}(4-2t)\,\mathrm{d}t & 1\leqslant x<2\\ \int_{-\infty}^{1}0\mathrm{d}t+\int_{1}^{2}(4-2t)\,\mathrm{d}t+\int_{2}^{x}0\mathrm{d}t & x\geqslant 2\end{cases}$$

$$=\begin{cases}0 & x<1\\ -x^2+4x-3 & 1\leqslant x<2\\ 1 & x\geqslant 2\end{cases}$$

上述分布函数尽管是一个分段函数,但它在每个分段点处都连续,从而在整个数轴上处处连续,这是性质 1 所致.

**【例 2.24】** 设 $X\sim f(x)=\begin{cases}Ax & 1<x<2\\ B & 2<x<3\\ 0 & \text{其他}\end{cases}$,且 $P\{1<X<2\}=P\{2<X<3\}$. 求:①常数 $A,B$;②$X$ 的分布函数;③$P\{1.4<X<2.5\}$.

**解** ①由 $P\{1<X<2\}=P\{2<X<3\}$ 和规范性得

$$\begin{cases} \int_1^2 Ax\mathrm{d}x = \int_2^3 B\mathrm{d}x \\ 1 = \int_{-\infty}^{+\infty} f(x)\mathrm{d}x = \int_1^2 Ax\mathrm{d}x + \int_2^3 B\mathrm{d}x \end{cases}$$

即

$$\begin{cases} \frac{3}{2}A = B \\ 1 = \frac{3}{2}A + B \end{cases}$$

解得

$$A = \frac{1}{3}, B = \frac{1}{2}$$

②由①知，$X \sim f(x) = \begin{cases} \frac{1}{3}x & 1<x<2 \\ \frac{1}{2} & 2<x<3 \\ 0 & \text{其他} \end{cases}$，由式(2.5)得 $X$ 的分布函数为

$$F(x) = P\{X \leqslant x\} = \int_{-\infty}^{x} f(t)\mathrm{d}t$$

$$= \begin{cases} 0 & x < 1 \\ \int_1^x \frac{1}{3}t\mathrm{d}t & 1 \leqslant x < 2 \\ \int_1^2 \frac{1}{3}t\mathrm{d}t + \int_2^x \frac{1}{2}\mathrm{d}t & 2 \leqslant x < 3 \\ \int_1^2 \frac{1}{3}t\mathrm{d}t + \int_2^3 \frac{1}{2}\mathrm{d}t & x \geqslant 3 \end{cases}$$

$$= \begin{cases} 0 & x < 1 \\ \frac{1}{6}(x^2 - 1) & 1 \leqslant x < 2 \\ \frac{1}{2}(x - 1) & 2 \leqslant x < 3 \\ 1 & x \geqslant 3 \end{cases}$$

③方法一：

$$P\{1.4 < X < 2.5\} = F(2.5) - F(1.4) = \frac{1}{2} \times (2.5 - 1) - \frac{1}{6} \times (1.4^2 - 1) = 0.59$$

方法二：

$$P\{1.4 < X < 2.5\} = \int_{1.4}^{2} \frac{1}{3}x\mathrm{d}x + \int_{2}^{2.5} \frac{1}{2}\mathrm{d}x = 0.59$$

# 2.5 几种重要的连续型分布

## 2.5.1 均匀分布

若连续型随机变量 $X$ 的概率密度为

$$f(x)=\begin{cases}\dfrac{1}{b-a} & a\leqslant x\leqslant b\\ 0 & \text{其他}\end{cases}\tag{2.10}$$

则称 $X$ 服从区间 $[a,b]$ 上的**均匀分布**，记作 $X\sim U[a,b]$. 容易证明

$$f(x)\geqslant 0 \text{ 且} \int_{-\infty}^{+\infty}f(x)\mathrm{d}x=\int_a^b\frac{1}{b-a}\mathrm{d}x=1$$

容易求得它的分布函数为

$$F(x)=\begin{cases}0 & x\leqslant a\\ \dfrac{x-a}{b-a} & a<x<b\\ 1 & x\geqslant b\end{cases}$$

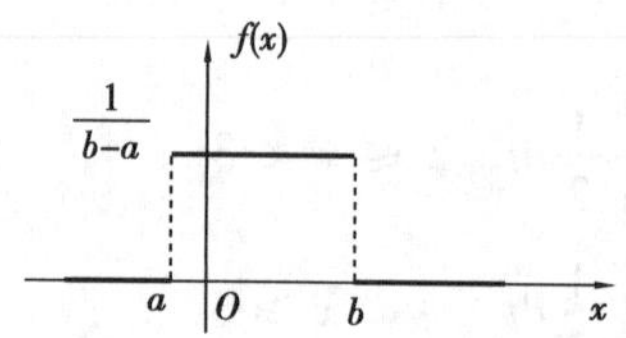


图 2.5 均匀分布的概率密度

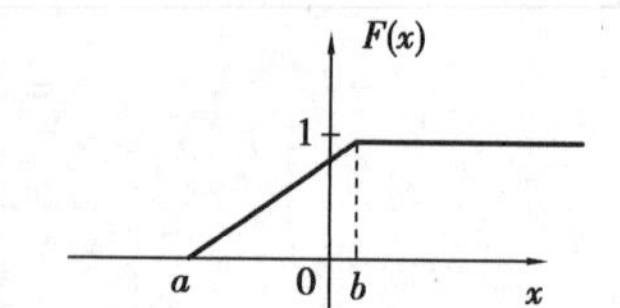


图 2.6 均匀分布的分布函数

许多随机现象都可以用均匀分布刻画，例如：

①在数值计算中，保留到小数点后的第一位，四舍五入所引起的误差一般看成一个服从区间 $[-0.05,0.05]$ 上的均匀分布的随机变量；保留到小数点后的第二位，四舍五入所引起的误差一般看成一个服从区间 $[-0.005,0.005]$ 上的均匀分布的随机变量. 以此类推.

②向区间 $[a,b]$ 上等可能地投点，落点坐标 $X$ 服从区间 $[a,b]$ 上的均匀分布. 均匀分布具有"均匀性"，意思是指，$X$ 落在区间 $[a,b]$ 中的任一小区间的概率等于该小区间的长度与区间 $[a,b]$ 的长度之比，而与小区间的位置无关. 例如，对于任一子区间 $[c,d]\subset[a,b]$，有

$$P\{c<X\leqslant d\}=\int_c^d\frac{1}{b-a}\mathrm{d}x=\frac{d-c}{b-a}$$

③如果一个人无预期地来到公共汽车站，那么他候车时间与到站时间均服从区间 $[0,l]$ 上的均匀分布，其中 $l$ 是公共汽车站发车的时间间隔.

④汽车遇到红灯时，等待时间服从区间 $[0,l]$ 上的均匀分布，其中，$l$ 是红灯持续的长度.

**【例 2.25】** 某长途汽车站每隔 1 h 发一班车，一位乘客随机地来到此汽车站. 试求他等车时间少于 15 min 的概率.

**解** 设 $X$ 为乘客等车的时间，则 $X\sim U[0,60]$，其概率密度为

$$f(x)=\begin{cases}\dfrac{1}{60} & 0\leqslant x\leqslant 60\\ 0 & \text{其他}\end{cases}$$

则所求概率为

$$P\{X\leqslant 15\}=\int_0^{15}\frac{1}{60}\mathrm{d}x=\frac{1}{4}$$

此例可以与例 1.15 比较. 在 1.3 节中讲述的几何概型中,如果把样本空间 $\Omega$ 局限在一个区间上,那么几何概型本质上就是均匀分布.

## 2.5.2　指数分布

若连续型随机变量 $X$ 的概率密度为

$$f(x)=\begin{cases}\lambda\mathrm{e}^{-\lambda x} & x\geqslant 0\\ 0 & \text{其他}\end{cases}\tag{2.11}$$

其中,$\lambda>0$ 为常数,则称 $X$ 服从参数为 $\lambda$ 的**指数分布**,记作 $X\sim E(\lambda)$. 容易证明

$$f(x)\geqslant 0\ \text{且}\int_{-\infty}^{+\infty}f(x)\mathrm{d}x=\int_0^{+\infty}\lambda\mathrm{e}^{-\lambda x}\mathrm{d}x=1$$

容易求得它的分布函数为

$$F(x)=\begin{cases}1-\mathrm{e}^{-\lambda x} & x\geqslant 0\\ 0 & \text{其他}\end{cases}$$

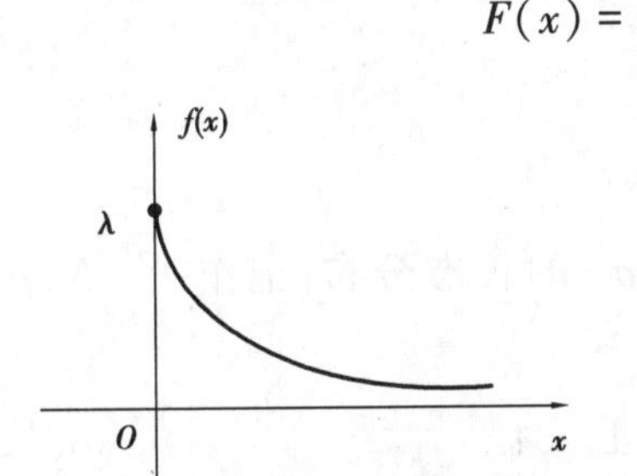


图 2.7　指数分布的概率密度

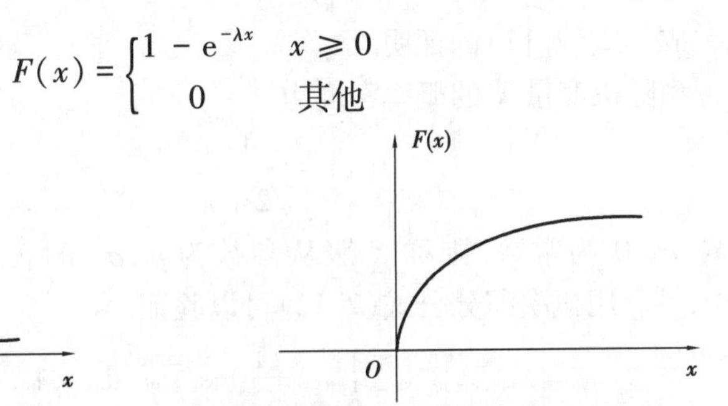


图 2.8　指数分布的分布函数

因为概率密度中的非零部分是一个指数函数,所以称这种分布为指数分布. 指数分布常可作为各种"寿命"分布的近似,许多"寿命"分布都常假定服从指数分布. 例如:

①电子元件的寿命;

②动物的寿命;

③电话问题中的通话时间;

④随机服务系统中的服务时间;

⑤顾客要求某种服务(到银行取钱,到车站售票处购买车票等)需要排队等待的时间.

【例 2.26】　某电子元件的寿命 $X$(年)服从参数为 3 的指数分布. ①求该电子元件寿命不超过 2 年的概率;②已知该电子元件已使用了 1 年,求它还能使用 2 年的概率.

**解**　由题意可知,$X$ 的概率密度为

$$f(x)=\begin{cases}3\mathrm{e}^{-3x} & x\geqslant 0\\ 0 & \text{其他}\end{cases}$$

则①所求概率为

$$P\{X \leqslant 2\} = \int_0^2 3\mathrm{e}^{-3x}\mathrm{d}x = -\mathrm{e}^{-3x}\Big|_0^2 = 1 - \mathrm{e}^{-6}$$

②所求概率为

$$P\{X > 3 | X > 1\} = \frac{P\{X > 3 \cap X > 1\}}{P\{X > 1\}} = \frac{P\{X > 3\}}{P\{X > 1\}} = \frac{\int_3^{+\infty} 3\mathrm{e}^{-3x}\mathrm{d}x}{\int_1^{+\infty} 3\mathrm{e}^{-3x}\mathrm{d}x} = \frac{-\mathrm{e}^{-3x}\Big|_3^{+\infty}}{-\mathrm{e}^{-3x}\Big|_1^{+\infty}} = \mathrm{e}^{-6}$$

## 2.5.3 正态分布

在高等数学中学习过泊松积分

$$\int_{-\infty}^{+\infty} \mathrm{e}^{-x^2}\mathrm{d}x = \sqrt{\pi} \tag{2.12}$$

它在概率论中常被称为**概率积分公式**. 事实上,利用二重积分的极坐标变换可得

$$\left(\int_{-\infty}^{+\infty} \mathrm{e}^{-x^2}\mathrm{d}x\right)^2 = \int_{-\infty}^{+\infty} \mathrm{e}^{-x^2}\mathrm{d}x\int_{-\infty}^{+\infty} \mathrm{e}^{-y^2}\mathrm{d}y = \iint_{\mathrm{R}^2} \mathrm{e}^{-(x^2+y^2)}\mathrm{d}x\mathrm{d}y$$

$$= \iint_{\mathrm{R}^2} \mathrm{e}^{-r^2} r\mathrm{d}r\mathrm{d}\theta = \int_0^{2\pi}\mathrm{d}\theta\int_0^{+\infty} r\mathrm{e}^{-r^2}\mathrm{d}r = \pi$$

这就完成了式(2.12)的证明.

若连续型随机变量 $X$ 的概率密度为

$$f(x) = \frac{1}{\sqrt{2\pi}\sigma}\mathrm{e}^{-\frac{(x-\mu)^2}{2\sigma^2}}, x \in \mathbf{R} \tag{2.13}$$

其中,$\mu \in \mathbf{R}$, $\sigma>0$ 为常数,则称 $X$ 服从参数为 $\mu, \sigma^2$ 的**正态分布**,记作 $X \sim N(\mu, \sigma^2)$. 显然 $f(x) \geqslant 0$,且利用概率积分公式(2.12)可以验证

$$\int_{-\infty}^{+\infty} \frac{1}{\sqrt{2\pi}\sigma}\mathrm{e}^{-\frac{(x-\mu)^2}{2\sigma^2}}\mathrm{d}x = 1$$

从图 2.9 中容易看出:$f(x)$ 的图形呈钟形,且有如下特征:

(1)关于直线 $x=\mu$ 对称;

(2)在 $x=\mu$ 处取得最大值 $\frac{1}{\sqrt{2\pi}\sigma}$;

(3)在 $x=\mu\pm\sigma$ 处有拐点;

(4)当 $x\to\infty$ 时,曲线以 $x$ 轴为渐近线.

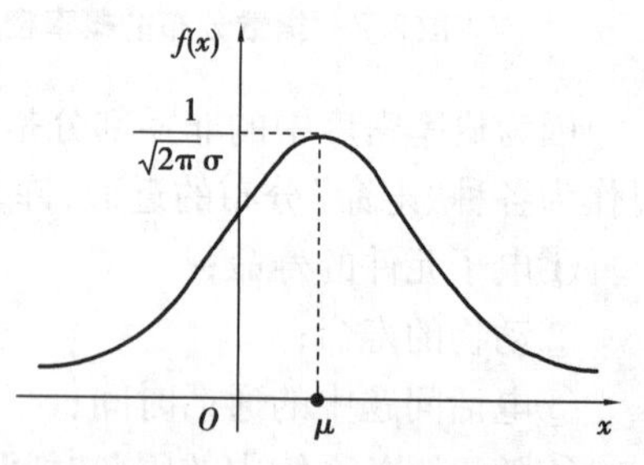

图 2.9 正态分布的概率密度

如果固定 $\sigma$,改变 $\mu$ 的值,则图形沿着 $x$ 轴平移,而图形的形状不变;如果固定 $\mu$,改变 $\sigma$ 的值,由最大值 $f(\mu)=\frac{1}{\sqrt{2\pi}\sigma}$,可知随着 $\sigma$ 的增大,图形越平坦,随着 $\sigma$ 的减小,图形越陡峭,但图形的对称轴没有改变.

容易求出正态分布的分布函数为

$$F(x) = \frac{1}{\sqrt{2\pi}\sigma}\int_{-\infty}^{x} \mathrm{e}^{-\frac{(t-\mu)^2}{2\sigma^2}}\mathrm{d}t, x \in \mathbf{R} \tag{2.14}$$

一般认为，正态分布开始于1733年法国数学家棣莫弗对大量抛硬币出现正面次数分布逼近的研究. 19世纪初，高斯在研究测量误差时，从另一个角度引进了它. 出于这个原因，文献中也常把正态分布称为**高斯分布**. “正态”，也即“正常的状态”，就是说，若在观察或试验中不出现重大的失误，则结果应遵从正态分布. 有大量的经验事实支持这个看法，也有其理论上的依据，这大概就是正态分布这个名称的由来.

重要人物简介

高斯

第5章的中心极限定理表明：一个变量如果是由大量独立的起微小作用的随机因素叠加的结果，那么这个变量一定是正态变量. 因此很多随机变量可以用正态分布描述或近似描述. 例如：

①射击目标的水平或垂直测量误差；

②成年男(女)子的身高、体重；

③加工零件的尺寸；

④某市一次统考的考生成绩；

⑤一个地区的年降雨量.

若 $X \sim N(0,1)$，则称 $X$ 服从**标准正态分布**或称 $X$ 是一个标准正态随机变量，此时 $X$ 的概率密度式(2.13)和分布函数式(2.14)分别变为

$$\varphi(x)=\frac{1}{\sqrt{2\pi}}\mathrm{e}^{-\frac{x^2}{2}}, x \in \mathbf{R} \tag{2.15}$$

$$\Phi(x)=\int_{-\infty}^{x}\varphi(t)\,\mathrm{d}t=\frac{1}{\sqrt{2\pi}}\int_{-\infty}^{x}\mathrm{e}^{-\frac{t^2}{2}}\mathrm{d}t, x \in \mathbf{R} \tag{2.16}$$

用符号 $\varphi(x)$ 和 $\Phi(x)$ 分别表示标准正态的概率密度和分布函数，从一个侧面说明了标准正态分布的重要性.

根据图2.9，可得标准正态概率密度 $\varphi(x)$ 的图像(图2.10)以及性质如下：

(1)关于直线 $x=0$ 对称，即 $\varphi(x)$ 是偶函数；

(2)在 $x=0$ 处取得最大值 $\frac{1}{\sqrt{2\pi}}$；

(3)在 $x=\pm 1$ 处有拐点；

(4)当 $x\to\infty$ 时，曲线以 $x$ 轴为渐近线.

由标准正态分布函数 $\Phi(x)$ 与标准正态概率密度 $\varphi(x)$ 的关系式(2.16)可知，$\Phi(x)$ 表示图2.11中阴影部分的面积.

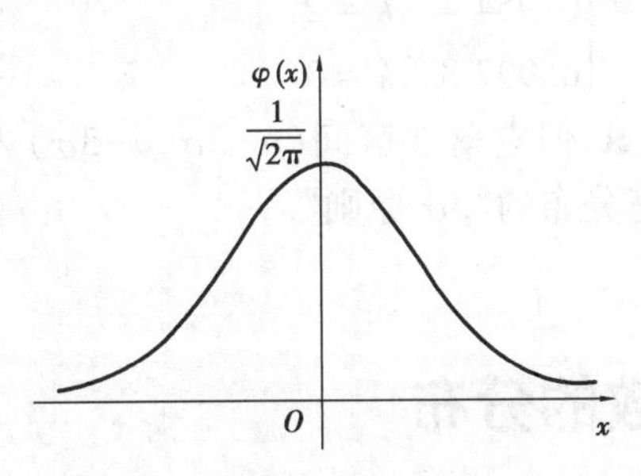


图2.10　标准正态概率密度 $\varphi(x)$

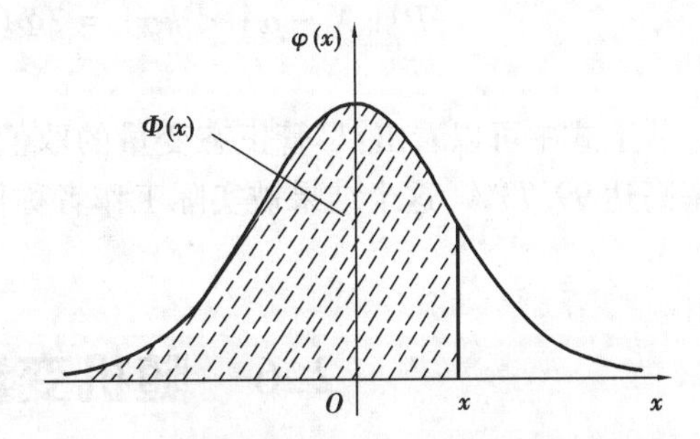


图2.11　标准正态分布函数 $\Phi(x)$ 的图形表示

特别地，由曲线 $y=\varphi(x)$ 的对称性，可知 $\Phi(0)=0.5$，仍由曲线 $y=\varphi(x)$ 的对称性，容易

得到标准正态分布函数$\Phi(x)$的如下性质：

**性质4** 对于任意$x\in\mathbf{R}$,恒有$\Phi(x)+\Phi(-x)=1$.

标准正态分布函数表(附表2),给出了当$0\leqslant x\leqslant 6$时$\Phi(x)$的值;当$x>6$时,由分布函数的单调不减性,不妨认为$\Phi(x)\approx 1$;当$x<0$时,利用性质4,$\Phi(x)$的值可通过$1-\Phi(-x)$得出.

**【例2.27】** 设$X\sim N(0,1)$,求$P\{X>1.5\}$和$P\{|X+1|\leqslant 2\}$.

**解** $P\{X>1.5\}=1-\Phi(1.5)=1-0.933\ 2=0.066\ 8$

$$P\{|X+1|\leqslant 2\}=P\{-3\leqslant X\leqslant 1\}=\Phi(1)-\Phi(-3)$$
$$=\Phi(1)+\Phi(3)-1=0.841\ 3+0.998\ 65-1=0.839\ 95$$

标准正态分布函数$\Phi(x)$的值可以查阅附表2,利用此表,可以计算参数已知情形下,标准正态随机变量落在任一区间内的概率. 对于一般正态随机变量,有如下性质：

**性质5** 若$X\sim N(\mu,\sigma^2)$,则$\dfrac{X-\mu}{\sigma}\sim N(0,1)$.

详细证明参见2.6节.

这个性质在应用中非常重要,它揭示了总可以把一般正态分布通过线性变换化成标准正态分布. 更进一步,有了标准正态分布函数表,正态分布的概率计算问题在理论上能得到彻底解决.

**【例2.28】** 设$X\sim N(-1,2^2)$,求$P\{X>1.5\}$和$P\{|X+1|\leqslant 2\}$.

**解**
$$P\{X>1.5\}=P\left\{\frac{X+1}{2}>\frac{1.5+1}{2}\right\}=P\left\{\frac{X+1}{2}>1.25\right\}$$
$$=1-\Phi(1.25)=1-0.894\ 4=0.105\ 6$$

$$P\{|X+1|\leqslant 2\}=P\{-2\leqslant X+1\leqslant 2\}=P\left\{-1\leqslant\frac{X+1}{2}\leqslant 1\right\}$$
$$=\Phi(1)-\Phi(-1)=2\Phi(1)-1=2\times 0.841\ 3-1=0.682\ 6$$

**【例2.29】** 设某地区成年男性的身高(单位:cm)$X\sim N(170,7.69^2)$,求该地区成年男性的身高超过175 cm的概率.

**解** 因为$X\sim N(170,7.69^2)$,故所求概率为

$$P\{X>175\}=P\left\{\frac{X-170}{7.69}>\frac{175-170}{7.69}\right\}=P\left\{\frac{X-170}{7.69}>0.65\right\}$$
$$=1-\Phi(0.65)=1-0.742\ 2=0.257\ 8$$

若$X\sim N(\mu,\sigma^2)$,则由性质5可得

$$P\{|X-\mu|<k\sigma\}=2\Phi(k)-1=\begin{cases}0.682\ 6 & k=1\\ 0.954\ 4 & k=2\\ 0.997\ 3 & k=3\end{cases}$$

从上式中可以看出:尽管正态变量的取值范围是$\mathbf{R}$,但它落在区间$(\mu-3\sigma,\mu+3\sigma)$内的概率高达99.73%,这个结果被实际工作者称作是正态分布的“$3\sigma$原则”.

## 2.6 随机变量函数的分布

若$X$是一个随机变量,$y=g(x)$是一元函数,则$Y=g(X)$是$X$的函数,它仍然是一个随机

变量. 本节的任务是根据随机变量 $X$ 的分布求 $Y$ 的分布.

### 2.6.1 离散型随机变量函数的分布

当 $X$ 是离散型随机变量时,$Y$ 一定是离散型随机变量,从而只要先确定 $Y$ 的所有可能取值,再逐个求出取各个值的概率,即得 $Y$ 的分布列.

**【例 2.30】** 已知离散型随机变量 $X$ 的分布列为

| $X$ | $-3$ | $-1$ | 0 | 1 |
|---|---|---|---|---|
| $P$ | 0.1 | 0.3 | 0.2 | 0.4 |

且 $Y=X^2+3$,求 $Y$ 的分布列.

**解** $Y$ 的所有可能取值为 3,4,12,则根据上表写出 $Y=X^2+3$ 的过渡表

| $X$ | $-3$ | $-1$ | 0 | 1 |
|---|---|---|---|---|
| $Y=X^2+3$ | 12 | 4 | 3 | 4 |
| $P$ | 0.1 | 0.3 | 0.2 | 0.4 |

合并整理得 $Y=X^2+3$ 的分布列为

| $Y$ | 3 | 4 | 12 |
|---|---|---|---|
| $P$ | 0.2 | 0.7 | 0.1 |

***【例 2.31】** 设某城市一个月内发生火灾的次数 $X\sim P(5)$,试求随机变量 $Y=|X-5|$的分布列.

**解** 由 $X$ 的所有可能取值为 0,1,2,…,其对应的分布列为

$$P\{X=k\}=\frac{5^k}{k!}e^{-5},k=0,1,2,\cdots$$

以及 $Y=|X-5|$ 可知,$Y$ 所有可能的取值也为 0,1,2,…,且对每个 $i=0,1,2,\cdots$,当 $0<i\leqslant 5$ 时,有 $k=5+i$ 和 $k=5-i$ 两个值使得 $|k-5|=i$;当 $i=0$ 或 $i\geqslant 6$ 时,只有一个 $k=5+i$ 使得 $|k-5|=i$.于是,随机变量 $Y$ 的分布列为

$$P\{Y=i\}=\begin{cases}\left[\dfrac{5^{5-i}}{(5-i)!}+\dfrac{5^{5+i}}{(5+i)!}\right]e^{-5} & i=1,2,3,4,5\\ \dfrac{5^{5+i}}{(5+i)!}e^{-5} & i=0,6,7\cdots\end{cases}$$

### 2.6.2 连续型随机变量函数的分布

当 $X$ 是连续型随机变量时,此时 $Y=g(X)$ 的类型是不确定的. 若 $Y$ 为离散型,则仍先确定 $Y$ 的所有可能取值,再逐个求出取各个值的概率,即得 $Y$ 的分布列(例 2.32);若 $Y$ 为非离散型,一般采用**分布函数法**,即依分布函数的定义求分布函数. 特别地,如果 $Y$ 为连续型,对

$Y$ 的分布函数求导就得到 $Y$ 的概率密度.

【例 2.32】 设随机变量 $X\sim U[-1,2]$,随机变量 $Y=\begin{cases}1 & X>0\\0 & X=0\\-1 & X<0\end{cases}$. 求 $Y$ 的分布.

**解** 因为 $Y$ 的取值只有 $-1,0,1$,故 $Y$ 为离散型随机变量. 又 $X\sim U[-1,2]$,则 $X$ 的概率密度函数为

$$f(x)=\begin{cases}\dfrac{1}{3} & -1\leqslant x\leqslant 2\\0 & \text{其他}\end{cases}$$

则

$$P\{Y=-1\}=P\{X<0\}=\int_{-1}^{0}\frac{1}{3}\mathrm{d}x=\frac{1}{3}$$

$$P\{Y=0\}=P\{X=0\}=0$$

$$P\{Y=1\}=P\{X>0\}=\int_{0}^{2}\frac{1}{3}\mathrm{d}x=\frac{2}{3}$$

即 $Y$ 的分布列为

| $Y$ | $-1$ | $1$ |
|---|---|---|
| $P$ | $\frac{1}{3}$ | $\frac{2}{3}$ |

【例 2.33】 设随机变量 $X$ 的概率密度为 $f_X(x)=\begin{cases}\dfrac{x}{8} & 0\leqslant x\leqslant 4\\0 & \text{其他}\end{cases}$,求 $Y=2X+8$ 的概率密度 $f_Y(y)$.

**解法一** 先求 $Y$ 的分布函数 $F_Y(y)$.

$$F_Y(y)=P\{Y\leqslant y\}=P\{2X+8\leqslant y\}=P\left\{X\leqslant\frac{y-8}{2}\right\}=\int_{-\infty}^{\frac{y-8}{2}}f_X(x)\mathrm{d}x$$

上式两端同时对 $y$ 求导得

$$F_Y'(y)=f_Y(y)=\left[\int_{-\infty}^{\frac{y-8}{2}}f_X(x)\mathrm{d}x\right]_y'=f_X\left(\frac{y-8}{2}\right)\cdot\left(\frac{y-8}{2}\right)'$$

$$=\begin{cases}\dfrac{1}{8}\cdot\left(\dfrac{y-8}{2}\right)\cdot\dfrac{1}{2} & 0\leqslant\dfrac{y-8}{2}\leqslant 4\\0 & \text{其他}\end{cases}$$

$$=\begin{cases}\dfrac{y-8}{32} & 8\leqslant y\leqslant 16\\0 & \text{其他}\end{cases}$$

**注** 在对 $F_Y(y)$ 求导数时,使用了如下公式:

$$\frac{\mathrm{d}}{\mathrm{d}y}\int_{-\infty}^{\varphi(y)}f(x)\mathrm{d}x=f[\varphi(y)]\cdot\varphi'(y)$$

有时可能会用到更一般的公式

$$\frac{\mathrm{d}}{\mathrm{d}y}\int_{\alpha(y)}^{\beta(y)} f(x)\,\mathrm{d}x = f[\beta(y)]\cdot\beta'(y) - f[\alpha(y)]\cdot\alpha'(y)$$

上例中所涉及的函数 $Y=g(X)$ 是严格单调函数. 对于严格单调函数 $Y=g(X)$，下面的定理提供了计算 $Y=g(X)$ 的概率密度函数的简单方法.

**定理** 4 设 $X$ 为连续型随机变量，其概率密度为 $f_X(x)$，$x\in\mathbf{R}$. 又设 $Y=g(X)$ 为有一阶连续导数的**单调**函数. 记 $X=h(Y)$ 为 $Y=g(X)$ 的反函数，则 $Y=g(X)$ 为连续型随机变量，且其概率密度函数为

$$f_Y(y)=f_X[h(y)]\cdot|h'(y)|$$

证明略.

此时例 2.33 的解题过程可写作：

**解法二** 由 $Y=2X+8$ 单调可导，可得 $X=\dfrac{Y-8}{2}$，则

$$\begin{aligned}f_Y(y)&=f_X[h(y)]\cdot|h'(y)|\\&=\begin{cases}\dfrac{1}{8}\cdot\left(\dfrac{y-8}{2}\right)\cdot\left|\dfrac{1}{2}\right| & 0\leqslant\dfrac{y-8}{2}\leqslant 4\\0 & \text{其他}\end{cases}=\begin{cases}\dfrac{y-8}{32} & 8\leqslant y\leqslant 16\\0 & \text{其他}\end{cases}\end{aligned}$$

**【例 2.34】** 设随机变量 $X\sim U[1,2]$，求 $Y=\mathrm{e}^{2X}$ 的概率密度 $f_Y(y)$.

**解** 因为 $X\sim U[1,2]$，则 $X$ 的概率密度为

$$f_X(x)=\begin{cases}1 & 1\leqslant x\leqslant 2\\0 & \text{其他}\end{cases}$$

由 $Y=\mathrm{e}^{2X}$ 单调可导，可得 $X=\dfrac{\ln Y}{2}$，则

$$\begin{aligned}f_Y(y)&=f_X[h(y)]\cdot|h'(y)|\\&=\begin{cases}1\cdot\left|\dfrac{1}{2y}\right| & 1\leqslant\dfrac{\ln y}{2}\leqslant 2\\0 & \text{其他}\end{cases}=\begin{cases}\dfrac{1}{2y} & \mathrm{e}^2\leqslant y\leqslant \mathrm{e}^4\\0 & \text{其他}\end{cases}\end{aligned}$$

**【例 2.35】** 设随机变量 $X\sim N(\mu,\sigma^2)$，$Y=aX+b(a\neq 0)$，求 $f_Y(y)$.

**解** 因为 $X\sim N(\mu,\sigma^2)$，则 $X$ 的概率密度为

$$f_X(x)=\frac{1}{\sqrt{2\pi}\sigma}\mathrm{e}^{-\frac{(x-\mu)^2}{2\sigma^2}},x\in\mathbf{R}$$

由 $Y=aX+b(a\neq 0)$ 单调可导，可得 $X=\dfrac{Y-b}{a}$，则

$$\begin{aligned}f_Y(y)&=f_X[h(y)]\cdot|h'(y)|\\&=\frac{1}{\sqrt{2\pi}\sigma}\mathrm{e}^{-\frac{\left(\frac{y-b}{a}-\mu\right)^2}{2\sigma^2}}\cdot\frac{1}{|a|},\frac{y-b}{a}\in\mathbf{R}\\&=\frac{1}{\sqrt{2\pi}|a|\sigma}\mathrm{e}^{-\frac{[y-(a\mu+b)]^2}{2a^2\sigma^2}},y\in\mathbf{R}\end{aligned}$$

总结结果，我们得到性质 6.

**性质** 6 若 $X\sim N(\mu,\sigma^2)$，$a,b\in\mathbf{R}$，且 $a\neq 0$，则 $aX+b\sim N(a\mu+b,a^2\sigma^2)$.

即服从正态分布的随机变量的线性函数仍然服从正态分布.

显然，性质 5 是性质 6 的特别情形，故性质 5 也得证.

当 $Y=g(X)$ 不是严格单调函数时，情况要略复杂一些. 这时例 2.33 解法一中所用的分布函数法仍然适用，即：先求出随机变量 $Y$ 的分布函数 $F_Y(y)=P\{Y\leqslant y\}$，然后对其求导数，得到 $Y$ 的概率密度函数 $f_Y(y)$. 这是求连续型随机变量函数的概率密度函数的一般方法.

*【例 2.36】 设随机变量 $X\sim N(0,1)$，$Y=X^2$，求 $f_Y(y)$.

**解** 先求 $Y$ 的分布函数 $F_Y(y)$. 由于 $Y=X^2\geqslant 0$，因此当 $y\leqslant 0$ 时

$$F_Y(y)=P\{Y\leqslant y\}=P\{X^2\leqslant y\}=0$$

当 $y>0$ 时

$$F_Y(y)=P\{Y\leqslant y\}=P\{X^2\leqslant y\}=P\{-\sqrt{y}\leqslant X\leqslant \sqrt{y}\}=\int_{-\sqrt{y}}^{\sqrt{y}}f_X(x)\,\mathrm{d}x$$

上式两端同时对 $y$ 求导得

$$\begin{aligned}F_Y'(y)=f_Y(y)&=\left[\int_{-\sqrt{y}}^{\sqrt{y}}f_X(x)\,\mathrm{d}x\right]_y'\\&=f_X(\sqrt{y})(\sqrt{y})'-f_X(-\sqrt{y})(-\sqrt{y})'=\frac{1}{2\sqrt{y}}[f_X(\sqrt{y})+f_X(-\sqrt{y})]\end{aligned}$$

又 $X\sim N(0,1)$，则

$$f_X(x)=\frac{1}{\sqrt{2\pi}}\mathrm{e}^{-\frac{x^2}{2}},x\in\mathbf{R}$$

则

$$f_Y(y)=\begin{cases}\dfrac{1}{2\sqrt{y}}\left(\dfrac{1}{\sqrt{2\pi}}\mathrm{e}^{-\frac{y}{2}}+\dfrac{1}{\sqrt{2\pi}}\mathrm{e}^{-\frac{y}{2}}\right) & y>0\\0 & 其他\end{cases}=\begin{cases}\dfrac{1}{\sqrt{2\pi y}}\mathrm{e}^{-\frac{y}{2}} & y>0\\0 & 其他\end{cases}$$

*【例 2.37】 设随机变量 $X\sim U\left[-\frac{\pi}{2},\frac{\pi}{2}\right]$，$Y=2\cos X$，求 $f_Y(y)$.

**解** 因为 $X\sim U\left[-\frac{\pi}{2},\frac{\pi}{2}\right]$，则

$$f_X(x)=\begin{cases}\dfrac{1}{\pi} & -\dfrac{\pi}{2}\leqslant x\leqslant\dfrac{\pi}{2}\\0 & 其他\end{cases}$$

先求 $Y$ 的分布函数 $F_Y(y)$.

由于 $Y=\cos X$，因此当 $y<0$ 时，$F_Y(y)=P\{Y\leqslant y\}=P\{2\cos X\leqslant y\}=0$；当 $y\geqslant 2$ 时，$F_Y(y)=P\{Y\leqslant y\}=P\{2\cos X\leqslant y\}=1$；当 $0\leqslant y<2$ 时，

$$\begin{aligned}F_Y(y)=P\{Y\leqslant y\}&=P\{2\cos X\leqslant y\}=P\left\{\cos X\leqslant\frac{y}{2}\right\}\\&=P\left\{-\frac{\pi}{2}\leqslant X\leqslant -\arccos\frac{y}{2}\text{ 或 }\arccos\frac{y}{2}\leqslant X\leqslant\frac{\pi}{2}\right\}\\&=P\left\{-\frac{\pi}{2}\leqslant X\leqslant -\arccos\frac{y}{2}\right\}+P\left\{\arccos\frac{y}{2}\leqslant X\leqslant\frac{\pi}{2}\right\}\\&=\left(-\arccos\frac{y}{2}+\frac{\pi}{2}\right)\cdot\frac{1}{\pi}+\left(\frac{\pi}{2}-\arccos\frac{y}{2}\right)\cdot\frac{1}{\pi}\end{aligned}$$

$$=\frac{2}{\pi}\left(\frac{\pi}{2}-\arccos\frac{y}{2}\right)=1-\frac{2}{\pi}\arccos\frac{y}{2}$$

再由 $f_Y(y)=F'_Y(y)$，得 $Y$ 的概率密度为

$$f_Y(y)=\begin{cases}-\dfrac{2}{\pi}\cdot\dfrac{1}{-\sqrt{1-\left(\dfrac{y}{2}\right)^2}}\cdot\dfrac{1}{2} & 0\leqslant y<2\\ 0 & \text{其他}\end{cases}=\begin{cases}\dfrac{2}{\pi\sqrt{4-y^2}} & 0\leqslant y<2\\ 0 & \text{其他}\end{cases}$$

# 习题 2

习题 2　参考答案

## (A)

1. 某人投篮两次，设 $A$=｛恰有一次投中｝，$B$=｛至少有一次投中｝，$C$=｛两次都投中｝，$D$=｛两次都没投中｝，又设随机变量 $X$ 为投中的次数，试用 $X$ 表示事件 $A,B,C,D$. 进一步问 $A$，$B,C,D$ 中哪些是互不相容事件？哪些是对立事件？

2. 判断下列函数是否是分布函数，并说明理由.

(1) $F_1(x)=\begin{cases}0 & x<0\\ 0.6 & 0\leqslant x<2\\ 1 & x\geqslant 2\end{cases}$；　(2) $F_2(x)=\begin{cases}0 & x<0\\ 0.2 & 0\leqslant x\leqslant 1\\ 0.4 & 1<x<3\\ 1 & x\geqslant 3\end{cases}$；

(3) $F_3(x)=\begin{cases}0 & x<-\dfrac{\pi}{2}\\ \sin x & -\dfrac{\pi}{2}\leqslant x<\dfrac{\pi}{2}\\ 1 & x\geqslant\dfrac{\pi}{2}\end{cases}$.

3. 设 $F(x)$ 和 $G(x)$ 为两个分布函数，$a>0$，$b>0$ 为两个常数且满足 $a+b=1$. 证明 $aF(x)+bG(x)$ 为分布函数.

4. 设随机变量 $X$ 的分布函数 $F(x)=\begin{cases}0.6\mathrm{e}^x & x<0\\ 0.9 & 0\leqslant x<1\\ 1 & x\geqslant 1\end{cases}$. 求：(1) $P\{X=0\}$；(2) $P\{X<0\}$；(3) $P\{0<X\leqslant 1.5\}$；(4) $P\{X>3\}$.

5. 设某运动员投篮命中的概率为 0.9，设 $X$ 表示他两次独立投篮命中的次数，求 $X$ 的分布列及分布函数.

6. 袋子里有 5 个球，编号为 1,2,3,4,5，从中任取 3 个，设 $X$ 为取出的球的最小编号，求 $X$ 的分布列及分布函数.

7. 一批产品共 10 件，其中有 8 件正品和 2 件次品，每次从这批产品中任取一件，取出的

产品不再放回,用 $X$ 表示在取得正品以前已经取出的次品数,求 $X$ 的分布列及分布函数.

*8. 自动生产线在调整之后出现废品的概率为 $p$,当在生产过程中出现废品时立即重新调整机器,设 $X$ 表示两次调整之间生产的合格品数,求 $X$ 的分布列.

9. 设离散型随机变量 $X$ 的分布列为

$$P\{X=k\}=\frac{k}{C},k=1,2,3,4$$

求:(1)常数 $C$;(2)$P\{1\leqslant X\leqslant 3\}$;(3)$P\{0.5<X<2.5\}$;(4)$P\{X<3|X\neq 2\}$.

10. 设离散型随机变量 $X$ 的分布函数为 $F(x)=\begin{cases}0 & x<-1\\0.4 & -1\leqslant x<2\\0.9 & 2\leqslant x<3\\1 & x\geqslant 3\end{cases}$,求 $X$ 的分布列.

11. 一条自动化生产线上产品的一级品率为 0.7,现随机检查 4 件,求至少有两件一级品的概率.

12. 设事件 $A$ 在每次试验中发生的概率均为 0.4,现进行 5 次独立试验,当 $A$ 发生 3 次或 3 次以上时,指示灯发出信号. 求指示灯发出信号的概率.

13. 某车间有 20 部同型号机床,每部机床开动的概率为 0.8,若假定各机床是否开动彼此独立,每部机床开动时消耗的电能为 15 个单位,求这个车间消耗电能不少于 285 个单位的概率.

14. 设 $X\sim B(2,p)$,$Y\sim B(3,p)$. 若 $P\{X\geqslant 1\}=\frac{5}{9}$,求 $P\{Y\geqslant 1\}$.

15. 已知 $X\sim P(\lambda)$,且 $P\{X=1\}=P\{X=2\}$,求 $P\{X=2\}$.

16. 统计分析表明,某出版社出版的图书中,每页印刷错误个数服从泊松分布 $P(0.5)$,求一页中至少出现 2 个印刷错误的概率.

17. 某公司生产的一种产品,根据历史生产记录知,该产品的次品率为 0.01,求 300 件产品中次品个数大于 5 的概率是多少?(用泊松分布近似计算)

18. 设某服装专卖店的月销售量(件)服从参数为 8 的泊松分布. 问在月初进货时,至少需要多少库存量才能以 90% 以上的把握满足顾客的要求.

19. 判断下列函数是否是概率密度,并说明理由.

(1)$f_1(x)=\begin{cases}\cos x & 0\leqslant x\leqslant\frac{\pi}{2}\\0 & 其他\end{cases}$;　　(2)$f_2(x)=\begin{cases}\cos x & -\frac{\pi}{2}\leqslant x\leqslant\frac{\pi}{2}\\0 & 其他\end{cases}$;

(3)$f_3(x)=\begin{cases}\cos x & 0\leqslant x\leqslant\pi\\0 & 其他\end{cases}$.

20. 设连续型随机变量 $X$ 的分布函数为 $F(x)=\begin{cases}0 & x<0\\A\sin x & 0\leqslant x<\frac{\pi}{2}\\1 & x\geqslant\frac{\pi}{2}\end{cases}$,求:(1)$A$ 的值;(2)$P\{|X|\leqslant\frac{\pi}{6}\}$;(3)$X$ 的概率密度函数 $f(x)$.

21. 设 $X\sim f(x)=\begin{cases}ax & 0\leqslant x\leqslant 2\\ 0 & \text{其他}\end{cases}$，求：(1) $a$ 的值；(2) $P\{X=0.1\}$；(3) $P\{-1\leqslant X\leqslant 0.4\}$；(4) $P\{X<0.5\mid 0<X<1\}$；(5) $X$ 的分布函数 $F(x)$.

22. 设 $X\sim f(x)=\begin{cases}x & 0<x<1\\ 2-x & 1\leqslant x\leqslant 2\\ 0 & \text{其他}\end{cases}$，求：(1) $P\{-1\leqslant X\leqslant 0.5\}$；(2) $P\{0.2\leqslant X\leqslant 1.2\}$.

23. 设某地区每天的用电量 $X$(单位：百万千瓦·时)是一连续型随机变量，其概率密度函数为

$$f(x)=\begin{cases}\dfrac{1}{2\sqrt{x}} & 0\leqslant x\leqslant 1\\ 0 & \text{其他}\end{cases}$$

假设该地区每天的供电量仅有 81 万千瓦·时，求每天供电量不足的概率.

24. 随机地取一个实数，保留到小数点后第二位，求误差绝对值不超过 0.001 的概率.

25. 设随机变量 $X\sim U[-2,4]$，求二次方程 $y^2+2Xy+2X+3=0$ 有实根的概率.

*26. 独立重复地向区间 $[0,10]$ 上随机投 4 个点，求至少有 3 个点的坐标大于 5 的概率.

27. 某品牌电视机的使用寿命服从指数分布 $E(0.1)$，(1) 求该品牌电视机寿命超过 5 年的概率；(2) 已知该电视机已使用了 2 年，求它还能用 3 年的概率.

*28. 某仪器装了 3 个独立工作的同型号电子元件，其寿命(单位：小时)都服从指数分布 $E\left(\dfrac{1}{600}\right)$. 求此仪器在最初使用的 200 小时内，至少有一个元件损坏的概率.

29. 设 $X\sim N(0,1)$，求：(1) $P\left\{X<\dfrac{5}{3}\right\}$；(2) $P\{X>1.86\}$；(3) $P\{|X+1|\leqslant 1.23\}$.

30. 设 $X\sim N(1,2^2)$，求：(1) $P\left\{X<\dfrac{5}{3}\right\}$；(2) $P\{X>1.86\}$；(3) $P\{-1.62\leqslant X\leqslant 5.82\}$.

31. 某高校女生的收缩压 $X$(单位：毫米汞柱)服从 $N(110,12^2)$，求该校某名女生：(1) 收缩压不超过 105 的概率；(2) 收缩压在 100 ~ 120 的概率.

32. 公共汽车门的高度按成年男性与车门碰头的机会不超过 0.01 设计的，设成年男性的身高 $X$(单位：厘米)服从正态分布 $N(170,6^2)$，问车门的最低高度应为多少？

33. 已知离散型随机变量 $X$ 的分布列为

| $X$ | $-2$ | $-1$ | $0$ | $1$ | $2$ | $3$ |
|---|---|---|---|---|---|---|
| $P$ | $2a$ | $0.1$ | $3a$ | $a$ | $a$ | $2a$ |

求：(1) $a$ 的值；(2) $Y=X^2-1$ 的分布列；(3) $Z=(X-1)^2$ 的分布列.

34. 设 $X\sim B(2,0.4)$，求 $Y=X^2-2X$ 的分布列.

*35. 设 $X$ 的分布列为 $P\{X=k\}=\dfrac{1}{2^k}$，$k=1,2,\cdots$，求 $Y=\sin\left(\dfrac{\pi}{2}X\right)$ 的分布列.

36. 设 $X\sim f_X(x)=\begin{cases}6x(1-x) & 0\leqslant x\leqslant 1\\ 0 & \text{其他}\end{cases}$，求 $Y=2X+1$ 的概率密度函数.

37. 设 $X\sim U[0,\pi]$，求下列随机变量的概率密度函数：(1) $Y=2\ln X$；*(2) $Z=\cos X$.

38. 设 $X\sim E\left(\dfrac{1}{10}\right)$，求下列随机变量的概率密度函数：(1) $Y=2X-3$；(2) $Z=\mathrm{e}^X$.

39. 设 $X\sim N(0,1)$，求下列随机变量的概率密度函数：(1) $Y=2X-1$；(2) $Z=\mathrm{e}^{-X}$.

(B)

一、填空题

1. 已知离散型随机变量 $X$ 只取 $-1,0,1,2$ 这 4 个值，相应的概率依次为 0.5,0.3,0.1,$c$，则 $c=$________；$P\{-0.5\leqslant X\leqslant 1.5\}=$________；$Y=|X|$ 的分布列为________________.

2. 设随机变量 $X$ 的分布函数为 $F(x)=\begin{cases}0 & x<0\\ \dfrac{1}{2} & 0\leqslant x<1\\ 1-\mathrm{e}^{-x} & x\geqslant 1\end{cases}$，则 $P\{-1<X\leqslant 2\}=$________；$P\{X>3\}=$________；$P\{X=1\}=$________.

3. 掷骰子 3 次，设 $X$ 表示掷到 6 点的次数，则 $X\sim$________；恰有一次掷到 6 点的概率为________；至少有一次掷到 6 点的概率为________.

4. 设 $X$ 表示 500 发子弹中击中飞机的次数，每颗子弹打中飞机的概率为 0.01，则 $X\sim$________；若用泊松分布近似计算，则 $X\sim P(\lambda)$，$\lambda=$________.

5. 设随机变量 $X\sim B(3,0.3)$，且 $Y=X^2$，则 $P\{Y=4\}=$________.

6. 设 $f(x)$ 和 $g(x)$ 为两个连续型随机变量的概率密度函数，若 $af(x)+bg(x)$（$a,b$ 为常数）仍为概率密度函数，当且仅当____________.

7. 设 $X\sim E(3)$，则 $X$ 的概率密度函数为 $f_X(x)=$____________；若 $Y=2X+1$，则 $Y$ 的概率密度函数为 $f_Y(y)=$____________.

8. 设随机变量 $X\sim N(0,1)$，$\Phi(x)$ 为其分布函数，则 $\Phi(x)+\Phi(-x)=$________.

9. 设 $X\sim N(3,2^2)$，$P\{X>c\}=P\{X\leqslant c\}$，则 $c=$________.

二、单项选择题

1. 设随机变量 $X\sim B(4,0.2)$，则 $P\{X>3\}=$（　　）.

A. 0.001 6　　B. 0.027 2　　C. 0.409 6　　D. 0.819 2

2. 设随机变量 $X\sim F(x)$，下列结论中不一定成立的是（　　）.

A. $F(+\infty)=1$　　B. $F(-\infty)=0$

C. $0\leqslant F(x)\leqslant 1$　　D. $F(x)$ 为连续函数

3. 设随机变量 $X\sim f(x)$，则 $f(x)$ 一定满足（　　）.

A. $0\leqslant f(x)\leqslant 1$　　B. $P\{X>x\}=\int_{-\infty}^{x}f(x)\,\mathrm{d}x$

C. $\int_{-\infty}^{+\infty}f(x)\,\mathrm{d}x=1$　　D. $f(+\infty)=1$

4. 设连续型随机变量 $X$ 的概率密度和分布函数分别为 $f(x)$，$F(x)$，则下列结论正确的是（　　）.

A. $P\{X=x\}=f(x)$　　B. $P\{X=x\}=F(x)$

C. $P\{X=x\}\leqslant F(x)$　　D. $P\{X=x\}\neq 0$

5. 设随机变量 $X$ 的概率密度为 $f(x)=\begin{cases}x & a\leqslant x\leqslant b\\ 0 & \text{其他}\end{cases}$，则区间 $[a,b]$ 可以是（　　）.

A. $[0,1]$　　B. $[0,2]$　　C. $[0,\sqrt{2}]$　　D. $[1,2]$

6. 设随机变量 $X\sim U[2,4]$，则 $P\{3<X<4\}=(\quad)$.

A. $P\{2.25<X<3.25\}$　　B. $P\{1.5<X<2.5\}$

C. $P\{3.5<X<4.5\}$　　D. $P\{4.5<X<5.5\}$

7. 设随机变量 $X\sim N(\mu,\sigma^2)$，则随着 $\sigma$ 的增大，概率 $P\{|X-\mu|\leqslant\sigma\}(\quad)$.

A. 单调增加　　B. 单调减少　　C. 保持不变　　D. 增减不定

8. 设随机变量 $X\sim N(2,4)$，且 $aX+b\sim N(0,1)$，则(　　).

A. $a=2,b=-1$　　B. $a=\dfrac{1}{2},b=-1$

C. $a=-2,b=-1$　　D. $a=\dfrac{1}{2},b=1$

9. 已知随机变量 $X$ 的概率密度为 $f_X(x)$，$Y=-2X$，则 $Y$ 的概率密度 $f_Y(y)=(\quad)$.

A. $2f_X(-2y)$　　B. $f_X\left(-\dfrac{y}{2}\right)$

C. $-\dfrac{1}{2}f_X\left(-\dfrac{y}{2}\right)$　　D. $\dfrac{1}{2}f_X\left(-\dfrac{y}{2}\right)$

# 第3章

# 二维随机变量及其概率分布

在第2章中讨论的随机现象都只涉及一个随机变量,但是当概率面对实际问题时,有相当多的试验结果只用一个随机变量来描述是远远不够的. 例如在地球表面定位时,仅仅考虑经度,还不足以准确地确定地理位置,还需要纬度的参与. 又如考察某一个地区婴幼儿的健康状况,需要把年龄、身高、体重这些指标作为一个整体来研究. 以上的这些随机现象都需要同时用多个随机变量来刻画,本章将讨论多维随机变量及其分布.

由于二维和多维在研究方法上没有本质的区别,为了简单起见,本章主要讨论二维随机变量及其分布.

## 3.1 二维随机变量及其分布函数

### 3.1.1 二维随机变量的概念

我们从一个引例谈二维随机变量的概念.

某地区为了制定一项政策,需要对该地区的学龄前儿童进行身体状况的调查与研究,为了简单起见,决定抽取部分学龄前儿童,考察其身高 $X$ 与体重 $Y$ 两项指标.

显然,该试验的样本空间可以抽象地写成 $\Omega=\{\omega\}$,其中 $\omega$ 表示被抽取的儿童,此时身高 $X(\omega)$ 和体重 $Y(\omega)$ 是定义在 $\Omega$ 上的随机变量,它们构成向量 $(X(\omega),Y(\omega))$ 是从样本空间 $\Omega$ 到平面的一个映射. 由于试验结果 $\omega$ 的发生具有随机性,而 $(X(\omega),Y(\omega))$ 依赖 $\omega$,是随着 $\omega$ 不同而变化的量,我们称之为**二维随机变量**. 通常把 $(X(\omega),Y(\omega))$ 简单地写成 $(X,Y)$.

显然,二维随机变量就是两个随机变量组成的有序整体,不难发现,对于学龄前儿童的健康状况的研究,单个研究 $X$ 和 $Y$ 的性质显然是不合常理的,还需要将 $(X,Y)$ 作为一个整体来考虑,因此二维随机变量 $(X,Y)$ 的性质不仅与 $X$ 及 $Y$ 有关,而且还要依赖于这两个随机变量的相互关系.

与一维随机变量一样,取值为有限对或可列无穷对值的二维随机变量称为**二维离散型随机变量**,**二维连续型随机变量**是非离散型随机变量中的一类.

本书仅研究离散型和连续型两类二维随机变量.

同时也可用二维随机变量$(X,Y)$来表示事件. 本章常用的两种表示形式如下:

$$\{X=x,Y=y\}=\{X=x\}\cap\{Y=y\}$$

$$\{X\leqslant x,Y\leqslant y\}=\{X\leqslant x\}\cap\{Y\leqslant y\}$$

### 3.1.2 联合分布函数

**定义 1** 设$(X,Y)$是任意一个二维随机变量,称如下定义的二元函数

$$F(x,y)=P\{X\leqslant x,Y\leqslant y\},x,y\in\mathbf{R} \tag{3.1}$$

为$(X,Y)$的**联合分布函数**,简称**分布函数**,记作$(X,Y)\sim F(x,y)$.

$P\{X\leqslant x,Y\leqslant y\}$表示的是"随机变量$X$的取值不大于$x$,同时随机变量$Y$的取值不大于$y$"这个事件的概率. 如果把二维随机变量$(X,Y)$看成平面上的随机点的坐标,则分布函数$F(x,y)$表示随机点$(X,Y)$落在如图3.1所示的以$(x,y)$为右上顶点的无穷矩形区域内的概率.

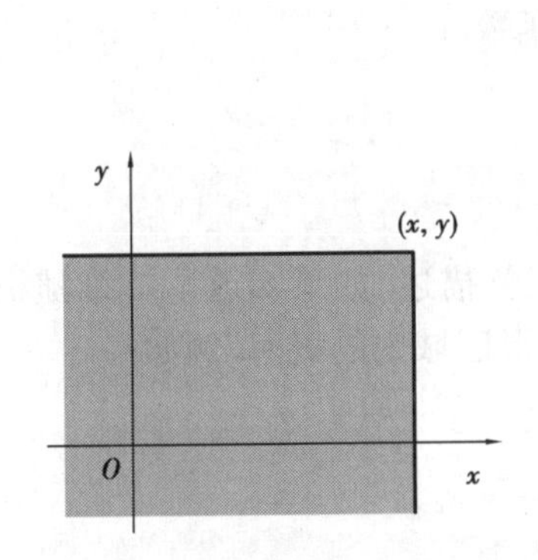


图3.1 以$(x,y)$为右上顶点的无穷矩形

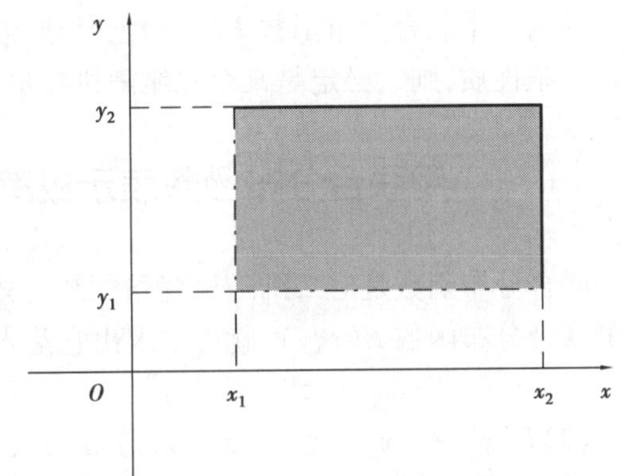


图3.2 式(3.2)的几何解释

由上面的几何解释,容易得到随机点$(X,Y)$落在矩形区域$G=\{(x,y)\mid x_1<x\leqslant x_2,y_1<y\leqslant y_2\}$内的概率为(图3.2)

$$P\{x_1<X\leqslant x_2,y_1<Y\leqslant y_2\}=F(x_2,y_2)-F(x_2,y_1)-F(x_1,y_2)+F(x_1,y_1) \tag{3.2}$$

**定理 1** 联合分布函数具有以下性质:

(1)**有界性** 对于任意的$x,y\in\mathbf{R}$,均有$0\leqslant F(x,y)\leqslant 1$.

(2)**单调不减性** $F(x,y)$关于每一个变量都单调不减. 即对于任意固定的$y$,只要$x_1<x_2$,就有$F(x_1,y)\leqslant F(x_2,y)$;同理,对于任意固定的$x$,只要$y_1<y_2$,就有$F(x,y_1)\leqslant F(x,y_2)$.

(3)**极限性质** $F(-\infty,y)=0,F(x,-\infty)=0,F(-\infty,-\infty)=0,F(+\infty,+\infty)=1$.

(4)**处处右连续** $F(x,y)$关于每一个变量都处处右连续. 即对任意的$x,y\in\mathbf{R}$,

$$F(x+0,y)=F(x,y),\quad F(x,y+0)=F(x,y)$$

(5)**非负性** 对于任意的$x_1<x_2,y_1<y_2$,有

$$F(x_2,y_2)-F(x_2,y_1)-F(x_1,y_2)+F(x_1,y_1)\geqslant 0$$

**证** (1)由分布函数的定义可知,显然成立.

(2)对于任意的 $y\in\mathbf{R}$,只要 $x_1<x_2$,由于 $\{X\leqslant x_1,Y\leqslant y\}\subset\{X\leqslant x_2,Y\leqslant y\}$,可得

$$F(x_1,y)=P\{X\leqslant x_1,Y\leqslant y\}\leqslant P\{X\leqslant x_2,Y\leqslant y\}=F(x_2,y)$$

同理,当 $y_1<y_2$ 时

$$F(x,y_1)=P\{X\leqslant x,Y\leqslant y_1\}\leqslant P\{X\leqslant x,Y\leqslant y_2\}=F(x,y_2)$$

(3)在式(3.1)两边取 $x\to-\infty$ 时的极限,可得

$$F(-\infty,y)=P\{X\leqslant-\infty,Y\leqslant y\}=P\{\varnothing\cap\{Y\leqslant y\}\}=P(\varnothing)=0$$

同理可得

$$F(x,-\infty)=0,F(-\infty,-\infty)=0$$

在式(3.1)两边取 $x\to+\infty,y\to+\infty$ 时的极限,可得

$$F(+\infty,+\infty)=P\{X\leqslant+\infty,Y\leqslant+\infty\}=P\{\Omega\cap\Omega\}=P(\Omega)=1$$

(4)由于其证明需要较为专业的数学知识,此处证略.

(5)由式(3.2)易得.

任何一个联合分布函数 $F(x,y)$ 必须满足以上 5 条性质;反之,凡是一个二元函数满足上述 5 条性质,则它必定是某个二维随机变量的联合分布函数.

### 3.1.3 用联合分布函数表示概率

联合分布函数是对二维随机变量的统计规律的一个完整描述.如果知道了二维随机变量的联合分布函数 $F(x,y)$,就可以求出它落入任何一个矩形区域内的概率.例如:

(1) $P\{x_1<X\leqslant x_2,y_1<Y\leqslant y_2\}=F(x_2,y_2)-F(x_2,y_1)-F(x_1,y_2)+F(x_1,y_1)$

(2) $P\{x_1<X\leqslant x_2,Y\leqslant y\}=F(x_2,y)-F(x_1,y)$

(3) $P\{X\leqslant x,Y\leqslant y\}=F(x,y)$

### 3.1.4 边缘分布函数

二维随机变量 $(X,Y)$ 作为一个整体,具有联合分布函数 $F(x,y)$,包含了 $(X,Y)$ 的所有信息,对于其分量 $X$ 和 $Y$ 也有各自的分布函数,将它们分别记为 $F_X(x),F_Y(y)$,其实质为一维随机变量的分布函数.那么如何从整体信息中分离出反映 $X$ 和 $Y$ 各自信息的分布函数 $F_X(x),F_Y(y)$ 呢?

**定义 2** 若二维随机变量 $(X,Y)\sim F(x,y)$,则

$$F_X(x)=F(x,+\infty)=P\{X\leqslant x,Y\leqslant+\infty\} \tag{3.3}$$

$$F_Y(y)=F(+\infty,y)=P\{X\leqslant+\infty,Y\leqslant y\} \tag{3.4}$$

由式(3.3)和式(3.4)确定的分布函数 $F_X(x)$ 和 $F_Y(y)$,分别称为 $(X,Y)$ 关于 $X$ 和 $Y$ 的**边缘分布函数**.

**【例 3.1】** 设二维随机向量 $(X,Y)$ 的联合分布函数为

$$F(x,y)=A\left(B+\arctan\frac{x}{3}\right)\left(C+\arctan\frac{y}{5}\right)$$

求:①常数 $A,B$ 与 $C$ 的值;② $(X,Y)$ 关于 $X$ 和 $Y$ 的边缘分布函数.

**解** ①由联合分布函数的性质,可得

$$F(+\infty, +\infty) = A\left(B + \frac{\pi}{2}\right)\left(C + \frac{\pi}{2}\right) = 1 \tag{3.5}$$

$$F(-\infty, y) = A\left(B - \frac{\pi}{2}\right)\left(C + \arctan\frac{y}{5}\right) = 0 \tag{3.6}$$

$$F(x, -\infty) = A\left(B + \arctan\frac{x}{3}\right)\left(C - \frac{\pi}{2}\right) = 0 \tag{3.7}$$

由式(3.5)可得 $A \neq 0$,而式(3.6)是关于 $y$ 的恒等式,有 $B-\frac{\pi}{2}=0$,解得 $B=\frac{\pi}{2}$. 同理由式(3.7)可得 $C=\frac{\pi}{2}$,将 $B=\frac{\pi}{2}$ 与 $C=\frac{\pi}{2}$ 同时代入式(3.5)可得 $A=\frac{1}{\pi^2}$.

②由①知联合分布函数为

$$F(x,y) = \frac{1}{\pi^2}\left(\frac{\pi}{2} + \arctan\frac{x}{3}\right)\left(\frac{\pi}{2} + \arctan\frac{y}{5}\right)$$

由定义 2,$(X,Y)$ 关于 $X$ 的边缘分布函数为

$$F_X(x) = F(x, +\infty) = \lim_{y\to+\infty}\frac{1}{\pi^2}\left(\frac{\pi}{2} + \arctan\frac{x}{3}\right)\left(\frac{\pi}{2} + \arctan\frac{y}{5}\right) = \frac{1}{2} + \frac{1}{\pi}\arctan\frac{x}{3}$$

类似可得 $(X,Y)$ 关于 $Y$ 的边缘分布函数为

$$F_Y(y) = F(+\infty, y) = \frac{1}{2} + \frac{1}{\pi}\arctan\frac{y}{5}$$

显然,由此例题可以看出,联合分布函数决定边缘分布函数;反过来,边缘分布函数是否决定联合分布函数呢?在后面学习了随机变量的独立性后,再来探讨这个问题.

# 3.2 二维离散型随机变量

## 3.2.1 联合分布列

**定义 3** 设二维离散型随机变量 $(X,Y)$ 的所有可能取值为 $(x_i, y_j)$,$i,j=1,2,\cdots$,称 $(X,Y)$ 取每对值的概率的数学描述式

$$P\{X = x_i, Y = y_j\} = p_{ij}, \quad i,j = 1,2,\cdots \tag{3.8}$$

为二维离散型随机变量 $(X,Y)$ 的**联合分布列**,简称**分布列**.

联合分布列常用如下的三维表格来表示,其优点在于简洁明了.

| X \ Y | $y_1$ | $y_2$ | $\cdots$ | $y_j$ | $\cdots$ |
|---|---|---|---|---|---|
| $x_1$ | $p_{11}$ | $p_{12}$ | $\cdots$ | $p_{1j}$ | $\cdots$ |
| $x_2$ | $p_{21}$ | $p_{22}$ | $\cdots$ | $p_{2j}$ | $\cdots$ |
| $\vdots$ | $\vdots$ | $\vdots$ | | | |
| $x_i$ | $p_{i1}$ | $p_{i2}$ | $\cdots$ | $p_{ij}$ | $\cdots$ |
| $\vdots$ | $\vdots$ | $\vdots$ | | | |

**定理** 2　联合分布列具有下列性质：

(1) **非负性**　$p_{ij} \geqslant 0, i, j = 1, 2, \cdots$；

(2) **规范性(正则性)** $\sum_i \sum_j p_{ij} = 1$.

**证**　(1)根据概率的非负性，显然成立.

(2) $\sum_i \sum_j p_{ij} = \sum_i \sum_j P\{X = x_i, Y = y_j\} = P\{\bigcup_{i,j} \{X = x_i, Y = y_j\}\} = P(\Omega) = 1$

任何一个二维离散型随机变量$(X, Y)$的联合分布列都具有上述两条性质；反之，凡是满足上述两条性质的数列必定是某个二维随机变量$(X, Y)$的联合分布列.

**【例 3.2】**　设二维离散型随机变量$(X, Y)$的分布列为：

| $X \backslash Y$ | 1 | 2 | 3 |
|---|---|---|---|
| −1 | $\frac{1}{3}$ | $\frac{a}{6}$ | $\frac{1}{4}$ |
| 1 | 0 | $\frac{1}{4}$ | $a^2$ |

求 $a$ 的值.

**解**　由分布列的规范性得

$$\frac{1}{3} + \frac{a}{6} + \frac{1}{4} + 0 + \frac{1}{4} + a^2 = 1$$

得

$$a = \frac{1}{3} \text{ 或 } a = -\frac{1}{2}\text{(负值舍去)}$$

故

$$a = \frac{1}{3}$$

**【例 3.3】**　设二维离散型随机变量$(X, Y)$的分布列为

| $X \backslash Y$ | 1 | 2 | 3 |
|---|---|---|---|
| 0 | 0.1 | 0.1 | 0.3 |
| 1 | 0.15 | 0.1 | 0.25 |

求：①$P\{X=0\}$；②$P\{Y \leqslant 2\}$；③$P\{X<1, Y \leqslant 2\}$.

**解**　①$\{X=0\} = \{X=0, Y=1\} \cup \{X=0, Y=2\} \cup \{X=0, Y=3\}$，且事件$\{X=0, Y=1\}$，$\{X=0, Y=2\}$，$\{X=0, Y=3\}$两两互不相容，得

$$\begin{aligned} P\{X = 0\} &= P\{X = 0, Y = 1\} + P\{X = 0, Y = 2\} + P\{X = 0, Y = 3\} \\ &= 0.1 + 0.1 + 0.3 = 0.5 \end{aligned}$$

②由①类似可得

$$\begin{aligned} P\{Y \leqslant 2\} &= P\{X = 0, Y = 1\} + P\{X = 0, Y = 2\} + P\{X = 1, Y = 1\} + P\{X = 1, Y = 2\} \\ &= 0.1 + 0.1 + 0.15 + 0.1 = 0.45 \end{aligned}$$

③由①类似可得

$$P\{X < 1, Y \leqslant 2\} = P\{X = 0, Y = 1\} + P\{X = 0, Y = 2\} = 0.1 + 0.1 = 0.2$$

### 3.2.2 边缘分布列

与联合分布函数一样,联合分布列完整地描述了二维离散型随机变量$(X,Y)$的统计规律,包含了$(X,Y)$的所有信息,同时也包含了随机变量$X$和$Y$各自的信息,那么如何从联合分布列表这个整体信息中分离出反映$X$和$Y$各自信息的分布列表呢?

**定理3** 若$(X,Y)$的联合分布列为

$$P\{X=x_i,Y=y_j\}=p_{ij},\quad i,j=1,2,\cdots$$

则

$$P\{X=x_i\}=\sum_j p_{ij}=p_{i\cdot},\quad i=1,2,\cdots \tag{3.9}$$

$$P\{Y=y_j\}=\sum_i p_{ij}=p_{\cdot j},\quad j=1,2,\cdots \tag{3.10}$$

记号中的$p_{i\cdot}$中的原点"·"表示$p_{i\cdot}$是由$p_{ij}$关于$j$求和得到的;同理$p_{\cdot j}$是由$p_{ij}$关于$i$求和得到的.

由式(3.9)和式(3.10)确定的分布列,分别称为$(X,Y)$关于$X$和$Y$的**边缘分布列**. $(X,Y)$的联合分布列与边缘分布列可以用同一个表格表示:

| $X$ \ $Y$ | $y_1$ | $y_2$ | $\cdots$ | $y_j$ | $\cdots$ | $p_{i\cdot}$ |
|---|---|---|---|---|---|---|
| $x_1$ | $p_{11}$ | $p_{12}$ | $\cdots$ | $p_{1j}$ | $\cdots$ | $p_{1\cdot}$ |
| $x_2$ | $p_{21}$ | $p_{22}$ | $\cdots$ | $p_{2j}$ | $\cdots$ | $p_{2\cdot}$ |
| $\vdots$ | $\vdots$ | $\vdots$ | | $\vdots$ | | $\vdots$ |
| $x_i$ | $p_{i1}$ | $p_{i2}$ | $\cdots$ | $p_{ij}$ | $\cdots$ | $p_{i\cdot}$ |
| $\vdots$ | $\vdots$ | $\vdots$ | | $\vdots$ | | $\vdots$ |
| $p_{\cdot j}$ | $p_{\cdot 1}$ | $p_{\cdot 2}$ | | $p_{\cdot j}$ | $\cdots$ | |

在上表中,去掉最后一行和最后一列的部分是$(X,Y)$的联合分布列,最后一列的数值是由联合分布列同一行相加而得的,首尾两列合在一起是关于$X$的边缘分布列;同理,最后一行的数值是由联合分布列经同一列相加而得,首尾两行合在一起是关于$Y$的边缘分布列. 关于$X$和$Y$的边缘分布列表在表的边缘位置,"边缘"二字便取其意.

学习了边缘分布列后,例3.3的①,②还有另外一种解法,先求出关于$X$和$Y$的边缘分布列

| $X$ \ $Y$ | 1 | 2 | 3 | $p_{i\cdot}$ |
|---|---|---|---|---|
| 0 | 0.1 | 0.1 | 0.3 | 0.5 |
| 1 | 0.15 | 0.1 | 0.25 | 0.5 |
| $p_{\cdot j}$ | 0.25 | 0.2 | 0.55 | |

则①$P\{X=0\}=0.5$;②$P\{Y\leqslant 2\}=P\{Y=1\}+P\{Y=2\}=0.25+0.2=0.45$.

【例3.4】 一批产品中有90件正品,10件次品,从中连续地抽取两件产品,一次抽取一件,定义随机变量$X$和$Y$如下:

$$X=\begin{cases}1,第一次取到正品\\0,第一次取到次品\end{cases},\quad Y=\begin{cases}1,第二次取到正品\\0,第二次取到次品\end{cases}$$

试分别在有放回抽样和不放回抽样两种方式下求$(X,Y)$的联合分布列与边缘分布列.

**解** 有放回抽样,

$$P\{X=0,Y=0\}=\frac{10\times 10}{100\times 100}=\frac{1}{100},\quad P\{X=0,Y=1\}=\frac{10\times 90}{100\times 100}=\frac{9}{100},$$

$$P\{X=1,Y=0\}=\frac{90\times 10}{100\times 100}=\frac{9}{100},\quad P\{X=1,Y=1\}=\frac{90\times 90}{100\times 100}=\frac{81}{100}$$

不放回抽样,

$$P\{X=0,Y=0\}=\frac{10\times 9}{100\times 99}=\frac{1}{110},\quad P\{X=0,Y=1\}=\frac{10\times 90}{100\times 99}=\frac{1}{11},$$

$$P\{X=1,Y=0\}=\frac{90\times 10}{100\times 99}=\frac{1}{11},\quad P\{X=1,Y=1\}=\frac{90\times 89}{100\times 99}=\frac{89}{110}$$

所以,可以得出$(X,Y)$的联合分布列与边缘分布列,如下表所示:

有放回抽样情形

| $X$ \ $Y$ | 0 | 1 | $P_{i\cdot}$ |
|---|---|---|---|
| 0 | $\frac{1}{100}$ | $\frac{9}{100}$ | $\frac{1}{10}$ |
| 1 | $\frac{9}{100}$ | $\frac{81}{100}$ | $\frac{9}{10}$ |
| $p_{\cdot j}$ | $\frac{1}{10}$ | $\frac{9}{10}$ | |

不放回抽样情形

| $X$ \ $Y$ | 0 | 1 | $P_{i\cdot}$ |
|---|---|---|---|
| 0 | $\frac{1}{110}$ | $\frac{1}{11}$ | $\frac{1}{10}$ |
| 1 | $\frac{1}{11}$ | $\frac{89}{110}$ | $\frac{9}{10}$ |
| $p_{\cdot j}$ | $\frac{1}{10}$ | $\frac{9}{10}$ | |

比较以上两张表,可以发现$X$和$Y$的边缘分布列是相同的,但是联合分布列却是不同的. 因此,联合分布列确定边缘分布列,但是边缘分布列一般不能决定联合分布列. 那么,边缘分布列在什么样的条件下决定联合分布列呢? 在后面学习了随机变量的独立性后,便可以对这个问题作出回答了.

## 3.3 二维连续型随机变量

### 3.3.1 二维连续型随机变量

**定义 4** 设二维随机变量$(X,Y)\sim F(x,y)$,如果存在非负函数$f(x,y)$,使得对任意的$x$,$y$有

$$F(x,y)=\int_{-\infty}^{y}\left[\int_{-\infty}^{x}f(s,t)\,\mathrm{d}s\right]\mathrm{d}t \tag{3.11}$$

则称$(X,Y)$为二维连续型随机变量,称$f(x,y)$为二维连续型随机变量$(X,Y)$的**联合概率密**

**度**,简称**概率密度**、**密度函数**或者**密度**,记作$(X,Y)\sim f(x,y)$.

对比联合分布列的两条性质,联合概率密度也有类似的结论.

**定理4** 联合概率密度具有以下性质:

(1)**非负性** 对于任意的$x,y\in\mathbf{R}$, $f(x,y)\geqslant 0$.

(2)**规范性(正则性)** $\int_{-\infty}^{+\infty}\int_{-\infty}^{+\infty}f(x,y)\mathrm{d}x\mathrm{d}y=1$.

在式(3.11)两边令$x\to+\infty$, $y\to+\infty$取极限得

$$\int_{-\infty}^{+\infty}\int_{-\infty}^{+\infty}f(x,y)\mathrm{d}x\mathrm{d}y=F(+\infty,+\infty)=1$$

任何二维连续型随机变量的联合概率密度都具有上述两条性质;反之,可以证明,凡是满足以上两条性质的二元函数必定可作为某个二维连续型随机变量的联合概率密度.换句话说,上述两条性质是判断一个二元函数是否可以作为联合概率密度的充分必要条件.

**【例3.5】** 设二维随机变量$(X,Y)$的联合概率密度为

$$f(x,y)=\begin{cases}A\mathrm{e}^{-(x+y)} & x\geqslant 0,y\geqslant 0\\ 0 & \text{其他}\end{cases}$$

求:①常数$A$;②$(X,Y)$的分布函数$F(x,y)$.

**解** ①由规范性可知

$$1=\int_{-\infty}^{+\infty}\int_{-\infty}^{+\infty}f(x,y)\mathrm{d}x\mathrm{d}y=\int_{0}^{+\infty}\int_{0}^{+\infty}A\mathrm{e}^{-(x+y)}\mathrm{d}x\mathrm{d}y=A$$

解得

$$A=1$$

②由定义4得

$$F(x,y)=\int_{-\infty}^{y}\left[\int_{-\infty}^{x}f(s,t)\mathrm{d}s\right]\mathrm{d}t$$

则当$x>0,y>0$时,

$$F(x,y)=\int_{0}^{y}\left[\int_{0}^{x}\mathrm{e}^{-(s+t)}\mathrm{d}s\right]\mathrm{d}t=\int_{0}^{x}\mathrm{e}^{-s}\mathrm{d}s\cdot\int_{0}^{y}\mathrm{e}^{-t}\mathrm{d}t=(1-\mathrm{e}^{-x})(1-\mathrm{e}^{-y})$$

当$x\leqslant 0$或$y\leqslant 0$时,

$$F(x,y)=0$$

所以

$$F(x,y)=\begin{cases}(1-\mathrm{e}^{-x})(1-\mathrm{e}^{-y}) & x>0,y>0\\ 0 & \text{其他}\end{cases}$$

### 3.3.2 联合概率密度与联合分布函数的互化

若$(x,y)$是$f(x,y)$的连续点,则在式(3.11)两边对$x,y$求二阶偏导数得

$$f(x,y)=\frac{\partial^2 F(x,y)}{\partial x\partial y}\tag{3.12}$$

式(3.11)和式(3.12)是连接二维连续型随机变量的联合分布函数与联合概率密度函数的桥梁,前者以积分作为桥梁,后者以微分作为桥梁,这两个桥梁可以相互转化.

**【例3.6】** 设二维随机变量$(X,Y)$的联合分布函数为

$$F(x,y)=\frac{1}{\pi^2}\left(\frac{\pi}{2}+\arctan\frac{x}{3}\right)\left(\frac{\pi}{2}+\arctan\frac{y}{5}\right),\quad x,y\in\mathbf{R}$$

求$(X,Y)$的联合概率密度$f(x,y)$.

**解** 由式(3.12)得

$$f(x,y)=\frac{\partial^2F(x,y)}{\partial x\partial y}=\frac{15}{\pi^2(x^2+9)(y^2+25)},\quad x,y\in\mathbf{R}$$

### 3.3.3 二维连续型随机变量的概率计算

**性质1** 设$(X,Y)\sim f(x,y)$,则对任意的平面区域$G$,

$$P\{(X,Y)\in G\}=\iint\limits_G f(x,y)\mathrm{d}x\mathrm{d}y \tag{3.13}$$

在使用式(3.13)计算概率时,如果联合概率密度$f(x,y)$在区域$G$内的取值有些部分为零,此时积分区域可缩小到$f(x,y)$的非零区域与$G$的交集部分,然后再把二重积分转化为累次积分,最后计算出结果.

**【例3.7】** 设二维随机变量$(X,Y)$的概率密度为

$$f(x,y)=\begin{cases}xy & 0\leqslant x\leqslant 2,0\leqslant y\leqslant 1\\ 0 & \text{其他}\end{cases}$$

求:①$P\{X<1\}$;②$P\{X<Y\}$.

**解** ①$P\{X<1\}=\iint\limits_{x<1}f(x,y)\mathrm{d}x\mathrm{d}y=\iint\limits_{G_1}xy\mathrm{d}x\mathrm{d}y=\int_0^1\mathrm{d}x\int_0^1xy\mathrm{d}y=\frac{1}{4}$

②$P\{X<Y\}=\iint\limits_{x<y}f(x,y)\mathrm{d}x\mathrm{d}y=\iint\limits_{G_2}xy\mathrm{d}x\mathrm{d}y=\int_0^1\mathrm{d}x\int_x^1xy\mathrm{d}y=\frac{1}{8}$

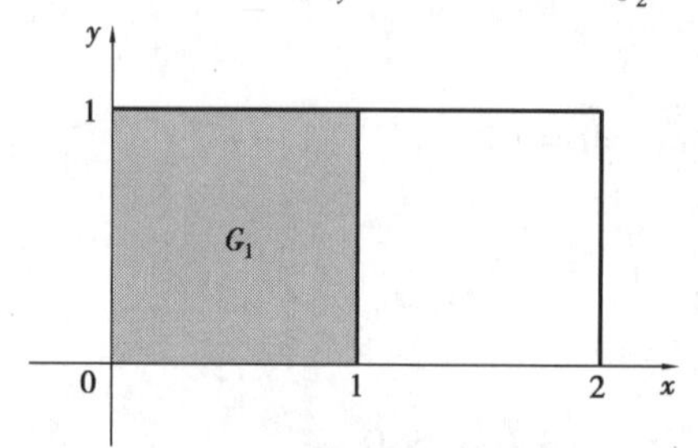


图3.3 例3.7①图解

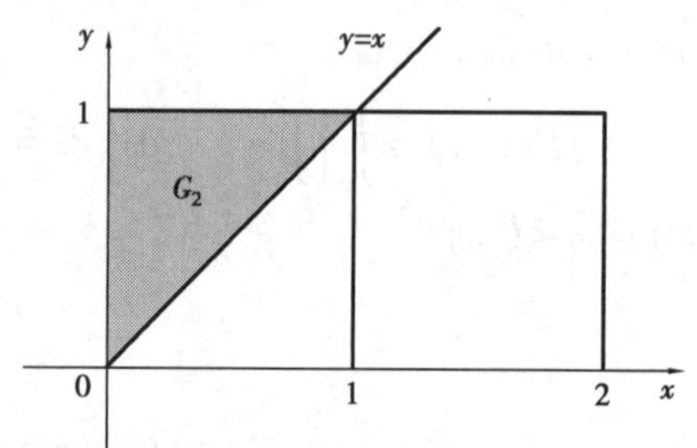


图3.4 例3.7②图解

### 3.3.4 边缘概率密度

类似于联合分布列,联合密度函数$f(x,y)$完整地描述了二维连续型随机变量$(X,Y)$的统计规律,包含了$(X,Y)$的所有信息,同时也包含了随机变量$X$与随机变量$Y$的各自的信息,那么如何从整体信息中分离出反映$X$和$Y$各自信息的概率密度函数呢?

**定理5** 若$(X,Y)\sim f(x,y)$,则

$$f_X(x)=\int_{-\infty}^{+\infty}f(x,y)\,\mathrm{d}y \tag{3.14}$$

$$f_Y(y)=\int_{-\infty}^{+\infty}f(x,y)\,\mathrm{d}x \tag{3.15}$$

**证** 关于 $X$ 的边缘分布函数

$$F_X(x)=F(x,+\infty)=\int_{-\infty}^{x}\mathrm{d}s\int_{-\infty}^{+\infty}f(s,y)\,\mathrm{d}y=\int_{-\infty}^{x}\left[\int_{-\infty}^{+\infty}f(s,y)\,\mathrm{d}y\right]\mathrm{d}s$$

上式两边对 $x$ 求导得

$$f_X(x)=\int_{-\infty}^{+\infty}f(x,y)\,\mathrm{d}y$$

同理可证式(3.15)成立.

由式(3.14)与式(3.15)确定的概率密度函数 $f_X(x)$ 与 $f_Y(y)$，分别称为 $(X,Y)$ 关于 $X$ 和关于 $Y$ 的**边缘概率密度**.

拓展：利用例3.8的联合概率密度函数，计算 $P\left\{X\leqslant\frac{1}{2}\right\}$ 有几种解法？其本质的不同在于什么？

**【例3.8】** 设二维随机变量 $(X,Y)$ 的联合密度函数为

$$f(x,y)=\begin{cases}8xy & 0\leqslant x\leqslant y\leqslant 1\\ 0 & \text{其他}\end{cases}$$

求边缘密度函数 $f_X(x)$ 和 $f_Y(y)$.

**解** $f(x,y)$ 的非零区域如图3.5所示.

由定理5得，关于 $X$ 的边缘概率密度为

$$f_X(x)=\int_{-\infty}^{+\infty}f(x,y)\,\mathrm{d}y=\begin{cases}\int_{x}^{1}8xy\,\mathrm{d}y & 0\leqslant x\leqslant 1\\ 0 & \text{其他}\end{cases}$$

$$=\begin{cases}4x(1-x^2) & 0\leqslant x\leqslant 1\\ 0 & \text{其他}\end{cases}$$

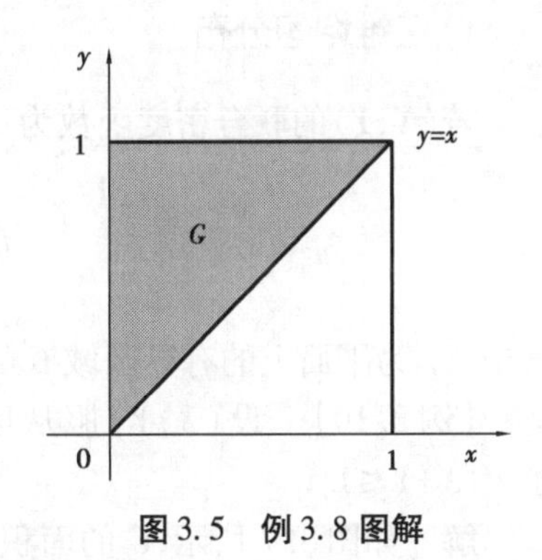


图3.5 例3.8图解

同理，关于 $Y$ 的边缘概率密度为

$$f_Y(y)=\int_{-\infty}^{+\infty}f(x,y)\,\mathrm{d}x=\begin{cases}\int_{0}^{y}8xy\,\mathrm{d}x & 0\leqslant y\leqslant 1\\ 0 & \text{其他}\end{cases}$$

$$=\begin{cases}4y^3 & 0\leqslant y\leqslant 1\\ 0 & \text{其他}\end{cases}$$

**【例3.9】** 设二维随机变量 $(X,Y)$ 的联合密度函数为

$$f(x,y)=\begin{cases}\mathrm{e}^{-y} & 0<x<y\\ 0 & \text{其他}\end{cases}$$

求边缘概率密度 $f_X(x)$ 和 $f_Y(y)$.

**解** $f(x,y)$ 的非零区域如图3.6所示.

由定理5得，关于 $X$ 的边缘概率密度为

$$f_X(x)=\int_{-\infty}^{+\infty}f(x,y)\,\mathrm{d}y=\begin{cases}\int_{x}^{+\infty}\mathrm{e}^{-y}\,\mathrm{d}y & x>0\\ 0 & x\leqslant 0\end{cases}$$

$$=\begin{cases}\mathrm{e}^{-x} & x>0\\ 0 & x\leqslant 0\end{cases}$$

同理,关于 $Y$ 的边缘概率密度为

$$f_Y(y)=\int_{-\infty}^{+\infty}f(x,y)\,\mathrm{d}x=\begin{cases}\int_0^y \mathrm{e}^{-y}\mathrm{d}x & y>0\\0 & y\leqslant 0\end{cases}=\begin{cases}y\mathrm{e}^{-y} & y>0\\0 & y\leqslant 0\end{cases}$$

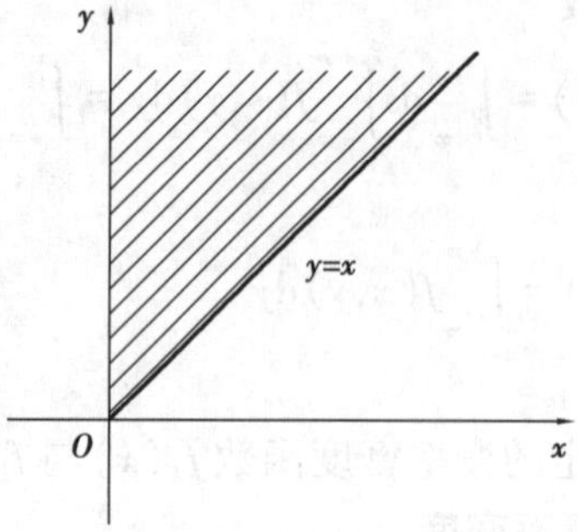

图 3.6　例 3.9 图解

## 3.3.5　两种重要的二维连续型随机变量的分布

### 1)二维均匀分布

若$(X,Y)$的联合密度函数为

$$f(x,y)=\begin{cases}\dfrac{1}{S_G} & (x,y)\in G\\0 & \text{其他}\end{cases}$$

其中,$S_G$ 为平面上的有界区域 $G$ 的面积,则称$(X,Y)$服从区域 $G$ 上的**均匀分布**.

【例 3.10】　设$(X,Y)$服从区域 $G$ 上的均匀分布,其中 $G$ 为:$\{0\leqslant x\leqslant 2,0\leqslant y\leqslant x\}$,求 $P\{X+Y\leqslant 1\}$.

**解**　如图 3.7 所示,$G$ 的面积 $S_G=2$,所以$(X,Y)$的密度函数为

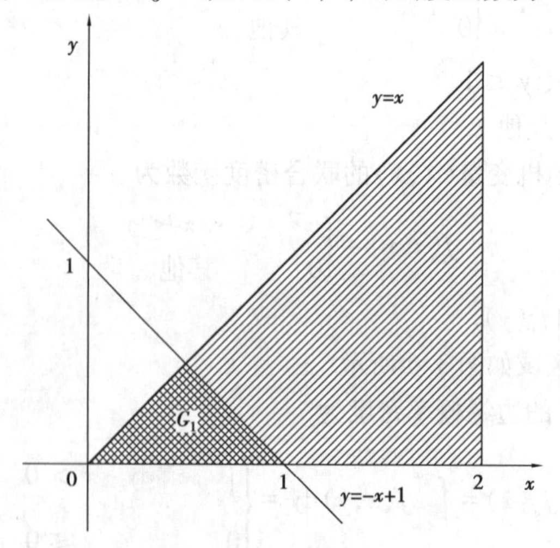


图 3.7　例 3.10 图解

$$f(x,y)=\begin{cases}\dfrac{1}{2} & (x,y)\in G\\ 0 & \text{其他}\end{cases}$$

$$P\{X+Y\leqslant 1\}=\iint\limits_{x+y\leqslant 1}f(x,y)\mathrm{d}x\mathrm{d}y=\iint\limits_{G_1}\frac{1}{2}\mathrm{d}x\mathrm{d}y=\frac{1}{2}\times\frac{1}{4}=\frac{1}{8}$$

**2)二维正态分布**

若二维随机变量$(X,Y)$的概率密度函数为

$$f(x,y)=\frac{1}{2\pi\sigma_1\sigma_2\sqrt{1-\rho^2}}\mathrm{e}^{-\frac{1}{2(1-\rho^2)}\left[\frac{(x-\mu_1)^2}{\sigma_1^2}-2\rho\frac{(x-\mu_1)(y-\mu_2)}{\sigma_1\sigma_2}+\frac{(y-\mu_2)^2}{\sigma_2^2}\right]},x,y\in\mathbf{R} \tag{3.16}$$

其中,$\mu_1,\mu_2\in\mathbf{R},\sigma_1>0,\sigma_2>0,|\rho|<1$,则称$(X,Y)$服从参数为$\mu_1,\mu_2,\sigma_1^2,\sigma_2^2,\rho$的**二维正态分布**,记作$(X,Y)\sim N(\mu_1,\mu_2,\sigma_1^2,\sigma_2^2,\rho)$.

二维正态分布的密度函数$f(x,y)$的图形是四周无限延伸的倒扣的钟形曲面,如图3.8所示.

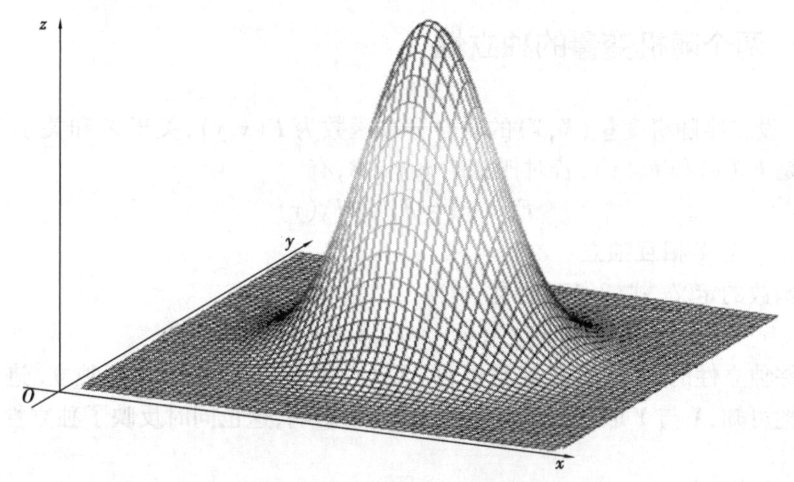


**图3.8 二维正态分布概率密度**

**定理6** 若$(X,Y)\sim N(\mu_1,\mu_2,\sigma_1^2,\sigma_2^2,\rho)$,则$X\sim N(\mu_1,\sigma_1^2)$,$Y\sim N(\mu_2,\sigma_2^2)$,即二维正态分布的两个边缘分布都是一维正态分布.

**证** 先求$X$的边缘概率密度

$$f_X(x)=\int_{-\infty}^{+\infty}f(x,y)\mathrm{d}y$$

因为$\dfrac{(y-\mu_2)^2}{\sigma_2^2}-2\rho\dfrac{(x-\mu_1)(y-\mu_2)}{\sigma_1\sigma_2}=\left(\dfrac{y-\mu_2}{\sigma_2}-\rho\dfrac{x-\mu_1}{\sigma_1}\right)^2-\rho^2\dfrac{(x-\mu_1)^2}{\sigma_1^2}$

所以$f_X(x)=\dfrac{1}{2\pi\sigma_1\sigma_2\sqrt{1-\rho^2}}\mathrm{e}^{-\frac{(x-\mu_1)^2}{2\sigma_1^2}}\displaystyle\int_{-\infty}^{+\infty}\mathrm{e}^{-\frac{1}{2(1-\rho^2)}\left(\frac{y-\mu_2}{\sigma_2}-\rho\frac{x-\mu_1}{\sigma_1}\right)^2}\mathrm{d}y$

若令$\dfrac{1}{\sqrt{(1-\rho^2)}}\left(\dfrac{y-\mu_2}{\sigma_2}-\rho\dfrac{x-\mu_1}{\sigma_1}\right)=t$,则有

$$f_X(x)=\frac{1}{2\pi\sigma_1}e^{-\frac{(x-\mu_1)^2}{2\sigma_1^2}}\int_{-\infty}^{+\infty}e^{-\frac{t^2}{2}}dt=\frac{1}{\sqrt{2\pi}\sigma_1}e^{-\frac{(x-\mu_1)^2}{2\sigma_1^2}},\ -\infty<x<+\infty$$

同理可得

$$f_Y(y)=\frac{1}{\sqrt{2\pi}\sigma_2}e^{-\frac{(y-\mu_2)^2}{2\sigma_2^2}},\ -\infty<y<+\infty$$

**注** 上述结果表明,对给定的$\mu_1,\mu_2,\sigma_1,\sigma_2$,不同的$\rho$对应不同的二维正态分布,但它们的边缘分布都相同.因此,由关于$X$和关于$Y$的边缘分布,一般来说是不能确定二维随机变量$(X,Y)$的联合分布.那么,在什么样的条件下边缘分布才能唯一决定联合分布呢?在学习了后面的独立性后,便可以对此问题作出回答了.

## 3.4 随机变量的独立性

### 3.4.1 两个随机变量的独立性

**定义5** 设二维随机变量$(X,Y)$的联合分布函数为$F(x,y)$,关于$X$和关于$Y$的边缘分布函数分别是$F_X(x)$和$F_Y(y)$,若对任意的$x,y\in\mathbf{R}$,有

$$F(x,y)=F_X(x)F_Y(y) \tag{3.17}$$

则称随机变量$X$与$Y$**相互独立**.

由分布函数的定义,式(3.17)可化为

$$P\{X\leqslant x,Y\leqslant y\}=P\{X\leqslant x\}P\{Y\leqslant y\}$$

由第1章事件独立性的定义,上式表示事件$\{X\leqslant x\}$与事件$\{Y\leqslant y\}$相互独立.进一步由$x,y$取值的任意性可知,$X$与$Y$取什么值互不相关,互不影响,这也同时反映了独立性的本质.

### 3.4.2 二维离散型随机变量的独立性

若$(X,Y)$是二维离散型随机变量,则随机变量$X$与$Y$相互独立的等价条件为

$$P\{X=x_i,Y=y_j\}=P\{X=x_i\}\cdot P\{Y=y_j\},\quad i,j=1,2,\cdots \tag{3.18}$$

**注** $X$与$Y$相互独立要求对所有的$i,j$的值式(3.18)均成立.

**【例3.11】** 判断如下二维离散型随机变量的分布列中$X$与$Y$是否相互独立.

| $X$ \ $Y$ | 0 | 1 |
|---|---|---|
| 0 | $\frac{3}{10}$ | $\frac{3}{10}$ |
| 1 | $\frac{3}{10}$ | $\frac{1}{10}$ |

**解**

$$P\{X=0\}=\frac{3}{10}+\frac{3}{10}=\frac{3}{5}$$

$$P\{Y=0\}=\frac{3}{10}+\frac{3}{10}=\frac{3}{5}$$

$$P\{X=0,Y=0\}=\frac{3}{10},\quad P\{X=0\}\cdot P\{Y=0\}=\frac{3}{5}\cdot\frac{3}{5}=\frac{9}{25}$$

$$P\{X=0,Y=0\}\neq P\{X=0\}\cdot P\{Y=0\}$$

所以 $X$ 与 $Y$ 不相互独立.

**【例 3.12】** 设二维随机变量 $(X,Y)$ 的联合分布列为

| $X$ \ $Y$ | 0 | 1 | 2 |
|---|---|---|---|
| 1 | $a$ | $\frac{1}{3}$ | $b$ |
| 2 | $\frac{1}{8}$ | $\frac{1}{6}$ | $\frac{1}{24}$ |

已知 $X$ 与 $Y$ 相互独立,求常数 $a$ 与 $b$.

**解** 由联合分布列的性质可知,

$$a+\frac{1}{3}+b+\frac{1}{8}+\frac{1}{6}+\frac{1}{24}=1$$

又 $X$ 与 $Y$ 相互独立,则有

$$P\{X=2,Y=0\}=P\{X=2\}\cdot P\{Y=0\}$$

$$P\{X=2,Y=0\}=\frac{1}{8},P\{X=2\}=\frac{1}{8}+\frac{1}{6}+\frac{1}{24}=\frac{1}{3},P\{Y=0\}=a+\frac{1}{8}$$

得

$$\frac{1}{8}=\frac{1}{3}\cdot\left(\frac{1}{8}+a\right)$$

解得 $a=\frac{1}{4},b=\frac{1}{12}$.

此时把随机变量 $(X,Y)$ 的联合分布列与边缘分布列用同一个表格表示:

| $X$ \ $Y$ | 0 | 1 | 2 | $p_{i\cdot}$ |
|---|---|---|---|---|
| 1 | $\frac{1}{4}$ | $\frac{1}{3}$ | $\frac{1}{12}$ | $\frac{2}{3}$ |
| 2 | $\frac{1}{8}$ | $\frac{1}{6}$ | $\frac{1}{24}$ | $\frac{1}{3}$ |
| $p_{\cdot j}$ | $\frac{3}{8}$ | $\frac{1}{2}$ | $\frac{1}{8}$ | |

由式(3.18)容易验证,$X$ 与 $Y$ 确实相互独立.

### 3.4.3 二维连续型随机变量的独立性

设二维连续型随机变量 $(X,Y)$ 的概率密度函数为 $f(x,y)$,关于 $X$ 与 $Y$ 的边缘概率密度函数分别为 $f_X(x)$ 与 $f_Y(y)$,则随机变量 $X$ 与 $Y$ 相互独立的等价条件为

$$f(x,y)=f_X(x)\cdot f_Y(y) \tag{3.19}$$

【例3.13】 设二维随机变量$(X,Y)$在以原点为圆心,半径为1的圆域上服从均匀分布,问$X$与$Y$是否相互独立?

**解** 由题意得,随机变量$(X,Y)$的概率密度函数为

$$f(x,y)=\begin{cases}\dfrac{1}{\pi} & x^2+y^2\leqslant 1\\ 0 & \text{其他}\end{cases}$$

当$|x|\leqslant 1$时,

$$f_X(x)=\int_{-\sqrt{1-x^2}}^{\sqrt{1-x^2}}\frac{1}{\pi}\mathrm{d}y=\frac{2}{\pi}\sqrt{1-x^2}$$

当$|x|>1$时,

$$f_X(x)=\int_{-\infty}^{+\infty}f(x,y)\mathrm{d}y=0$$

则关于$X$的边缘密度函数为

$$f_X(x)=\begin{cases}\dfrac{2}{\pi}\sqrt{1-x^2} & |x|\leqslant 1\\ 0 & \text{其他}\end{cases}$$

同理关于$Y$的边缘密度函数为

$$f_Y(y)=\begin{cases}\dfrac{2}{\pi}\sqrt{1-y^2} & |y|\leqslant 1\\ 0 & \text{其他}\end{cases}$$

$$f_X(x)\cdot f_Y(y)=\begin{cases}\dfrac{4}{\pi^2}\sqrt{1-x^2}\sqrt{1-y^2} & |x|\leqslant 1,|y|\leqslant 1\\ 0 & \text{其他}\end{cases}$$

显然可见,当$|x|\leqslant 1$,$|y|\leqslant 1$时,

$$f(x,y)\neq f_X(x)f_Y(y)$$

所以,$X$与$Y$不相互独立.

本章前三节均提出了同样的问题:在什么样的条件下,边缘分布才能决定联合分布?式(3.17)、式(3.18)、式(3.19)告诉我们:在独立条件下,边缘分布函数决定联合分布函数,边缘概率密度才能决定联合概率密度函数,边缘分布列决定联合分布列.

【例3.14】 设$X$与$Y$为两个相互独立的随机变量,$X\sim U[-1,1]$,$Y\sim E(2)$,求$X$与$Y$的联合密度函数.

**解** 由题意得,$X$与$Y$的概率密度函数分别为

$$f_X(x)=\begin{cases}\dfrac{1}{2} & -1\leqslant x\leqslant 1\\ 0 & \text{其他}\end{cases},\quad f_Y(y)=\begin{cases}2\mathrm{e}^{-2y} & y\geqslant 0\\ 0 & \text{其他}\end{cases}$$

因为$X$与$Y$相互独立,所以$(X,Y)$的联合密度函数为

$$f(x,y)=f_X(x)\cdot f_Y(y)=\begin{cases}\mathrm{e}^{-2y} & -1\leqslant x\leqslant 1,y\geqslant 0\\ 0 & \text{其他}\end{cases}$$

在实际问题中,判断两个随机变量是否相互独立,往往不是用数学定义去验证的.当两个随机变量的取值没有任何关系,即可判定这两个随机变量是相互独立的.

### 3.4.4 多个随机变量的独立性

参照二维随机变量,下面简单介绍一下多个随机变量的情形.

**定义 6** 设 $X_1,X_2,\cdots,X_n$ 是定义在同一个样本空间 $\Omega$ 上的 $n$ 个随机变量,称 $(X_1,X_2,\cdots,X_n)$ 为 $n$ 维随机变量.对于任意 $n$ 个实数 $x_1,x_2,\cdots,x_n$,$n$ 元函数

$$F(x_1,x_2,\cdots,x_n)=P\{X_1\leqslant x_1,X_2\leqslant x_2,\cdots,X_n\leqslant x_n\}$$

称为 $(X_1,X_2,\cdots,X_n)$ 的**联合分布函数**,简称**分布函数**.

随机变量的独立性概念可推广到 $n$ 个随机变量的情况.

设 $n$ 维随机变量 $(X_1,X_2,\cdots,X_n)$ 的联合分布函数为 $F(x_1,x_2,\cdots,x_n)$,$F_{X_i}(x_i)$ 为关于 $X_i$ 的边缘分布函数.若对任意 $n$ 个实数 $x_1,x_2,\cdots,x_n$ 有

$$F(x_1,x_2,\cdots,x_n)=F_{X_1}(x_1)F_{X_2}(x_2)\cdots F_{X_n}(x_n)$$

则称 $X_1,X_2,\cdots,X_n$ **相互独立**.

若 $(X_1,X_2,\cdots,X_n)$ 是 $n$ 维连续型随机变量,上式两边同时对 $x_1,x_2,\cdots,x_n$ 求偏导数,得 $X_1,X_2,\cdots,X_n$ 相互独立的等价条件是,对任意实数 $x_1,x_2,\cdots,x_n$ 有

$$f(x_1,x_2,\cdots,x_n)=f_{X_1}(x_1)f_{X_2}(x_2)\cdots f_{X_n}(x_n)$$

其中,$f(x_1,x_2,\cdots,x_n)$ 是 $(X_1,X_2,\cdots,X_n)$ 的联合概率密度,$f_{X_i}(x_i)$ 是关于 $X_i$ 的边缘概率密度.

若 $(X_1,X_2,\cdots,X_n)$ 是 $n$ 维离散型随机变量,$X_1,X_2,\cdots,X_n$ 相互独立的等价条件等价于:对 $n$ 个任意取值 $x_1,x_2,\cdots,x_n$,有

$$P\{X_1=x_1,X_2=x_2,\cdots,X_n=x_n\}=P\{X_1=x_1\}P\{X_2=x_2\}\cdots P\{X_n=x_n\}$$

进一步地,若对任意实数 $x_1,x_2,\cdots,x_m;y_1,y_2,\cdots,y_n$ 有

$$F(x_1,x_2,\cdots,x_m;y_1,y_2,\cdots,y_n)=F_1(x_1,x_2,\cdots,x_m)F_2(y_1,y_2,\cdots,y_n)$$

其中,$F_1,F_2,F$ 依次为 $(X_1,X_2,\cdots,X_m)$,$(Y_1,Y_2,\cdots,Y_n)$ 和 $(X_1,X_2,\cdots,X_m;Y_1,Y_2,\cdots,Y_n)$ 的联合分布函数,则称随机变量 $(X_1,X_2,\cdots,X_m)$ 和 $(Y_1,Y_2,\cdots,Y_n)$ 是**相互独立**的.

关于 $n$ 个随机变量的相互独立还有以下性质:

(1)若随机变量 $X_1,X_2,\cdots,X_n$ 相互独立,则它们中任意 $m(1<m\leqslant n)$ 个随机变量 $X_{i1},X_{i2},\cdots,X_{im}$ 也相互独立.

(2)若 $(X_1,X_2,\cdots,X_m)$ 与 $(Y_1,Y_2,\cdots,Y_n)$ 相互独立,则 $h(X_1,X_2,\cdots,X_m)$ 与 $g(Y_1,Y_2,\cdots,Y_n)$ 也相互独立,其中 $h,g$ 是连续函数.

第二条性质在数理统计中非常有用.

在实际问题中,根据生活经验和直观认识,如果随机变量间没有任何关系,即可判定这些随机变量是相互独立的.例如,以 $X_1,X_2,\cdots,X_n$ 分别表示 $n$ 个人的体重,则可以判定 $X_1,X_2,\cdots,X_n$ 是相互独立的.

## *3.5 条件分布

在第 1 章,学习了条件概率,下面由条件概率引入条件分布.

### 3.5.1 离散型情形

设二维离散型随机变量$(X,Y)$的联合分布列为

$$P\{X=x_i,Y=y_j\}=p_{ij},i,j=1,2,\cdots$$

$(X,Y)$关于$X$和关于$Y$的边缘分布列分别为

$$p_{i\cdot}=P\{X=x_i\}=\sum_j p_{ij},i=1,2,\cdots$$

$$p_{\cdot j}=P\{Y=y_i\}=\sum_i p_{ij},j=1,2,\cdots$$

**定义 7** 对于固定的$j$,若$P\{Y=y_j\}>0$,则称

$$P\{X=x_i\,|\,Y=y_j\}=\frac{P\{X=x_i,Y=y_j\}}{P\{Y=y_j\}}=\frac{p_{ij}}{p_{\cdot j}},i=1,2,\cdots$$

为在$Y=y_j$的条件下$X$的**条件分布列**. 同样,对于固定的$i$,若$P\{X=x_i\}>0$,则称

$$P\{Y=y_j\,|\,X=x_i\}=\frac{P\{X=x_i,Y=y_j\}}{P\{X=x_i\}}=\frac{p_{ij}}{p_{i\cdot}},j=1,2,\cdots$$

为在$X=x_i$的条件下$Y$的**条件分布列**.

**【例 3.15】** 设二维随机变量$(X,Y)$的联合分布列为

| $X$ \ $Y$ | 0 | 1 | 2 |
|---|---|---|---|
| 0 | 0.1 | 0.2 | 0.3 |
| 1 | 0.2 | 0.1 | 0.1 |

求在$X=1$的条件下,$Y$的条件分布列.

**解** 由题意得,在$X=1$的条件下,$Y$可取0,1,2这3个值,则

$$P\{Y=0\,|\,X=1\}=\frac{P\{X=1,Y=0\}}{P\{X=1\}}=\frac{0.2}{0.2+0.1+0.1}=0.5$$

$$P\{Y=1\,|\,X=1\}=\frac{P\{X=1,Y=1\}}{P\{X=1\}}=\frac{0.1}{0.2+0.1+0.1}=0.25$$

$$P\{Y=2\,|\,X=1\}=\frac{P\{X=1,Y=2\}}{P\{X=1\}}=\frac{0.1}{0.2+0.1+0.1}=0.25$$

或者写成

| $Y=y_j$ | 0 | 1 | 2 |
|---|---|---|---|
| $P\{Y=y_j\,|\,X=1\}$ | 0.5 | 0.25 | 0.25 |

### 3.5.2 连续型情形

**定义 8** 设二维随机变量$(X,Y)$的联合概率密度函数为$f(x,y)$,二维随机变量$(X,Y)$关于$X$的边缘概率密度为$f_X(x)$. 若对于固定的$x$,$f_X(x)>0$,则称

$$f_{Y|X}(y\,|\,x)=\frac{f(x,y)}{f_X(x)}$$

为在 $X=x$ 的条件下 $Y$ 的**条件概率密度**. 类似地,在 $Y=y$ 的条件下 $X$ 的条件概率密度为

$$f_{X|Y}(x|y)=\frac{f(x,y)}{f_Y(y)}$$

【例 3.16】 设二维随机变量$(X,Y)$在区域 $G=\{(x,y)\mid x^2+y^2\leqslant 4\}$ 上服从二维均匀分布,求在 $X=x$ 的条件下 $Y$ 的条件概率密度.

**解** 由题意得,二维随机变量$(X,Y)$的联合概率密度函数为

$$f(x,y)=\begin{cases}\dfrac{1}{4\pi} & (x,y)\in G\\ 0 & \text{其他}\end{cases}$$

易知,关于 $X$ 的边缘概率密度为

$$f_X(x)=\begin{cases}\dfrac{\sqrt{4-x^2}}{2\pi} & -2\leqslant x\leqslant 2\\ 0 & \text{其他}\end{cases}$$

所以当 $|x|<2$ 时,有

$$f_{Y|X}(y|x)=\frac{f(x,y)}{f_X(x)}=\begin{cases}\dfrac{1}{2\sqrt{4-x^2}} & |y|\leqslant\sqrt{4-x^2}\\ 0 & \text{其他}\end{cases}$$

## 3.6 二维随机变量的函数的分布

若已知二维随机变量$(X,Y)$的联合分布,那么如何求随机变量 $X$ 和 $Y$ 的函数 $Z=g(X,Y)$的分布呢? 下面对具体的几种情况进行讨论.

### 3.6.1 和的分布

**1)离散型场合下的卷积公式**

设二维离散型随机变量$(X,Y)$的联合分布为

$$P\{X=x_i,Y=y_j\}=p_{ij},i,j=1,2,\cdots$$

**定理 7** 若 $X+Y$ 取值 $z_k$,则 $z_k$ 是 $X$ 的可能取值 $x_i$ 和 $Y$ 的可能取值 $y_j$ 的和,即 $z_k=x_i+y_j$.由概率的加法公式得

$$P\{X+Y=z_k\}=\sum_i P\{X=x_i,Y=z_k-x_i\}$$

或

$$P\{X+Y=z_k\}=\sum_j P\{X=z_k-y_j,Y=y_j\}$$

特别地,若 $X$ 与 $Y$ 相互独立,则有

$$P\{X+Y=z_k\}=\sum_i P\{X=x_i\}P\{Y=z_k-x_i\}$$

$$= \sum_{j} P\{X = z_k - y_j\} P\{Y = y_j\}$$

称为**离散型场合下的卷积公式**.

【例 3.17】 设二维随机变量$(X,Y)$的联合分布列为

| X \ Y | 0 | 1 | 2 |
|---|---|---|---|
| 0 | 0.1 | 0.2 | 0.3 |
| 1 | 0.2 | 0.1 | 0.1 |

求 $X+Y$ 的分布.

**解** 由 $X,Y$ 的可能取值,知 $X+Y$ 的可能取值为:0,1,2,3,且有

$P\{X+Y=0\}=P\{X=0,Y=0\}=0.1$

$P\{X+Y=1\}=P\{X=0,Y=1\}+P\{X=1,Y=0\}=0.2+0.2=0.4$

$P\{X+Y=2\}=P\{X=0,Y=2\}+P\{X=1,Y=1\}=0.3+0.1=0.4$

$P\{X+Y=3\}=P\{X=1,Y=2\}=0.1$

所以 $X+Y$ 的分布列为

| $X+Y$ | 0 | 1 | 2 | 3 |
|---|---|---|---|---|
| $P$ | 0.1 | 0.4 | 0.4 | 0.1 |

*【例 3.18】 设随机变量 $X \sim P(\lambda_1)$,$Y \sim P(\lambda_2)$,且 $X$ 与 $Y$ 相互独立,证明

$$Z = X + Y \sim P(\lambda_1 + \lambda_2)$$

**证** 由题意得,$X,Y$ 只能取非负整数,所以 $Z=X+Y$ 也只能取非负整数,则由卷积公式得

$$P\{Z = k\} = P\{X + Y = k\} = \sum_{i=0}^{k} P\{X = i\} P\{Y = k - i\} = \sum_{i=0}^{k} \frac{\lambda_1^i}{i!} e^{-\lambda_1} \frac{\lambda_2^{k-i}}{(k-i)!} e^{-\lambda_2}$$

$$= \frac{1}{k!} e^{-(\lambda_1+\lambda_2)} \sum_{i=0}^{k} C_k^i \lambda_1^i \lambda_2^{k-i} = \frac{(\lambda_1 + \lambda_2)^k}{k!} e^{-(\lambda_1+\lambda_2)}, k = 0,1,2,\cdots$$

表明 $X+Y$ 服从参数为 $\lambda_1+\lambda_2$ 的泊松分布. 因此,**相互独立的服从泊松分布的随机变量的和仍服从泊松分布**.

### 2)连续型场合下的卷积公式

设二维随机变量$(X,Y)$的联合概率密度为$f(x,y)$,则 $Z=X+Y$ 的分布函数为

$$F_Z(z) = P\{Z \leqslant z\} = P\{X + Y \leqslant z\} = \iint_{x+y \leqslant z} f(x,y)\,dx\,dy$$

$$= \int_{-\infty}^{+\infty} \left[ \int_{-\infty}^{z-y} f(x,y)\,dx \right] dy$$

固定 $z$ 与 $y$,对积分$\int_{-\infty}^{z-y} f(x,y)\,dx$ 作变量替换,令 $x = u - y$,得

$$\int_{-\infty}^{z-y} f(x,y)\,dx = \int_{-\infty}^{z} f(u - y, y)\,du$$

于是

$$F_Z(z) = \int_{-\infty}^{+\infty} \left[ \int_{-\infty}^{z} f(u - y, y)\,du \right] dy = \int_{-\infty}^{z} \left[ \int_{-\infty}^{+\infty} f(u - y, y)\,dy \right] du$$

上式两端同时对 $z$ 求导,可得 $Z$ 的概率密度为

$$f_Z(z)=\int_{-\infty}^{+\infty}f(z-y,y)\,\mathrm{d}y$$

同理可得

$$f_Z(z)=\int_{-\infty}^{+\infty}f(x,z-x)\,\mathrm{d}x$$

**定理 8** 如果随机变量 $X$ 与 $Y$ 相互独立,$(X,Y)$ 关于 $X$ 与 $Y$ 的边缘概率密度分别为 $f_X(x)$,$f_Y(y)$,则有

$$f_Z(z)=\int_{-\infty}^{+\infty}f_X(x)f_Y(z-x)\,\mathrm{d}x$$

$$f_Z(z)=\int_{-\infty}^{+\infty}f_X(z-y)f_Y(y)\,\mathrm{d}y$$

称为**连续型场合下的卷积公式**.

**【例 3.19】** 设随机变量 $X$ 与 $Y$ 相互独立,其对应的概率密度函数分别为

$$f_X(x)=\begin{cases}1 & 0\leqslant x\leqslant 1\\ 0 & \text{其他}\end{cases},\quad f_Y(y)=\begin{cases}\mathrm{e}^{-y} & y>0\\ 0 & \text{其他}\end{cases}$$

求随机变量 $Z=X+Y$ 的概率密度.

**解** 由卷积公式得

$$f_Z(z)=\int_{-\infty}^{+\infty}f_X(x)f_Y(z-x)\,\mathrm{d}x=\int_0^1 f_Y(z-x)\,\mathrm{d}x$$

作变量替换,令 $t=z-x$,得

$$f_Z(z)=\int_z^{z-1}f_Y(t)\,\mathrm{d}(z-t)=\int_{z-1}^{z}f_Y(t)\,\mathrm{d}t$$

$$=\begin{cases}0 & z<0\\ \int_0^z \mathrm{e}^{-t}\mathrm{d}t & 0\leqslant z<1\\ \int_{z-1}^{z}\mathrm{e}^{-t}\mathrm{d}t & z\geqslant 1\end{cases}=\begin{cases}0 & z<0\\ 1-\mathrm{e}^{-z} & 0\leqslant z<1\\ (\mathrm{e}-1)\mathrm{e}^{-z} & z\geqslant 1\end{cases}$$

## 3.6.2 最大值与最小值的分布

设 $X_1,X_2,\cdots,X_n$ 是 $n$ 个相互独立的随机变量,它们的分布函数分别设为 $F_{X_1}(x_1)$,$F_{X_2}(x_2)$,$\cdots$,$F_{X_n}(x_n)$,则 $U=\max(X_1,X_2,\cdots,X_n)$ 的分布函数为

$$F_{\max}(z)=P\{U\leqslant z\}=P\{X_1\leqslant z,X_2\leqslant z,\cdots,X_n\leqslant z\}$$
$$=P\{X_1\leqslant z\}P\{X_2\leqslant z\}\cdots P\{X_n\leqslant z\}$$

即

$$F_{\max}(z)=F_{X_1}(z)F_{X_2}(z)\cdots F_{X_n}(z)$$

类似可得 $V=\min(X_1,X_2,\cdots,X_n)$ 的分布函数为

$$F_{\min}(z)=1-[1-F_{X_1}(z)][1-F_{X_2}(z)]\cdots[1-F_{X_n}(z)]$$

特别地,如果 $X_1,X_2,\cdots,X_n$ 独立同分布,设其分布函数为 $F(z)$,则有

$$F_{\max}(z)=[F(z)]^n \tag{3.20}$$

$$F_{\min}(z)=1-[1-F(z)]^n \tag{3.21}$$

如果连续型随机变量 $X_1, X_2, \cdots, X_n$ 独立同分布,概率密度为 $f(z)$,则 $U,V$ 的概率密度分别为

$$f_{\max}(z) = n[F(z)]^{n-1}f(z)$$
$$f_{\min}(z) = n[1 - F(z)]^{n-1}f(z)$$

**【例 3.20】** 设随机变量 $X$ 与 $Y$ 独立同分布,$X$ 的分布列为

| $X$ | 0 | 1 | 2 |
|---|---|---|---|
| $P$ | 0.1 | 0.3 | 0.6 |

求随机变量 $Z=\max(X,Y)$ 的分布列.

**解** 由 $X$ 与 $Y$ 的可能取值,得出 $Z$ 的可能取值为 0,1,2,且有

$P\{Z=0\}=P\{X=0,Y=0\}=P\{X=0\}P\{Y=0\}=0.1\times0.1=0.01$

$$\begin{aligned}P\{Z=1\}&=P\{X=0,Y=1\}+P\{X=1,Y=0\}+P\{X=1,Y=1\}\\&=P\{X=0\}P\{Y=1\}+P\{X=1\}P\{Y=0\}+P\{X=1\}P\{Y=1\}\\&=0.1\times0.3+0.3\times0.1+0.3\times0.3=0.15\end{aligned}$$

$P\{Z=2\}=1-P\{Z=0\}-P\{Z=1\}=1-0.01-0.15=0.84$

所以 $Z$ 的分布列为

| $Z$ | 0 | 1 | 2 |
|---|---|---|---|
| $P$ | 0.01 | 0.15 | 0.84 |

***【例 3.21】** 设某种型号的电子元件的寿命(以小时计)近似服从指数分布 $E(0.01)$,随机地选取 3 只,求:①这 3 只元件寿命都超过 100 小时的概率;②这 3 只元件的寿命都不超过 1 000 小时的概率.

**解** 设 3 只电子元件的寿命分别为 $X_1, X_2, X_3$. 由题意得,$X_i \sim E(0.01)$,$i=1,2,3$,其分布函数均为

$$F(x)=\begin{cases}1-\mathrm{e}^{-0.01x} & x\geqslant 0\\ 0 & x<0\end{cases}$$

①记 $Y=\min(X_1,X_2,X_3)$,由式(3.21)可求得 $Y$ 的分布函数为

$$F_Y(y)=1-[1-F(y)]^3=\begin{cases}1-\mathrm{e}^{-0.03y} & y\geqslant 0\\ 0 & y<0\end{cases}$$

所求概率为

$$P\{Y>100\}=1-P\{Y\leqslant 100\}=1-F_Y(100)=\mathrm{e}^{-3}$$

②记 $Z=\max(X_1,X_2,X_3)$,由式(3.20)可求得 $Z$ 的分布函数为

$$F_Z(z)=[F(z)]^3=\begin{cases}(1-\mathrm{e}^{-0.01z})^3 & z\geqslant 0\\ 0 & z<0\end{cases}$$

所求概率为

$$P\{Z\leqslant 1\,000\}=F_Z(1\,000)=(1-\mathrm{e}^{-10})^3$$

从本例题可以看出,多个独立同指数分布的随机变量的最小值也服从指数分布,而最大值一定不服从指数分布.

## *3.6.3 一般情形的分布

上面讨论了两种特殊情况下的二维随机变量函数的分布. 下面再举几个其他的例子.

若$(X,Y)$为二维离散型随机变量,则$Z=g(X,Y)$为一维离散型随机变量. 根据$(X,Y)$的分布列表写出$Z$的分布列. 如果此时$Z$的取值中某些相同,应合并其对应的概率值.

【例 3.22】 设二维离散型随机变量$(X,Y)$的联合分布列为

| X \ Y | 0 | 1 | 2 |
|---|---|---|---|
| 1 | 0.15 | 0.23 | 0.32 |
| 2 | 0.1 | 0.05 | 0.15 |

试求$Z=|X-Y|$的分布列.

**解** 将联合分布列改写成如下形式:

| $(X,Y)$ | $(1,0)$ | $(1,1)$ | $(1,2)$ | $(2,0)$ | $(2,1)$ | $(2,2)$ |
|---|---|---|---|---|---|---|
| $Z=\|X-Y\|$ | 1 | 0 | 1 | 2 | 1 | 0 |
| $P$ | 0.15 | 0.23 | 0.32 | 0.1 | 0.05 | 0.15 |

整理合并得$Z=|X-Y|$的分布列为

| $Z$ | 0 | 1 | 2 |
|---|---|---|---|
| $P$ | 0.38 | 0.52 | 0.1 |

*【例 3.23】 设二维连续型随机变量$(X,Y)$在矩形区域$G=\{(x,y)\mid 0\leqslant x\leqslant 2,0\leqslant y\leqslant 2\}$上服从二维均匀分布,试求$Z=XY$的概率密度函数$f_Z(z)$.

**解** 由题意知,随机变量$(X,Y)$的概率密度函数为

$$f(x,y)=\begin{cases}\dfrac{1}{4} & 0\leqslant x\leqslant 2,0\leqslant y\leqslant 2\\ 0 & \text{其他}\end{cases}$$

随机变量$Z=XY$的分布函数为

$$F_Z(z)=P\{Z\leqslant z\}=P\{XY\leqslant z\}$$

当$z\leqslant 0$时,$F_Z(z)=0$

当$z>4$时,事件$\{Z\leqslant z\}$为必然事件,故$F_Z(z)=P\{Z\leqslant z\}=1$

当$0<z\leqslant 4$时,如图 3.9 所示

$$F_Z(z)=P\{Z\leqslant z\}=\iint\limits_{xy\leqslant z}f(x,y)\,\mathrm{d}x\mathrm{d}y$$

$$=\int_0^{\frac{z}{2}}\mathrm{d}x\int_0^2\frac{1}{4}\mathrm{d}y+\int_{\frac{z}{2}}^2\mathrm{d}x\int_0^{\frac{z}{x}}\frac{1}{4}\mathrm{d}y=\frac{z}{4}(1+2\ln 2-\ln z)$$

所以

$$F_Z(z)=\begin{cases}0 & z\leqslant 0\\ \dfrac{z}{4}(1+2\ln 2-\ln z) & 0<z\leqslant 4\\ 1 & z>4\end{cases}$$

对分布函数求导,得其对应的概率密度函数为

$$f_Z(z)=\begin{cases}\dfrac{1}{2}\ln 2-\dfrac{1}{4}\ln z & 0<z<4\\ 0 & 其他\end{cases}=\begin{cases}\dfrac{1}{4}\ln\dfrac{4}{z} & 0<z<4\\ 0 & 其他\end{cases}$$

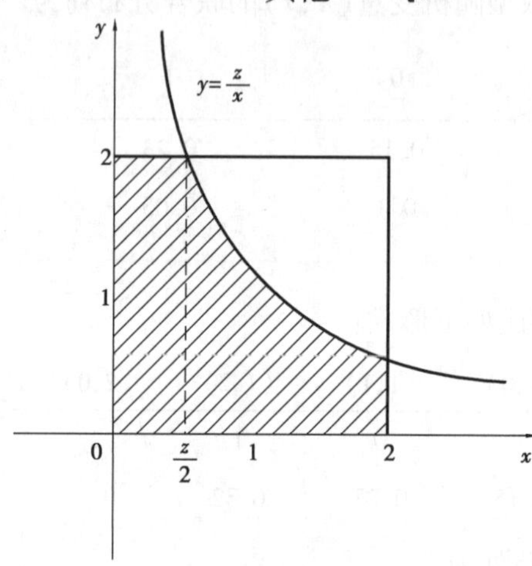


图 3.9 例 3.23 图解

习题 3 参考答案

# 习题 3

(A)

1. 设 $F_1(x,y)$ 和 $F_2(x,y)$ 都是联合分布函数,试求常数 $a,b$ 满足什么样的条件,$aF_1(x,y)+bF_2(x,y)$ 也是联合分布函数?

2. 设二维随机变量 $(X,Y)\sim F(x,y)=\begin{cases}1-e^{-x}-e^{-y}+e^{-x-y-xy} & x\geqslant 0,y\geqslant 0\\ 0 & 其他\end{cases}$,求:

(1) $P\{-1<X\leqslant 0,1<Y\leqslant 2\}$;(2) $P\{X\leqslant 0.5,Y\leqslant 0.3\}$.

3. 盒子里装有 2 个白球,2 个红球,3 个黑球,从中任取 4 个球,记 $X$ 表示取到白球的个数,$Y$ 表示取到黑球的个数. 求 $(X,Y)$ 的联合分布列及边缘分布列.

4. 一盒中分别放有数字 1,1,2,3,3 的 5 张卡片,抽取后不放回,连续取两次,用 $X,Y$ 分别表示第一次、第二次取得的卡片上标有的数字. 求 $(X,Y)$ 的联合分布列及边缘分布列.

5. 袋子中装有 10 个球,其中 8 个红球,2 个白球,现从袋中随机摸球两次,每次一个,定义随机变量 $X,Y$ 如下:

$$X=\begin{cases}1 & \text{第一次取到红球}\\0 & \text{第一次取到白球}\end{cases},Y=\begin{cases}1 & \text{第二次取到红球}\\0 & \text{第二次取到白球}\end{cases}$$

在有放回与不放回两种情况下，分别写出$(X,Y)$的联合分布列与边缘分布列.

6. 设二维离散型随机变量$(X,Y)$的分布列如下：

| $X$ \ $Y$ | 0 | 2 | 4 |
|---|---|---|---|
| −1 | 0.25 | 0 | $a$ |
| 2 | $b$ | 0.3 | 0.05 |

求 $a,b$ 应该满足什么样的条件?

7. 设二维离散型随机变量$(X,Y)$的分布列如下：

| $X$ \ $Y$ | 2 | 4 | 6 |
|---|---|---|---|
| 0 | 0.35 | 0.2 | 0.05 |
| 1 | 0.15 | 0 | 0.25 |

求：(1)$P\{X<1\}$；(2)$P\{Y\leqslant 4\}$；(3)$P\{X\leqslant 1,Y<4\}$.

8. 设$(X,Y)$只在点$(-2,1),(-2,2),(0,1),(0,2)$处取值，这些取值下对应的概率值依次为$\frac{1}{3},\frac{1}{4},\frac{1}{4},\frac{1}{6}$,求$(X,Y)$的联合分布列与边缘分布列.

9. 设二维连续型随机变量$(X,Y)$的分布函数为

$$F(x,y)=a(b+\arctan x)(c+\arctan 2y),\ -\infty<x,y<+\infty$$

求：(1)常数 $a,b,c$ 的值；(2)求$(X,Y)$的概率密度函数.

10. 设二维随机变量$(X,Y)\sim F(x,y)=\begin{cases}(1-\mathrm{e}^{-3x})(1-\mathrm{e}^{-5y}) & x\geqslant 0,y\geqslant 0\\0 & \text{其他}\end{cases}$,试求$(X,Y)$的联合概率密度函数$f(x,y)$.

11. 设二维连续型随机变量$(X,Y)\sim f(x,y)=\begin{cases}c(x+y) & 0<x<2,0<y<4\\0 & \text{其他}\end{cases}$,求：(1)常数 $c$；(2)$P\{X<1,Y<3\}$；(3)$P\{Y<2\}$；(4)$P\{X+Y<4\}$.

12. 设二维连续型随机变量$(X,Y)\sim f(x,y)=\begin{cases}ky(2-x) & 0\leqslant x\leqslant 1,0\leqslant y\leqslant x\\0 & \text{其他}\end{cases}$,求：(1)常数 $k$；(2)$P\{X+Y\leqslant 1\}$；(3)边缘概率密度$f_X(x)$和$f_Y(y)$.

13. 设二维连续型随机变量$(X,Y)$的联合概率密度为

$$f(x,y)=\begin{cases}kxy & 0\leqslant x\leqslant y,0\leqslant y\leqslant 1\\0 & \text{其他}\end{cases}$$

求：(1)$k$ 的值；(2)边缘概率密度$f_X(x)$和$f_Y(y)$.

14. 设二维随机变量$(X,Y)$在由 $x$ 轴、$y$ 轴及直线 $2x+y=2$ 所围成的三角形区域 $G$ 上服从均匀分布，求边缘概率密度$f_X(x)$和$f_Y(y)$.

15. 甲、乙两人独立地进行两次射击，假设甲的命中率为 0.2，乙的命中率为 0.5，记 $X$ 与 $Y$ 分别表示甲和乙的命中次数，试求$(X,Y)$的联合分布列及边缘分布列.

16. 设随机变量 $X$ 与 $Y$ 相互独立，试完成下表：

| Y \ X | $y_1$ | $y_2$ | $y_3$ | $p_{i\cdot}$ |
|---|---|---|---|---|
| $x_1$ | $a$ | $\frac{1}{8}$ | $b$ | $g$ |
| $x_2$ | $\frac{1}{8}$ | $c$ | $d$ | $h$ |
| $p_{\cdot j}$ | $\frac{1}{6}$ | $e$ | $f$ | |

17. 设$(X,Y)$的联合分布列为

| Y \ X | 1 | 3 | 5 |
|---|---|---|---|
| 0 | $\frac{1}{15}$ | $m$ | $\frac{1}{5}$ |
| 3 | $n$ | $\frac{1}{5}$ | $\frac{3}{10}$ |

当$m,n$为何值时,$X$与$Y$相互独立?

18. 已知二维随机变量的联合密度函数为

$$f(x,y)=\begin{cases}2(x+y) & 0\leqslant y\leqslant x\leqslant 1\\ 0 & \text{其他}\end{cases}$$

(1)求边缘密度函数$f_X(x)$和$f_Y(y)$;(2)判断$X$与$Y$是否相互独立.

19. 设随机变量$X$与$Y$相互独立,$X$服从均匀分布$U[0,1]$,$Y$服从参数为2的指数分布,求:(1)$(X,Y)$的联合概率密度;(2)$P\{X+Y\leqslant 1\}$.

20. 设$X$与$Y$相互独立,且均服从均匀分布$U[1,3]$,并且$1<a<3$,记事件$A=\{X\leqslant a\}$,$B=\{Y\geqslant a\}$,且$P\{A\cup B\}=\frac{7}{9}$,求常数$a$的值.

21. 设$X$与$Y$相互独立,且同时服从均匀分布$U[0,1]$,求方程$t^2+Xt+Y=0$有实数根的概率.

*22. 设二维随机变量$(X,Y)$的联合分布列为

| Y \ X | 1 | 2 | 3 |
|---|---|---|---|
| 0 | 0.1 | 0.2 | 0 |
| 2 | 0.3 | 0.3 | 0.1 |

求:(1)在$X=2$的条件下$Y$的条件分布;(2)$P\{Y=2\mid X=0\}$.

23. 已知二维随机变量的联合密度函数为

$$f(x,y)=\begin{cases}2e^{-(2x+y)} & x>0,y>0\\ 0 & \text{其他}\end{cases}$$

求:(1)求边缘密度函数$f_X(x)$和$f_Y(y)$;*(2)条件密度函数$f_{X|Y}(x|y)$.

24. 设随机变量$(X,Y)$的联合分布列为

| $X$ \ $Y$ | 0 | 1 | 2 |
|---|---|---|---|
| 0.5 | 0.1 | 0.15 | 0.3 |
| 1.5 | 0.2 | 0.15 | 0.1 |

求:(1) $U=X+Y$ 的分布列;(2) $V=X-2Y$ 的分布列;(3) $W=\max(X,Y)$ 的分布列;(4) $P\{Y=0|X=1.5\}$, $P\{X=0.5|Y=2\}$.

25. 设随机变量 $X$ 与 $Y$ 相互独立且同时服从均匀分布 $U[0,1]$,求 $Z=X+Y$ 的概率密度.

## (B)

### 一、填空题

1. 若随机变量$(X,Y)$的联合分布列为

| $X$ \ $Y$ | 1 | 2 | 3 |
|---|---|---|---|
| 1 | $\frac{1}{6}$ | $\frac{1}{18}$ | $\frac{1}{9}$ |
| 2 | $\frac{1}{3}$ | $a$ | $\frac{1}{6}$ |

则 $a=$________;$P\{X=2,Y=1\}=$________;$P\{X\leqslant 2,Y<2\}=$________.

2. 已知 $X$ 与 $Y$ 的联合分布列为

| $X$ \ $Y$ | 0 | 1 |
|---|---|---|
| 0 | $\frac{1}{3}$ | $a$ |
| 1 | $b$ | $\frac{1}{6}$ |

且$\{X=0\}$与$\{X+Y=1\}$相互独立,则 $a=$________;$b=$________.

3. 在区间$(0,1)$内随机地取两个数,则事件"两数之积大于$\frac{1}{2}$"的概率为________.

4. 已知二维随机变量$(X,Y)$的联合分布函数是

$$F(x,y)=\begin{cases}c(1-e^{-y})\arctan x & x>0,y>0\\0 & \text{其他}\end{cases}$$

则常数 $c=$________.

5. 设随机变量 $X$ 与 $Y$ 相互独立,其概率分布分别为

| $X$ | 0 | 1 |
|---|---|---|
| $P$ | $\frac{1}{3}$ | $\frac{2}{3}$ |

| $X$ | 0 | 1 |
|---|---|---|
| $P$ | $\frac{1}{3}$ | $\frac{2}{3}$ |

则 $P\{X=Y\}=$________;$P\{X>Y\}=$________.

6. 设二维随机变量$(X,Y)$的联合密度函数为

$$f(x,y)=\begin{cases}\frac{1}{4} & |x|<1,|y|<1\\ 0 & \text{其他}\end{cases}$$

则关于 $X$ 与 $Y$ 的边缘密度 $f_X(x)=$__________; $f_Y(y)=$__________; $f_{X|Y}(x|y)=$__________.

7. 设二维随机变量$(X,Y)$的联合密度函数为

$$f(x,y)=\begin{cases}6x & 0\leqslant x\leqslant y\leqslant 1\\ 0 & \text{其他}\end{cases}$$

则 $P\{X+Y\leqslant 1\}=$________.

二、单项选择题

1. 关于事件$\{X\leqslant a,Y\leqslant b\}$与$\{X>a,Y>b\}$,则(　　).

A. 两事件相互对立　　B. 两事件互斥

C. 两事件相互独立　　D. $\{X\leqslant a,Y\leqslant b\}\subset\{X>a,Y>b\}$

2. 设$f_1(x,y)$与$f_2(x,y)$均为二维连续型随机变量的密度函数,$f(x,y)=af_1(x,y)+bf_2(x,y)$,要使$f(x,y)$是某个随机变量的联合密度函数,则当且仅当$a,b$满足(　　).

A. $a+b=1$　　B. $a>0,b>0$

C. $0\leqslant a\leqslant 1,0\leqslant b\leqslant 1$　　D. $a\geqslant 0,b\geqslant 0$ 且 $a+b=1$

3. 关于二维随机变量的分布函数$F(x,y)$,下列说法正确的是(　　).

A. $\lim\limits_{\substack{x\to-\infty\\ y\to-\infty}}F(x,y)=0$　　B. $\lim\limits_{\substack{x\to-\infty\\ y\to-\infty}}F(x,y)=1$

C. $\lim\limits_{\substack{x\to+\infty\\ y\to+\infty}}F(x,y)=0$　　D. $\lim\limits_{\substack{x\to-\infty\\ y\to+\infty}}F(x,y)=1$

4. 设二维随机变量$(X,Y)\sim f(x,y)$,则$P\{X>1\}=($　　$)$.

A. $\int_{-\infty}^{1}\mathrm{d}x\int_{-\infty}^{+\infty}f(x,y)\mathrm{d}y$　　B. $\int_{-\infty}^{1}f(x,y)\mathrm{d}x$

C. $\int_{1}^{+\infty}\mathrm{d}x\int_{-\infty}^{+\infty}f(x,y)\mathrm{d}y$　　D. $\int_{1}^{+\infty}f(x,y)\mathrm{d}x$

5. 若二维连续型随机变量$(X,Y)$的联合概率密度和边缘概率密度分别为$f(x,y)$,$f_X(x)$,$f_Y(y)$,则下列关系式正确的是(　　).

A. $f_X(x)=\int_{-\infty}^{+\infty}f(x,y)\mathrm{d}x$　　B. $f_Y(y)=\int_{-\infty}^{+\infty}f(x,y)\mathrm{d}x$

C. $f(x,y)=f_X(x)\cdot f_Y(y)$　　D. $f(x,y)=f_X(x)+f_Y(y)$

6. 设二维随机变量$(X,Y)$的概率密度为

$$f(x,y)=\begin{cases}4xy & 0<x<1,0<y<1\\ 0 & \text{其他}\end{cases}$$

则$P\{X<Y\}=($　　$)$.

A. $\int_{0}^{1}\mathrm{d}x\int_{0}^{1}4xy\mathrm{d}y$　　B. $\int_{0}^{1}\mathrm{d}x\int_{x}^{1}4xy\mathrm{d}y$

C. $\int_{0}^{1}\mathrm{d}x\int_{0}^{x}4xy\mathrm{d}y$　　D. $\int_{0}^{1}\mathrm{d}x\int_{-\infty}^{x}4xy\mathrm{d}y$

7. 设二维随机变量$(X,Y)$的联合分布列为

| $X$ \ $Y$ | 0 | 1 |
| --- | --- | --- |
| 0 | 0.4 | $a$ |
| 1 | $b$ | 0.1 |

已知随机事件$\{X=0\}$与$\{X+Y=1\}$相互独立,则(　　).

A. $a=0.2,b=0.3$　　B. $a=0.4,b=0.1$

C. $a=0.3,b=0.2$　　D. $a=0.1,b=0.4$

8. 设两个随机变量$X$与$Y$相互独立且同分布:$P\{X=-1\}=P\{Y=-1\}=\frac{1}{2}$,$P\{X=1\}=P\{Y=1\}=\frac{1}{2}$,则下列各式正确的是(　　).

A. $P\{X=Y\}=\frac{1}{2}$　　B. $P\{X=Y\}=1$

C. $P\{X+Y=0\}=\frac{1}{4}$　　D. $P\{XY=1\}=\frac{1}{4}$

# 第4章

# 随机变量的数字特征

随机变量的概率分布能够完整地刻画随机变量的概率性质，描述随机变量的统计规律.而实际中有时只对随机变量的某一方面的指标感兴趣.如在检查一批棉花的质量时，所关心的是棉花纤维的平均长度；评定一名射击运动员的技术水平时会考察其射击命中环数的平均值大小.这些指标被称为随机变量的数字特征.本章将介绍随机变量重要的数字特征：数学期望、方差、协方差、相关系数、矩和分位数.

## 4.1 数学期望

### 4.1.1 离散型随机变量的数学期望

先看一个例子：设射手甲在同样条件下进行射击100次，其中命中情况如下.

| 环数 | 10 | 9 | 8 | 7 | 6 | 5 | 0 |
|---|---|---|---|---|---|---|---|
| 命中数 | 10 | 10 | 20 | 30 | 10 | 10 | 10 |

这样射手甲的平均命中环数为

$$\frac{1}{100}\times(10\times 10+9\times 10+8\times 20+7\times 30+6\times 10+5\times 10+0\times 10)=6.7$$

对上式稍作变化得

$$10\times 0.1+9\times 0.1+8\times 0.2+7\times 0.3+6\times 0.1+5\times 0.1+0\times 0.1=6.7$$

这样看来，数值6.7反映了该射手的平均命中环数.同时，我们也发现这种反映随机变量取值“平均”意义的数值，恰好等于随机变量的取值与相应概率乘积的总和（即以概率为权的加权平均）.一般地，有如下定义：

**定义1** 设有离散型随机变量 $X$ 的分布列为

$$P(X=x_i)=p_i, i=1,2,\cdots$$

若级数 $\sum_i x_i p_i$ 绝对收敛

则称

$$E(X) = \sum_i x_i p_i \tag{4.1}$$

为离散型随机变量 $X$ 的**数学期望**,简称**期望**.

**注** 定义要求该级数绝对收敛,它能保证该级数不受求和过程中各项次序的影响.

**【例 4.1】** 面额为 2 元的彩票共发行 5 000 张,其中可得奖金 1 000 元、50 元、5 元的彩票分别有 1 张、50 张、100 张. 若某人购买 1 张彩票,求他获得奖金 $X$ 的期望为多少?

**解** 先计算 $X$ 的分布列

| $X$ | 0 | 5 | 50 | 1 000 |
|---|---|---|---|---|
| $P$ | 0.969 8 | 0.02 | 0.01 | 0.000 2 |

因此 $X$ 的期望

$$E(X) = 0 \times 0.969\,8 + 5 \times 0.02 + 50 \times 0.01 + 1\,000 \times 0.000\,2 = 0.8(\text{元})$$

也就是说,此人花 2 元买一张彩票,从理论上讲,他平均只能获得 0.8 元的回报.

### 4.1.2 几个常用离散型随机变量的期望

**1)0-1 分布**

设随机变量 $X \sim B(1,p)$,$X$ 的分布列为

| $X$ | 0 | 1 |
|---|---|---|
| $P$ | $1-p$ | $p$ |

则 $X$ 的期望为

$$E(X) = 0 \times (1-p) + 1 \times p = p$$

直观地讲,在一次伯努利试验中要么成功 1 次,要么成功 0 次,而成功一次的概率是 $p$,所以一次实验中成功的平均次数是 $p$.

**2)二项分布**

设随机变量 $X \sim B(n,p)$,$X$ 的分布列为

$$P\{X=k\} = C_n^k p^k (1-p)^{n-k}, k = 0,1,2,\cdots,n$$

则 $X$ 的期望为

$$\begin{aligned} E(X) &= \sum_{k=0}^{n} k C_n^k p^k (1-p)^{n-k} = np \sum_{k=1}^{n} C_{n-1}^{k-1} p^{k-1} (1-p)^{n-k} \\ &= np \sum_{k=0}^{n-1} C_{n-1}^{k} p^k (1-p)^{n-k-1} = np[p + (1-p)]^{n-1} = np \end{aligned}$$

直观地讲,在一次伯努利试验中成功 1 次的概率是 $p$,所以 $n$ 次伯努利试验中成功的平均次数是 $np$.

**3)泊松分布**

设随机变量 $X \sim P(\lambda)$,$X$ 的分布列为

$$P\{X=k\} = \frac{\lambda^k}{k!} e^{-\lambda}, k = 0,1,2,\cdots$$

则 $X$ 的期望为

$$E(X)=\sum_{k=0}^{\infty}k\frac{\lambda^k}{k!}\mathrm{e}^{-\lambda}=\lambda\mathrm{e}^{-\lambda}\sum_{k=1}^{\infty}\frac{\lambda^{k-1}}{(k-1)!}=\lambda\mathrm{e}^{-\lambda}\cdot\mathrm{e}^{\lambda}=\lambda$$

这表明,在泊松分布中,$X$ 的期望值恰好就是参数 $\lambda$.

**【例 4.2】** 某产品的次品率是 0.1,检验员每天检验 4 次,每次随机抽取 10 件产品进行检验,如果发现其中的次品数大于 1,则应调整设备. 设各件产品是否为次品是相互独立的,求一天中调整设备的次数的期望.

**解** 以 $X$ 表示 10 件产品中的次品数,则 $X\sim B(10,0.1)$,每次检验后需调整设备的概率

$$\begin{aligned}P&=P\{X>1\}=1-P\{X\leqslant 1\}\\&=1-P\{X=0\}-P\{X=1\}\\&=1-C_{10}^{0}\times 0.1^{0}\times 0.9^{10}-C_{10}^{1}\times 0.1^{1}\times 0.9^{9}\approx 0.263\ 9\end{aligned}$$

以 $Y$ 表示调整设备的次数,则 $Y\sim B(4,0.263\ 9)$,所求期望

$$E(Y)=np=4\times 0.263\ 9=1.055\ 6$$

### 4.1.3 连续型随机变量的期望

连续型随机变量的期望可看成离散化后期望的极限. 于是,在离散型随机变量的期望的定义中,将和式 $\sum_i x_ip_i$ 中的和号"$\sum$"变成积分号"$\int$",改 $x_i$ 为 $x$,$p_i$ 改为微分 $f(x)\,\mathrm{d}x$,就得到连续型随机变量的期望定义.

**定义 2** 设连续型随机变量 $X\sim f(x)$,若积分 $\int_{-\infty}^{+\infty}xf(x)\,\mathrm{d}x$ 绝对收敛,则称

$$E(X)=\int_{-\infty}^{+\infty}xf(x)\,\mathrm{d}x \tag{4.2}$$

为连续型随机变量 $X$ 的**数学期望**,简称**期望**. 若积分 $\int_{-\infty}^{+\infty}xf(x)\,\mathrm{d}x$ 不绝对收敛,则称随机变量 $X$ 的期望不存在.

**注** 与离散型类似,定义中要求积分 $\int_{-\infty}^{+\infty}xf(x)\,\mathrm{d}x$ 绝对收敛,即 $\int_{-\infty}^{+\infty}|x|f(x)\,\mathrm{d}x<+\infty$,是为了保证期望的存在性和唯一性.

**【例 4.3】** 设随机变量 $X$ 的概率密度为

$$f(x)=\begin{cases}x & 0\leqslant x<1\\2-x & 1\leqslant x<2\\0 & \text{其他}\end{cases}$$

求 $E(X)$.

**解**

$$\begin{aligned}E(X)&=\int_{-\infty}^{+\infty}xf(x)\,\mathrm{d}x=\int_0^1x^2\,\mathrm{d}x+\int_1^2x(2-x)\,\mathrm{d}x\\&=\frac{1}{3}x^3\Big|_0^1+\left(x^2-\frac{1}{3}x^3\right)\Big|_1^2=1\end{aligned}$$

### 4.1.4 几个常用连续型随机变量的期望

1)均匀分布

设随机变量 $X\sim U[a,b]$,概率密度为

$$f(x)=\begin{cases}\dfrac{1}{b-a} & a\leqslant x\leqslant b\\ 0 & \text{其他}\end{cases}$$

则 $X$ 的期望为

$$E(X)=\int_{-\infty}^{+\infty}xf(x)\mathrm{d}x=\int_a^b\frac{x}{b-a}\mathrm{d}x=\frac{a+b}{2}$$

因此,均匀分布的期望就是分布区间的中点.也就是说,如果往区间$[a,b]$内均匀投点,虽然有些点落在中点左侧,有些点落在中点右侧,但落点的平均位置应该位于中点.

2) 指数分布

设随机变量 $X\sim E(\lambda)$,概率密度为

$$f(x)=\begin{cases}\lambda\mathrm{e}^{-\lambda x} & x\geqslant 0\\ 0 & x<0\end{cases}$$

则 $X$ 的期望为

$$E(X)=\int_{-\infty}^{+\infty}xf(x)\mathrm{d}x=\int_0^{+\infty}x\lambda\mathrm{e}^{-\lambda x}\mathrm{d}x=-x\mathrm{e}^{-\lambda x}\Big|_0^{+\infty}+\int_0^{+\infty}\mathrm{e}^{-\lambda x}\mathrm{d}x$$

$$=-\frac{1}{\lambda}\int_0^{+\infty}\mathrm{e}^{-\lambda x}\mathrm{d}(-\lambda x)=\frac{1}{\lambda}$$

因此,在指数分布中,参数 $\lambda$ 越大,期望越小.

3)正态分布

设随机变量 $X\sim N(\mu,\sigma^2)$,概率密度为

$$f(x)=\frac{1}{\sqrt{2\pi}\sigma}\mathrm{e}^{-\frac{(x-\mu)^2}{2\sigma^2}},\ -\infty<x<+\infty$$

则 $X$ 的期望为

$$E(X)=\int_{-\infty}^{+\infty}xf(x)\mathrm{d}x=\int_{-\infty}^{+\infty}\frac{x}{\sqrt{2\pi}\sigma}\mathrm{e}^{-\frac{(x-\mu)^2}{2\sigma^2}}\mathrm{d}x$$

作变量代换,令 $t=\dfrac{x-\mu}{\sigma}$,则

$$\int_{-\infty}^{+\infty}\frac{x}{\sqrt{2\pi}\sigma}\mathrm{e}^{-\frac{(x-\mu)^2}{2\sigma^2}}\mathrm{d}x=\frac{1}{\sqrt{2\pi}}\int_{-\infty}^{+\infty}(\mu+\sigma t)\mathrm{e}^{-\frac{t^2}{2}}\mathrm{d}t=\mu$$

这表明参数 $\mu$ 是正态分布的随机变量取值的平均,这与几何上其概率密度以 $x=\mu$ 为对称轴是一致的.

## 4.2 随机变量函数的数学期望

在许多实际问题中，常常要考虑一个或多个随机变量的函数的期望. 例如在研究某个家庭的收入支出情况时，可以简单地认为支出 $Y$ 是收入 $X$ 的函数，利用随机变量 $X$ 的分布来求 $Y$ 的期望，就归结为计算随机变量函数的期望.

### 4.2.1 一维随机变量函数的期望

**【例 4.4】** 设随机变量 $X$ 的分布列为

| $X$ | $-1$ | $0$ | $1$ | $2$ |
|---|---|---|---|---|
| $P$ | $p_1$ | $p_2$ | $p_3$ | $p_4$ |

要得 $Y=X^2$ 的期望，可以先求 $Y$ 的分布列

| $Y$ | $0$ | $1$ | $4$ |
|---|---|---|---|
| $P$ | $p_2$ | $p_1+p_3$ | $p_4$ |

由式(4.1)，得

$$\begin{aligned}E(Y)&=0\times p_2+1\times(p_1+p_3)+4\times p_4\\&=(-1)^2\times p_1+0^2\times p_2+1^2\times p_3+2^2\times p_4\\&=\sum_{i=1}^{4}x_i^2p_i\end{aligned}$$

这个例子启发我们：若求 $Y=g(X)$ 的数学期望，并不需要先求 $g(X)$ 的分布列，再求 $g(X)$ 的期望，可以直接根据 $X$ 的分布列去求 $g(X)$ 的期望.

**定理 1** 设 $g(x)$ 是连续函数，$Y$ 是随机变量 $X$ 的函数：$Y=g(X)$.

(1) 设 $X$ 是离散型随机变量，分布列 $P(X=x_i)=p_i, i=1,2,\cdots$，若 $\sum\limits_i |g(x_i)|p_i$ 收敛，则有

$$E(Y)=E[g(X)]=\sum_i g(x_i)p_i \tag{4.3}$$

(2) 设 $X$ 是连续型随机变量，概率密度为 $f(x)$，若 $\int_{-\infty}^{+\infty}|g(x)|f(x)\,dx$ 收敛，则有

$$E(Y)=E[g(X)]=\int_{-\infty}^{+\infty}g(x)f(x)\,dx \tag{4.4}$$

证明从略. 但是，从期望的定义不难解释这个定理结论的正确性. 例如把式(4.3)中的 $g(X)$ 看成一个新的随机变量，那么当 $X$ 以概率 $p_i$ 取值 $x_i$ 时，它以概率 $p_i$ 取值 $g(x_i)$，因此它的期望就是 $\sum\limits_i g(x_i)p_i$. 对式(4.4)也是如此.

此定理的重要性在于它提供了计算随机变量函数的期望的一个简便方法，不需要通过计算 $g(X)$ 的分布，而直接利用 $X$ 的分布来计算. 事实上计算 $g(X)$ 的分布有时也是一件不容易的事.

【例 4.5】 设随机变量 $X$ 的分布列为

| $X$ | $-2$ | $0$ | $2$ |
|---|---|---|---|
| $P$ | 0.4 | 0.3 | 0.3 |

求 $E(3X^2+5)$.

**解**

$$E(3X^2+5)=[3\times(-2)^2+5]\times 0.4+(3\times 0^2+5)\times 0.3+(3\times 2^2+5)\times 0.3$$
$$=13.4$$

【例 4.6】 设随机变量 $X\sim f(x)=\begin{cases}x & 0<x<1\\ 2-x & 1\leqslant x<2\\ 0 & \text{其他}\end{cases}$,求 $E(X^2)$.

**解** $E(X^2)=\int_{-\infty}^{+\infty}x^2f(x)\,\mathrm{d}x=\int_0^1 x^2\cdot x\,\mathrm{d}x+\int_1^2 x^2\cdot(2-x)\,\mathrm{d}x=\dfrac{7}{6}$

### 4.2.2 二维随机变量函数的期望

根据定理 1 的结论容易得到二维随机变量函数的期望的求法.

**定理 2** 设 $(X,Y)$ 是二维随机变量,$Z=g(X,Y)$,且 $E(Z)$ 存在,于是

(1)若 $(X,Y)$ 是离散型,其联合分布列为 $P\{X=x_i,Y=y_j\}=p_{ij}$,$i,j=1,2,\cdots$,则 $Z$ 的期望为

$$E(Z)=E[g(X,Y)]=\sum_j\sum_i g(x_i,y_j)p_{ij} \tag{4.5}$$

(2)若 $(X,Y)$ 是连续型,其联合概率密度为 $f(x,y)$,则 $Z$ 的期望为

$$E(Z)=E[g(X,Y)]=\int_{-\infty}^{+\infty}\int_{-\infty}^{+\infty}g(x,y)f(x,y)\,\mathrm{d}x\mathrm{d}y \tag{4.6}$$

【例 4.7】 设 $(X,Y)$ 的联合分布列为

| $X$ \ $Y$ | 0 | 1 | 2 | 3 |
|---|---|---|---|---|
| 1 | 0 | $\frac{3}{8}$ | $\frac{3}{8}$ | 0 |
| 3 | $\frac{1}{8}$ | 0 | 0 | $\frac{1}{8}$ |

求 $E(X)$,$E(Y)$,$E(XY)$.

**解** 要求 $E(X)$,$E(Y)$,可先求 $X$ 和 $Y$ 的边缘分布列

| $X$ \ $Y$ | 0 | 1 | 2 | 3 | $P_{i\cdot}$ |
|---|---|---|---|---|---|
| 1 | 0 | $\frac{3}{8}$ | $\frac{3}{8}$ | 0 | $\frac{3}{4}$ |
| 3 | $\frac{1}{8}$ | 0 | 0 | $\frac{1}{8}$ | $\frac{1}{4}$ |
| $P_{\cdot j}$ | $\frac{1}{8}$ | $\frac{3}{8}$ | $\frac{3}{8}$ | $\frac{1}{8}$ | |

于是，$E(X)=1\times\frac{3}{4}+3\times\frac{1}{4}=\frac{3}{2}$，　$E(Y)=0\times\frac{1}{8}+1\times\frac{3}{8}+2\times\frac{3}{8}+3\times\frac{1}{8}=\frac{3}{2}$

将联合分布列改写为如下形式

| $(X,Y)$ | (1,0) | (1,1) | (1,2) | (1,3) | (3,0) | (3,1) | (3,2) | (3,3) |
|---|---|---|---|---|---|---|---|---|
| $P$ | 0 | $\frac{3}{8}$ | $\frac{3}{8}$ | 0 | $\frac{1}{8}$ | 0 | 0 | $\frac{1}{8}$ |

于是

$$E(XY)=(1\times0)\times0+(1\times1)\times\frac{3}{8}+(1\times2)\times\frac{3}{8}+(1\times3)\times0+$$
$$(3\times0)\times\frac{1}{8}+(3\times1)\times0+(3\times2)\times0+(3\times3)\times\frac{1}{8}=\frac{9}{4}$$

**【例 4.8】** 设$(X,Y)$的联合概率密度是

$$f(x,y)=\begin{cases}8xy & 0\leqslant x\leqslant y\leqslant 1\\ 0 & 其他\end{cases}$$

求$E(X)$，$E(Y)$，$E(XY)$.

**想一想**：例 4.8 中求$E(X)$、$E(Y)$还有其他解法吗？与题目中的解法的本质区别在于什么？（本思考题应与例 3.8 的拓展题相比较）

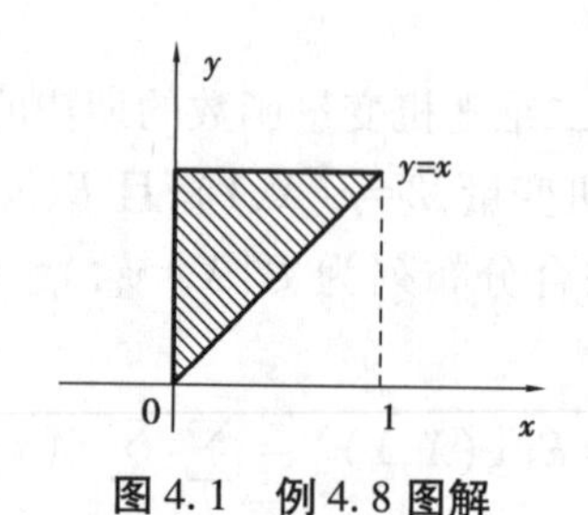


图 4.1　例 4.8 图解

**解**　先画出概率密度非零区域的取值范围，如图 4.1 阴影部分，于是

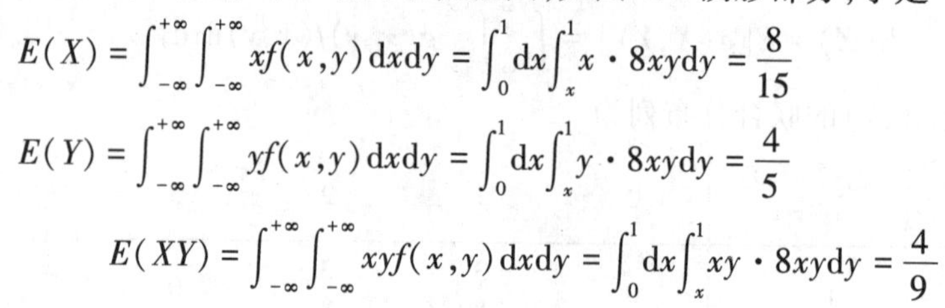

$$E(X)=\int_{-\infty}^{+\infty}\int_{-\infty}^{+\infty}xf(x,y)\,\mathrm{d}x\mathrm{d}y=\int_0^1\mathrm{d}x\int_x^1 x\cdot 8xy\mathrm{d}y=\frac{8}{15}$$

$$E(Y)=\int_{-\infty}^{+\infty}\int_{-\infty}^{+\infty}yf(x,y)\,\mathrm{d}x\mathrm{d}y=\int_0^1\mathrm{d}x\int_x^1 y\cdot 8xy\mathrm{d}y=\frac{4}{5}$$

$$E(XY)=\int_{-\infty}^{+\infty}\int_{-\infty}^{+\infty}xyf(x,y)\,\mathrm{d}x\mathrm{d}y=\int_0^1\mathrm{d}x\int_x^1 xy\cdot 8xy\mathrm{d}y=\frac{4}{9}$$

### 4.2.3　期望的性质

根据定理 1 和定理 2，可以证明期望的几个重要性质，以下假设有关的期望都是存在的.

**性质 1**　$E(C)=C$，其中$C$是常数.

**性质 2**　对任意常数$a$和$b$，有$E(aX+bY)=aE(X)+bE(Y)$

**注**　这个性质可推广到有限个随机变量之和的情形.

**性质 3**　若$X,Y$相互独立，则$E(XY)=E(X)E(Y)$

以上性质，只对性质 3 的连续型进行证明，其他留给读者自行证明.

**证**　设$(X,Y)$的联合概率密度是$f(x,y)$，其边缘概率密度分别是$f_X(x)$和$f_Y(y)$，则

$$E(XY)=\int_{-\infty}^{+\infty}\int_{-\infty}^{+\infty}xyf(x,y)\,\mathrm{d}x\mathrm{d}y$$

因为 $X,Y$ 相互独立,$f(x,y)=f_X(x)f_Y(y)$,所以有

$$E(XY)=\int_{-\infty}^{+\infty}\int_{-\infty}^{+\infty}xyf_X(x)f_Y(y)\,\mathrm{d}x\mathrm{d}y=\int_{-\infty}^{+\infty}xf_X(x)\,\mathrm{d}x\int_{-\infty}^{+\infty}yf_Y(y)\,\mathrm{d}y=E(X)E(Y)$$

**注** 由 $E(XY)=E(X)E(Y)$ 不一定能推出 $X,Y$ 相互独立.

例如在例 4.7 中,已经计算得 $E(XY)=E(X)E(Y)=\dfrac{9}{4}$,但 $P(X=1,Y=0)=0$,$P(X=1)=\dfrac{3}{4}$,$P(Y=0)=\dfrac{1}{8}$,显然

$$P(X=1,Y=0)\neq P(X=1)\cdot P(Y=0)$$

故 $X,Y$ 不相互独立.

**【例 4.9】** 对例 4.7 中的随机变量 $X$ 和 $Y$,利用期望的性质求 $E(2X)$,$E(X+Y)$.

**解**

$$E(2X)=2E(X)=2\times\frac{3}{2}=3$$

$$E(X+Y)=E(X)+E(Y)=\frac{3}{2}+\frac{3}{2}=3$$

利用期望的性质来求随机变量函数的期望,不失为一种简便方法.

## 4.3 方差

随机变量的期望是对随机变量取值水平的综合评价. 方差是另一个十分重要的数字特征,用它来度量随机变量取值在其均值附近的平均偏离程度,以此来判断随机变量取值的稳定性.

我们从下面例子引入方差的定义.

**【例 4.10】** 甲、乙两名射击手进行射击比赛,设他们中靶环数分别为 $X,Y$,其分布列为

| $X$ | 6 | 7 | 8 |
|---|---|---|---|
| $P$ | 0.1 | 0.8 | 0.1 |

| $Y$ | 3 | 5 | 6 | 9 | 10 |
|---|---|---|---|---|---|
| $P$ | 0.1 | 0.1 | 0.4 | 0.2 | 0.2 |

容易求得,$E(X)=E(Y)=7$. 单从平均命中环数来看,甲、乙两人射击水平是一样好. 但是,如果考虑随机变量取值的集中程度,显然 $X$ 的取值比 $Y$ 的取值更集中,那么我们觉得甲的射击稳定性要比乙好. 因此,仅从数学期望来评价是不够的,还要寻找反映随机变量取值集中程度的数字特征.

设随机变量 $X$ 的期望是 $E(X)$,偏离量 $X-E(X)$ 本身也是随机的,为了刻画偏离程度的大小,不能使用 $X-E(X)$ 的期望,因为其值一定为零,即正负偏离抵消了. 为了避免正负彼此抵消,可以使用 $E[|X-E(X)|]$ 作为描述 $X$ 取值分散程度的数字特征,称之为 $X$ 的平均绝对差. 由于绝对值运算存有许多不便之处,因此常用 $[X-E(X)]^2$ 的平均值来度量 $X$ 与 $E(X)$ 的偏离程度,这个平均值就是方差.

### 4.3.1 方差的定义

**定义 3** 设 $X$ 为一个随机变量，若 $E[X-E(X)]^2$ 存在，则称之为 $X$ 的**方差**，记作 $D(X)$，即

$$D(X)=E[X-E(X)]^2 \tag{4.7}$$

方差的算术平方根 $\sqrt{D(X)}$ 称为**标准差**或**均方差**. 它与 $X$ 具有相同的度量单位，在实际应用中经常使用.

从方差的定义中易见：若 $X$ 的取值比较集中，则方差较小；若 $X$ 的取值比较分散，则方差较大.

### 4.3.2 方差的计算

(1) 设 $X$ 是离散型随机变量，其分布列 $P(X=x_i)=p_i, i=1,2,\cdots$，则

$$D(X)=\sum_{i=1}^{\infty}[x_i-E(X)]^2 p_i \tag{4.8}$$

(2) 设 $X$ 是连续型随机变量，概率密度为 $f(x)$，则

$$D(X)=\int_{-\infty}^{+\infty}[x-E(X)]^2 f(x)\,\mathrm{d}x \tag{4.9}$$

由期望的性质，易得计算方差的一个**简化公式**

$$D(X)=E(X^2)-[E(X)]^2 \tag{4.10}$$

**证** 因为 $D(X)=E[X-E(X)]^2$，而

$$\begin{aligned}E[X-E(X)]^2&=E[X^2-2X\cdot E(X)+E^2(X)]\\&=E(X^2)-2E(X)\cdot E(X)+[E(X)]^2\\&=E(X^2)-[E(X)]^2\end{aligned}$$

所以，$D(X)=E(X^2)-[E(X)]^2$.

**【例 4.11】** 某人有一笔资金准备投资房产和股市，其收益都与市场状态有关. 通过调查，该投资者认为投资房产的收益 $X$(万元)和投资股市的收益 $Y$(万元)的分布列分别为

| $X$ | -3 | 3 | 11 |
| --- | --- | --- | --- |
| $P$ | 0.1 | 0.7 | 0.2 |

| $Y$ | -1 | 4 | 6 |
| --- | --- | --- | --- |
| $P$ | 0.1 | 0.7 | 0.2 |

问该投资者如何投资为好？

**解** 先计算平均收益(期望)

$$E(X)=(-3)\times 0.1+3\times 0.7+11\times 0.2=4(\text{万元})$$

$$E(Y)=(-1)\times 0.1+4\times 0.7+6\times 0.2=3.9(\text{万元})$$

从平均收益看，投资房产比投资股市划算，多收益 0.1 万元. 下面再来计算各自的方差.

$$E(X^2)=(-3)^2\times 0.1+3^2\times 0.7+11^2\times 0.2=31.4$$

$$D(X)=E(X^2)-[E(X)]^2=31.4-4^2=15.4$$

$$E(Y^2)=(-1)^2\times 0.1+4^2\times 0.7+6^2\times 0.2=18.5$$

$$D(Y)=E(Y^2)-[E(Y)]^2=18.5-3.9^2=3.29$$

可以看到,投资房产的方差比投资股市大. 方差越大,收益的波动越大,从而风险也就越大. 投资股市平均收益比投资房产仅少0.1万元,而风险要小得多. 因此,该投资者还是选择股市投资为好.

### 4.3.3 常见分布的方差

**1)0-1 分布**

设随机变量 $X \sim B(1,p)$, $X$ 的分布列为

| $X$ | 0 | 1 |
|---|---|---|
| $P$ | $1-p$ | $p$ |

$$E(X)=p, E(X^2)=0^2\times(1-p)+1^2\times p=p$$

故 $D(X)=E(X^2)-[E(X)]^2=p-p^2=p(1-p)$

**2)二项分布**

设随机变量 $X \sim B(n,p)$, $X$ 的分布列为

$$P\{X=k\}=C_n^k p^k(1-p)^{n-k}, k=0,1,2,\cdots,n$$

$E(X)=np$,而

$$E(X^2)=\sum_{k=0}^{n} k^2 C_n^k p^k(1-p)^{n-k}=np\sum_{k=1}^{n} k\cdot\frac{(n-1)!}{(k-1)!\,(n-k)!}p^{k-1}(1-p)^{n-k}$$

$$=np\left[\sum_{k=1}^{n}(k-1)\frac{(n-1)!}{(k-1)!\,(n-k)!}p^{k-1}(1-p)^{n-k}+\sum_{k=1}^{n}\frac{(n-1)!}{(k-1)!\,(n-k)!}p^{k-1}(1-p)^{n-k}\right]$$

$$=np[(n-1)p+1]$$

故 $D(X)=E(X^2)-[E(X)]^2=np[(n-1)p+1]-(np)^2=np(1-p)$

**3)泊松分布**

设随机变量 $X \sim P(\lambda)$, $X$ 的分布列为

$$P\{X=k\}=\frac{\lambda^k}{k!}e^{-\lambda}, k=0,1,2,\cdots$$

$E(X)=\lambda$,而

$$E(X^2)=\sum_{k=0}^{\infty} k^2\frac{\lambda^k}{k!}e^{-\lambda}=\sum_{k=1}^{\infty} k\frac{\lambda^k}{(k-1)!}e^{-\lambda}$$

$$=\sum_{k=2}^{\infty}(k-1)\frac{\lambda^k}{(k-1)!}e^{-\lambda}+\sum_{k=1}^{\infty}\frac{\lambda^k}{(k-1)!}e^{-\lambda}=\lambda^2+\lambda$$

故 $D(X)=E(X^2)-[E(X)]^2=\lambda^2+\lambda-\lambda^2=\lambda$

**4)均匀分布**

设随机变量 $X \sim U[a,b]$,概率密度为

$$f(x)=\begin{cases}\dfrac{1}{b-a} & a \leqslant x \leqslant b \\ 0 & 其他\end{cases}$$

$E(X)=\dfrac{a+b}{2}$,而

$$E(X^2)=\int_{-\infty}^{+\infty} x^2 f(x)\,\mathrm{d}x=\int_a^b x^2 \frac{1}{b-a}\mathrm{d}x=\frac{1}{b-a}\cdot\frac{b^3-a^3}{3}$$
$$=\frac{b^2+ab+a^2}{3}$$

故 $D(X)=E(X^2)-[E(X)]^2=\dfrac{b^2+ab+a^2}{3}-\left(\dfrac{a+b}{2}\right)^2=\dfrac{(b-a)^2}{12}$

5)**指数分布**

设随机变量 $X \sim E(\lambda)$,概率密度为

$$f(x)=\begin{cases}\lambda \mathrm{e}^{-\lambda x} & x \geqslant 0 \\ 0 & x<0\end{cases}$$

$E(X)=\dfrac{1}{\lambda}$,而

$$E(X^2)=\int_{-\infty}^{+\infty} x^2 f(x)\,\mathrm{d}x=\int_0^{+\infty} x^2\cdot\lambda \mathrm{e}^{-\lambda x}\mathrm{d}x=-\int_0^{+\infty} x^2\,\mathrm{d}\mathrm{e}^{-\lambda x}$$
$$=-x^2\mathrm{e}^{-\lambda x}\Big|_0^{+\infty}+2\int_0^{+\infty} x\cdot \mathrm{e}^{-\lambda x}\mathrm{d}x=\frac{2}{\lambda^2}$$

故 $D(X)=E(X^2)-[E(X)]^2=\dfrac{2}{\lambda^2}-\dfrac{1}{\lambda^2}=\dfrac{1}{\lambda^2}$

可以看到,期望和方差的大小总是同向变化,用经济学的术语来说,就是高回报意味着高风险,低回报意味着低风险.

## 4.3.4 方差的性质

**性质4** $D(C)=0$,其中 $C$ 是常数.

由方差的简化公式,性质4显然成立. 此性质也表明常数的方差为零. 直观地讲,常数与其期望没有任何偏离,所以方差为零.

**性质5** 若 $k$ 是常数,则 $D(kX)=k^2D(X)$

**证** 根据方差简化公式得

$$D(kX)=E[(kX)^2]-[E(kX)]^2=k^2E(X^2)-k^2[E(X)]^2$$
$$=k^2\{E(X^2)-[E(X)]^2\}=k^2D(X)$$

**性质6** $D(X+C)=D(X)$,其中 $C$ 是常数.

**证** 根据方差简化公式得

$$D(X+C)=E[(X+C)^2]-[E(X+C)]^2$$
$$=E(X^2)+2C\cdot E(X)+C^2-[E(X)]^2-2C\cdot E(X)-C^2$$
$$=D(X)$$

**性质7** $D(X\pm Y)=D(X)+D(Y)\pm 2[E(XY)-E(X)\cdot E(Y)]$

**证** $D(X+Y)=E[X+Y-E(X+Y)]^2=E\{[X-E(X)]+[Y-E(Y)]\}^2$

$$=E\{[X-E(X)]^2+[Y-E(Y)]^2+2[X-E(X)][Y-E(Y)]\}$$
$$=E[X-E(X)]^2+E[Y-E(Y)]^2+2E\{[X-E(X)][Y-E(Y)]\}$$
$$=D(X)+D(Y)+2E\{[X-E(X)][Y-E(Y)]\}$$

而 $E\{[X-E(X)][Y-E(Y)]\}=E[XY-YE(X)-XE(Y)+E(X)E(Y)]$

$$=E(XY)-E(X)E(Y)$$

所以 $D(X+Y)=D(X)+D(Y)+2[E(XY)-E(X)\cdot E(Y)]$

同理可证 $D(X-Y)=D(X)+D(Y)-2[E(XY)-E(X)\cdot E(Y)]$

特别地,当 $X$ 和 $Y$ 相互独立时,有 $E(XY)=E(X)E(Y)$,所以

$$E\{[X-E(X)][Y-E(Y)]\}=0$$

此时,$D(X\pm Y)=D(X)+D(Y)$

**注** 对 $n$ 维情形,若 $X_1,X_2,\cdots,X_n$ 两两独立,则

$$D\left[\sum_{i=1}^{n}X_i\right]=\sum_{i=1}^{n}D(X_i),D\left[\sum_{i=1}^{n}k_iX_i\right]=\sum_{i=1}^{n}k_i^2D(X_i)$$

**【例4.12】** 设随机变量 $X$ 具有期望 $E(X)=\mu$,方差 $D(X)=\sigma^2\neq 0$,称

$$X^*=\frac{X-\mu}{\sigma}$$

为 $X$ 的**标准化变量**. 且有

$$E(X^*)=E\left(\frac{X-\mu}{\sigma}\right)=\frac{1}{\sigma}E(X-\mu)=0$$

$$D(X^*)=D\left(\frac{X-\mu}{\sigma}\right)=\frac{1}{\sigma^2}D(X-\mu)=\frac{1}{\sigma^2}D(X)=1$$

**【例4.13】** (二项分布)设 $X\sim B(n,p)$,求 $E(X)$ 和 $D(X)$.

**解** 设 $X_i=\begin{cases}1 & \text{如第 } i \text{ 次试验成功}\\ 0 & \text{如第 } i \text{ 次试验失败}\end{cases}$ $i=1,2,\cdots,n$,其分布列为

| $X_i$ | 0 | 1 |
|---|---|---|
| $P$ | $1-p$ | $p$ |

则 $E(X_i)=p$,$D(X_i)=p(1-p)$,又 $X$ 表示 $n$ 重伯努利试验中的成功次数,因此 $X=X_1+X_2+\cdots+X_n$,$X_i$ 相互独立,所以

$$E(X)=E\left(\sum_{i=1}^{n}X_i\right)=\sum_{i=1}^{n}E(X_i)=np$$

$$D(X)=D\left(\sum_{i=1}^{n}X_i\right)=\sum_{i=1}^{n}D(X_i)=np(1-p)$$

与前面求二项分布的期望、方差过程比较,利用性质来求解显然要简单得多.

**【例4.14】(正态分布)** 设 $X\sim N(\mu,\sigma^2)$,求 $E(X)$,$D(X)$.

**解** 先求标准正态变量 $Z=\frac{X-\mu}{\sigma}$ 的数学期望和方差. $Z$ 的概率密度为

$$\varphi(t)=\frac{1}{\sqrt{2\pi}}e^{-\frac{t^2}{2}}$$

于是$E(Z)=\frac{1}{\sqrt{2\pi}}\int_{-\infty}^{+\infty}te^{-\frac{t^2}{2}}dt=\frac{-1}{\sqrt{2\pi}}e^{-\frac{t^2}{2}}\Big|_{-\infty}^{+\infty}=0$

$$D(Z)=E(Z^2)=\frac{1}{\sqrt{2\pi}}\int_{-\infty}^{+\infty}t^2e^{-\frac{t^2}{2}}dt=\frac{-1}{\sqrt{2\pi}}te^{-\frac{t^2}{2}}\Big|_{-\infty}^{+\infty}+\frac{1}{\sqrt{2\pi}}\int_{-\infty}^{+\infty}e^{-\frac{t^2}{2}}dt=1$$

因 $X=\mu+\sigma Z$,所以 $E(X)=E(\mu+\sigma Z)=\mu,D(X)=D(\mu+\sigma Z)=D(\sigma Z)=\sigma^2$.

这就是说,正态分布的概率密度中的两个参数 $\mu,\sigma^2$ 分别就是该分布的期望和方差,因此,正态分布完全可由它的期望和方差所确定.

【例 4.15】 设 $X\sim P(2)$,求 $P(X=E(X^2))$.

**解** 因为 $X\sim P(2)$,则 $E(X)=2,D(X)=2$,又

$$D(X)=E(X^2)-[E(X)]^2$$

故 $E(X^2)=D(X)+[E(X)]^2=2+4=6$

则 $P(X=E(X^2))=P(X=6)=\frac{2^6}{6!}e^{-2}=\frac{4}{45}e^{-2}$

**表 4.1 几种常用分布的期望及方差**

| 分布名称及记号 | 分布列或概率密度 | 期望 | 方差 |
|---|---|---|---|
| 0-1 分布 $B(1,p)$ | $P\{X=k\}=p^k(1-p)^{n-k},k=0,1$ | $p$ | $p(1-p)$ |
| 二项分布 $B(n,p)$ | $P\{X=k\}=C_n^kp^k(1-p)^{n-k},k=0,1,2,\cdots,n$ | $np$ | $np(1-p)$ |
| 泊松分布 $P(\lambda)$ | $P\{X=k\}=\frac{\lambda^k}{k!}e^{-\lambda},k=0,1,2,\cdots$ | $\lambda$ | $\lambda$ |
| 均匀分布 $U[a,b]$ | $f(x)=\begin{cases}\frac{1}{b-a} & a\leqslant x\leqslant b\\ 0 & 其他\end{cases}$ | $\frac{a+b}{2}$ | $\frac{(b-a)^2}{12}$ |
| 指数分布 $E(\lambda)$ | $f(x)=\begin{cases}\lambda e^{-\lambda x} & x\geqslant 0\\ 0 & x<0\end{cases}$ | $\frac{1}{\lambda}$ | $\frac{1}{\lambda^2}$ |
| 正态分布 $N(\mu,\sigma^2)$ | $f(x)=\frac{1}{\sqrt{2\pi}\sigma}e^{-\frac{(x-\mu)^2}{2\sigma^2}}$ | $\mu$ | $\sigma^2$ |

## 4.4 协方差与相关系数

对多维随机变量,随机变量的期望和方差值只反映了各自的平均值与偏离程度,并不能反映随机变量之间的关系. 本节将要讨论的协方差是反映随机变量之间依赖关系的一个数字特征.

在证明方差的性质时已经知道,当 $X$ 和 $Y$ 相互独立时,有

$$E\{[X-E(X)][Y-E(Y)]\}=0$$

反之说明,当 $E\{[X-E(X)][Y-E(Y)]\}\neq 0$ 时,$X$ 和 $Y$ 一定不相互独立. 这说明 $E\{[X-$

$E(X)][Y-E(Y)]\}$在一定程度上反映了随机变量$X$和$Y$之间的关系.

### 4.4.1 协方差的定义

**定义4** 设$(X,Y)$为二维随机变量,若

$$E\{[X-E(X)][Y-E(Y)]\}$$

存在,则称其为随机变量$X$和$Y$的**协方差**,记为$\mathrm{Cov}(X,Y)$,即

$$\mathrm{Cov}(X,Y)=E\{[X-E(X)][Y-E(Y)]\} \tag{4.11}$$

按定义,若$(X,Y)$为离散型随机变量,其分布列为

$$P(X=x_i,Y=y_j)=p_{ij},\quad i,j=1,2,\cdots$$

则

$$\mathrm{Cov}(X,Y)=\sum_{i,j}[x_i-E(X)][y_j-E(Y)]\cdot p_{ij} \tag{4.12}$$

若$(X,Y)$为连续型随机变量,其概率密度为$f(x,y)$,则

$$\mathrm{Cov}(X,Y)=\int_{-\infty}^{+\infty}\int_{-\infty}^{+\infty}[x-E(X)][y-E(Y)]f(x,y)\,\mathrm{d}x\mathrm{d}y \tag{4.13}$$

此外,利用期望的性质,易将协方差的计算化简为

$$\mathrm{Cov}(X,Y)=E(XY)-E(X)E(Y) \tag{4.14}$$

事实上,

$$\begin{aligned}\mathrm{Cov}(X,Y)&=E\{[X-E(X)][Y-E(Y)]\}\\&=E[XY-YE(X)-XE(Y)+E(X)E(Y)]\\&=E(XY)-E(X)E(Y)\end{aligned}$$

当$X$和$Y$相互独立时,有$E(XY)=E(X)E(Y)$,所以$\mathrm{Cov}(X,Y)=0$.

协方差取值可正可负,也可为零.若$X$与$Y$的取值都很大(或很小),比如分别大于(或小于)对应的数学期望,则$[X-E(X)][Y-E(Y)]>0$,从而协方差$\mathrm{Cov}(X,Y)>0$.因此,正的协方差反映了$X$与$Y$有相同方向的变化趋势.同样地,负的协方差反映了$X$与$Y$有相反方向的变化趋势.当然,这里的变化趋势是在平均意义上而言的.

### 4.4.2 协方差的性质

#### 1)协方差的基本性质

(1)$\mathrm{Cov}(X,X)=D(X)$;

(2)$\mathrm{Cov}(X,Y)=\mathrm{Cov}(Y,X)$;

(3)$\mathrm{Cov}(aX,bY)=ab\cdot\mathrm{Cov}(X,Y)$,其中,$a,b$是任意常数;

(4)$\mathrm{Cov}(X_1+X_2,Y)=\mathrm{Cov}(X_1,Y)+\mathrm{Cov}(X_2,Y)$;

(5)$\mathrm{Cov}(X,C)=0$,其中,$C$为任意常数.

#### 2)协方差与方差的一般关系

$$D(X\pm Y)=D(X)+D(Y)\pm 2\mathrm{Cov}(X,Y) \tag{4.15}$$

特别地,当$X$和$Y$相互独立时,有

$$D(X \pm Y) = D(X) + D(Y)$$

【例 4.16】 已知二维离散型随机变量$(X,Y)$的分布列为

| $X$ \ $Y$ | -1 | 0 | 2 |
|---|---|---|---|
| 0 | 0.1 | 0.2 | 0 |
| 1 | 0.3 | 0.05 | 0.1 |
| 2 | 0.15 | 0 | 0.1 |

求 $\mathrm{Cov}(X,Y)$.

**解** 先求$(X,Y)$的边缘分布列

| $X$ \ $Y$ | -1 | 0 | 2 | $p_{i\cdot}$ |
|---|---|---|---|---|
| 0 | 0.1 | 0.2 | 0 | 0.3 |
| 1 | 0.3 | 0.05 | 0.1 | 0.45 |
| 2 | 0.15 | 0 | 0.1 | 0.25 |
| $p_{\cdot j}$ | 0.55 | 0.25 | 0.2 | |

于是有

$$E(X) = 0 \times 0.3 + 1 \times 0.45 + 2 \times 0.25 = 0.95$$
$$E(Y) = -1 \times 0.55 + 0 \times 0.25 + 2 \times 0.2 = -0.15$$

计算得

$$\begin{aligned} E(XY) = & 0 \times (-1) \times 0.1 + 0 \times 0 \times 0.2 + 0 \times 2 \times 0 + \\ & 1 \times (-1) \times 0.3 + 1 \times 0 \times 0.05 + 1 \times 2 \times 0.1 + \\ & 2 \times (-1) \times 0.15 + 2 \times 0 \times 0 + 2 \times 2 \times 0.1 = 0 \end{aligned}$$

所以

$$\mathrm{Cov}(X,Y) = E(XY) - E(X)E(Y) = 0.95 \times 0.15 = 0.142\ 5$$

【例 4.17】 设$(X,Y)$的联合密度函数为

$$f(x,y) = \begin{cases} 6 & x^2 \leqslant y \leqslant x \\ 0 & \text{其他} \end{cases}$$

求 $E(X)$,$E(Y)$,$D(X)$,$D(Y)$,$\mathrm{Cov}(X,Y)$,$D(X-Y)$.

**解** $f(x,y)$的非零区域如图 4.2 所示.

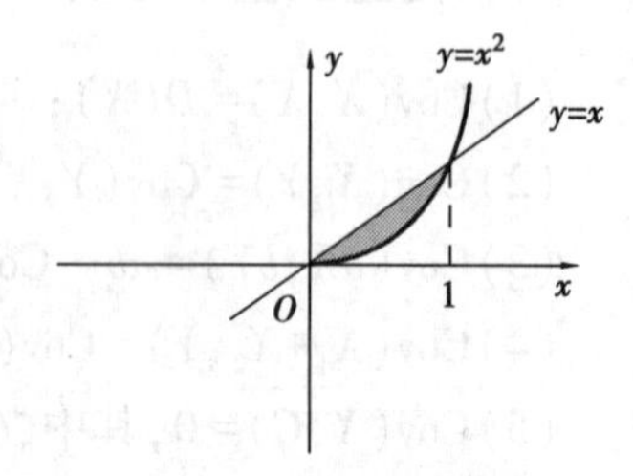


图 4.2 例 4.17 图解

$$E(X) = \int_{-\infty}^{+\infty}\int_{-\infty}^{+\infty} xf(x,y)\,\mathrm{d}x\mathrm{d}y = \int_0^1 x\mathrm{d}x\int_{x^2}^{x} 6\mathrm{d}y = \frac{1}{2}$$

$$E(X^2) = \int_{-\infty}^{+\infty}\int_{-\infty}^{+\infty} x^2 f(x,y)\,\mathrm{d}x\mathrm{d}y = \int_0^1 x^2\mathrm{d}x\int_{x^2}^{x} 6\mathrm{d}y = \frac{3}{10}$$

所以 $D(X)=\dfrac{1}{20}$,同理可得 $E(Y)=\dfrac{2}{5}$,$D(Y)=\dfrac{19}{350}$

$$E(XY) = \int_{-\infty}^{+\infty}\int_{-\infty}^{+\infty} xy \cdot f(x,y)\,\mathrm{d}x\mathrm{d}y = \int_0^1 x\mathrm{d}x\int_{x^2}^{x} 6y\mathrm{d}y = \frac{1}{4}$$

$$\mathrm{Cov}(X,Y) = E(XY) - E(X) \cdot E(Y) = \frac{1}{20}$$

$$D(X-Y)=D(X)+D(Y)-2\mathrm{Cov}(X,Y)=\frac{3}{700}$$

### 4.4.3 相关系数的定义

协方差是对两个随机变量协同变化的度量,其大小在一定程度上反映了 $X$ 和 $Y$ 相互间的关系,但它还受 $X$ 和 $Y$ 本身度量单位的影响. 例如,$kX$ 和 $kY$ 之间的统计关系与 $X$ 和 $Y$ 之间的统计关系应该是一样的,但其协方差却扩大了 $k^2$ 倍,因为

$$\mathrm{Cov}(kX,kY)=k^2\mathrm{Cov}(X,Y)$$

为了避免随机变量因本身度量单位不同而影响它们之间的相互关系的度量,可将每个随机变量标准化,即取

$$X^*=\frac{X-E(X)}{\sqrt{D(X)}},Y^*=\frac{Y-E(Y)}{\sqrt{D(Y)}}$$

并将 $\mathrm{Cov}(X^*,Y^*)$ 作为 $X$ 和 $Y$ 之间相互关系的一种度量,而

$$\mathrm{Cov}(X^*,Y^*)=\frac{\mathrm{Cov}(X,Y)}{\sqrt{D(X)D(Y)}}$$

**定义 5** 设 $(X,Y)$ 为二维随机变量,$D(X)>0$,$D(Y)>0$,称

$$\rho_{XY}=\frac{\mathrm{Cov}(X,Y)}{\sqrt{D(X)D(Y)}}$$

为随机变量 $X$ 和 $Y$ 的**相关系数**,有时也记 $\rho_{XY}$ 为 $\rho$. 特别地,当 $\rho_{XY}=0$ 时,称 $X$ 和 $Y$ 不相关.

### 4.4.4 相关系数的性质

(1) $|\rho_{XY}|\leqslant 1$.

**证** 由方差的性质和协方差的定义知,对任意的实数 $b$,有

$$0\leqslant D(Y-bX)=b^2D(X)+D(Y)-2b\mathrm{Cov}(X,Y)$$

令 $b=\dfrac{\mathrm{Cov}(X,Y)}{D(X)}$,则

$$D(Y-bX)=D(Y)-\frac{[\mathrm{Cov}(X,Y)]^2}{D(X)}=D(Y)\left\{1-\frac{[\mathrm{Cov}(X,Y)]^2}{D(X)D(Y)}\right\}$$
$$=D(Y)(1-\rho_{XY}^2)$$

因为方差总是为正的,故必有 $1-\rho_{XY}^2\geqslant 0$,所以 $|\rho_{XY}|\leqslant 1$.

(2)若 $X$ 和 $Y$ 相互独立,则 $\rho_{XY}=0$,即 $X$ 和 $Y$ 不相关.

(3) $|\rho_{XY}|=1$ 的充要条件是 $X$ 和 $Y$ 几乎处处有线性关系,即存在常数 $a$ 和 $b$,有

$$P(Y=aX+b)=1$$

其中,当 $\rho_{XY}=1$ 时,有 $a>0$;当 $\rho_{XY}=-1$ 时,有 $a<0$.

若 $\rho_{XY}>0$,称 $X$ 和 $Y$ **正相关**,即 $Y$ 随 $X$ 的增大有增大的趋势;若 $\rho_{XY}<0$,称 $X$ 和 $Y$ **负相关**,即 $Y$ 随 $X$ 的增大有减小的趋势.

**注** (1)相关系数 $\rho_{XY}$ 刻画了随机变量 $X$ 和 $Y$ 之间的"线性关系"程度. $|\rho_{XY}|$ 的值越接近 1,$X$ 和 $Y$ 的线性程度越高;$|\rho_{XY}|$ 的值越接近 0,$X$ 和 $Y$ 的线性程度越弱. 当 $|\rho_{XY}|=1$ 时,$Y$

与 $X$ 的变化可完全由 $X$ 的线性函数给出. 当 $\rho_{XY}=0$ 时, $Y$ 与 $X$ 之间不是线性关系.

(2)当 $\rho_{XY}=0$ 时,只说明 $Y$ 与 $X$ 没有线性关系,并不能说明 $Y$ 与 $X$ 没有其他的函数关系,也不能推出 $Y$ 与 $X$ 相互独立.

想一想: $\rho_{XY}=0$ 时,能说明 $X$ 与 $Y$ 没有线性关系,但 $X$ 与 $Y$ 一定没有其他关系吗?

(3)几个重要知识结论总结如下:

若随机变量 $X$ 和 $Y$ 相互独立,则下列 4 条都成立且彼此等价:

①$E(XY)=E(X)E(Y)$;

②$D(X+Y)=D(X)+D(Y)$;

③$\mathrm{Cov}(X,Y)=0$;

④$X$ 和 $Y$ 不相关,即相关系数 $\rho_{XY}=0$.

反之,以上 4 条的某一条成立,不一定能推出 $X$ 和 $Y$ 相互独立.

【例 4.18】 设 $(X,Y)$ 的联合分布列为

| $X$ \ $Y$ | $-2$ | $-1$ | $1$ | $2$ |
|---|---|---|---|---|
| 1 | 0 | $\frac{1}{4}$ | $\frac{1}{4}$ | 0 |
| 4 | $\frac{1}{4}$ | 0 | 0 | $\frac{1}{4}$ |

易知 $E(X)=\frac{5}{2}$, $E(Y)=0$, $E(XY)=0$, 于是 $\rho_{XY}=0$, $X$ 和 $Y$ 不相关. 这表示 $X$ 和 $Y$ 不存在线性关系. 又

$$P\{X=1,Y=-2\}=0\neq P\{X=1\}P\{Y=-2\}$$

故 $X$ 和 $Y$ 不是相互独立的.

### 4.4.5 二维正态分布的数字特征

二维正态分布是重要的二维连续型分布之一,由第 3 章定理 6 可知,若 $(X,Y)\sim N(\mu_1,\mu_2,\sigma_1^2,\sigma_2^2,\rho)$, 则 $X\sim N(\mu_1,\sigma_1^2)$, $Y\sim N(\mu_2,\sigma_2^2)$. 即 $\mu_1,\sigma_1^2$ 分别是随机变量 $X$ 的数学期望与方差, $\mu_2,\sigma_2^2$ 分别是随机变量 $Y$ 的数学期望与方差,这样就清楚了二维正态分布 $N(\mu_1,\mu_2,\sigma_1^2,\sigma_2^2,\rho)$ 前 4 个参数的含义. 那么,第 5 个参数 $\rho$ 的含义是什么?

**定理 3** 若 $(X,Y)\sim N(\mu_1,\mu_2,\sigma_1^2,\sigma_2^2,\rho)$, 则其中的参数 $\rho$ 即为 $X,Y$ 的相关系数 $\rho_{XY}$.

**证** 由相关系数的定义

$$\rho_{XY}=\frac{\mathrm{Cov}(X,Y)}{\sqrt{D(X)D(Y)}}=\frac{E[(X-\mu_1)(Y-\mu_2)]}{\sigma_1\sigma_2}=E\left[\frac{(X-\mu_1)(Y-\mu_2)}{\sigma_1\sigma_2}\right]$$

$$=\int_{-\infty}^{+\infty}\int_{-\infty}^{+\infty}\frac{(x-\mu_1)(y-\mu_2)}{\sigma_1\sigma_2}f(x,y)\,\mathrm{d}x\mathrm{d}y$$

作变量代换 $\begin{cases} s=\dfrac{x-\mu_1}{\sigma_1} \\ t=\dfrac{y-\mu_2}{\sigma_2} \end{cases}$, 注意到 $\mathrm{d}x\mathrm{d}y=\sigma_1\sigma_2\mathrm{d}s\mathrm{d}t$, 有

$$\rho_{XY}=\frac{1}{2\pi\sqrt{1-\rho^2}}\int_{-\infty}^{+\infty}\int_{-\infty}^{+\infty}s\cdot t\cdot \mathrm{e}^{-\frac{s^2-2\rho st+t^2}{2(1-\rho^2)}}\mathrm{d}s\mathrm{d}t=\frac{1}{2\pi\sqrt{1-\rho^2}}\int_{-\infty}^{+\infty}s\mathrm{d}s\int_{-\infty}^{+\infty}t\cdot \mathrm{e}^{-\frac{s^2-2\rho st+t^2}{2(1-\rho^2)}}\mathrm{d}t$$

$$=\frac{1}{\sqrt{2\pi}}\int_{-\infty}^{+\infty}s\mathrm{d}s\int_{-\infty}^{+\infty}\frac{1}{\sqrt{2\pi}\sqrt{1-\rho^2}}t\cdot \mathrm{e}^{-\frac{s^2-2\rho st+t^2}{2(1-\rho^2)}}\mathrm{d}t$$

$$=\rho\frac{1}{\sqrt{2\pi}}\int_{-\infty}^{+\infty}s^2\cdot \mathrm{e}^{-\frac{s^2}{2}}\mathrm{d}s=\rho$$

**定理 4** 若 $(X,Y)\sim N(\mu_1,\mu_2,\sigma_1^2,\sigma_2^2,\rho)$，则 $X$ 和 $Y$ 相互独立的充要条件是相关系数 $\rho_{XY}=0$.

**证** 必要性已证，只需证充分性. 若 $X$ 和 $Y$ 不相关，即相关系数 $\rho_{XY}=0$，此时的二维联合概率密度为

$$f(x,y)=\frac{1}{2\pi\sigma_1\sigma_2}\mathrm{e}^{-\frac{1}{2}\left[\frac{(x-\mu_1)^2}{\sigma_1^2}+\frac{(y-\mu_2)^2}{\sigma_2^2}\right]}=\frac{1}{\sqrt{2\pi}\sigma_1}\mathrm{e}^{-\frac{(x-\mu_1)^2}{2\sigma_1^2}}\cdot\frac{1}{\sqrt{2\pi}\sigma_2}\mathrm{e}^{-\frac{(y-\mu_2)^2}{2\sigma_2^2}}$$

$$=f_X(x)\cdot f_Y(y)$$

则 $X$ 和 $Y$ 相互独立.

上述定理表明，一般来说 $X$ 和 $Y$ 不相关，不能推出 $X$ 和 $Y$ 相互独立，但对于二维正态随机变量 $(X,Y)$，$X$ 和 $Y$ 不相关与相互独立是等价的.

### 4.4.6 相互独立的一维正态变量的线性组合

一般地，我们有以下结论，它推广了第 2 章性质 6.

**定理 5** 若 $X\sim N(\mu_1,\sigma_1^2)$，$Y\sim N(\mu_2,\sigma_2^2)$，且 $X$ 与 $Y$ 相互独立，则

$$X+Y\sim N(\mu_1+\mu_2,\sigma_1^2+\sigma_2^2)$$

**推论 1** 若 $X_1,X_2,\cdots,X_n$ 相互独立，且 $X_i\sim N(\mu_i,\sigma_i^2)$，$i=1,2,\cdots,n$，则对于任意不全为零的常数 $c_1,c_2,\cdots,c_n$，有

$$\sum_{i=1}^{n}c_iX_i+c\sim N\left(\sum_{i=1}^{n}c_i\mu_i+c,\sum_{i=1}^{n}c_i^2\sigma_i^2\right)$$

亦即相互独立的正态变量的线性组合仍然服从正态分布.

特别地，还有如下结论成立：

**推论 2** 若 $X_1,X_2,\cdots,X_n$ 相互独立并且都服从 $N(\mu,\sigma^2)$，记 $\overline{X}=\frac{1}{n}\sum_{i=1}^{n}X_i$，则

$$\overline{X}\sim N\left(\mu,\frac{\sigma^2}{n}\right)\text{或}\frac{\overline{X}-\mu}{\frac{\sigma}{\sqrt{n}}}\sim N(0,1)$$

## 4.5 随机变量的其他数字特征

随机变量的数字特征有许多，每个数字特征都从一个侧面反映了随机变量的取值情况，除期望、方差、协方差、相关系数之外，本节再介绍矩和分位数，它们在数理统计中也有着十

分重要的应用.

## 4.5.1 矩

**定义6** 设 $X$ 是随机变量,若

$$\mu_k = E(X^k),k = 1,2,\cdots$$

存在,称它为 $X$ 的 $k$ 阶**原点矩**,简称 $k$ 阶**矩**;若

$$\nu_k = E[X - E(X)]^k,k = 1,2,\cdots$$

存在,称它为 $X$ 的 $k$ 阶**中心矩**;若

$$\omega_k = E\{[X - E(X)]^k[Y - E(Y)]^l\},k,l = 1,2,\cdots$$

存在,称它为 $X,Y$ 的 $k+l$ 阶**混合中心矩**.

**注** 由定义可见:

①$X$ 的期望 $E(X)$ 是 $X$ 的一阶原点矩;

②$X$ 的方差 $D(X)$ 是 $X$ 的二阶中心矩;

③协方差 $\mathrm{Cov}(X,Y)$ 是 $X$ 和 $Y$ 二阶混合中心矩.

**【例 4.19】** 设随机变量 $X$ 的概率密度为

$$f(x)=\begin{cases}0.5x & 0<x<2\\ 0 & \text{其他}\end{cases}$$

求随机变量 $X$ 的 1 至 2 阶原点矩和中心矩.

**解** $X$ 的 1 阶原点矩即是 $E(X) = \int_0^2 0.5x^2\mathrm{d}x = \dfrac{4}{3}$

$X$ 的 2 阶原点矩是 $E(X^2) = \int_0^2 0.5x^3\mathrm{d}x = 2$

$X$ 的 1 阶中心矩是 $E(X - E(X)) = E(X) - E(X) = 0$

$X$ 的 2 阶中心矩是 $D(X) = E(X^2) - [E(X)]^2 = 2 - \dfrac{16}{9} = \dfrac{2}{9}$

## 4.5.2 分位数

**定义7** 设连续型随机变量 $X$ 的分布函数为 $F(x)$,概率密度为 $f(x)$,对于任意给定的 $0<\alpha<1$,若实数 $x_\alpha$ 满足

$$F(x_\alpha) = P\{X \leqslant x_\alpha\} = \int_{-\infty}^{x_\alpha} f(x)\mathrm{d}x = \alpha$$

则称 $x_\alpha$ 为该分布的水平 $\alpha$ 的**下侧分位数**. 若实数 $x_\alpha$ 满足

$$P\{X > x_\alpha\} = \int_{x_\alpha}^{+\infty} f(x)\mathrm{d}x = \alpha$$

则称 $x_\alpha$ 为该分布的水平 $\alpha$ 的**上侧分位数**. 若实数 $x_\alpha$ 满足

$$P\{|X| > x_\alpha\} = \alpha$$

则称 $x_\alpha$ 为该分布的水平 $\alpha$ 的**双侧分位数**.

如图 4.3 所示,在下侧分位数 $x_\alpha$ 左侧阴影部分的面积刚好等于 $\alpha$. 特别地,当 $\alpha=0.5$ 时,称 $x_{0.5}$ 为该分布的**中位数**.

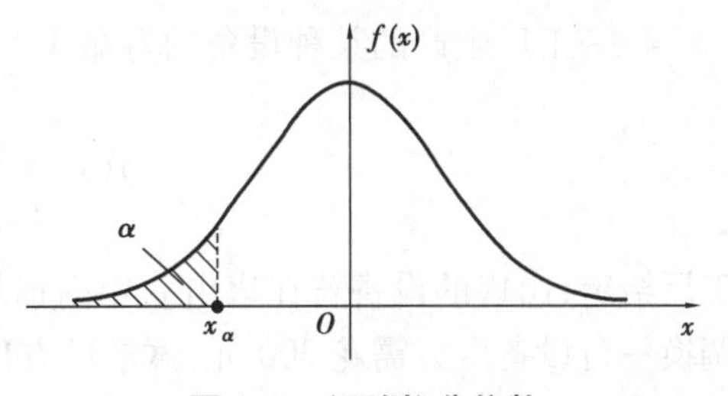

图 4.3 (下侧)分位数

由水平 $\alpha$ 的下侧分位数的定义,立即得到标准正态分布的下侧分位数. 如果 $X\sim N(0,1)$,那么对任意给定的 $0<\alpha<1$,满足条件

$$\Phi(u_\alpha)=P\{X\leqslant u_\alpha\}=\alpha$$

$u_\alpha$ 是**标准正态分布的 $\alpha$ 下侧分位数**. 注意到标准正态分布的概率密度是偶函数,我们得到

**性质 8** 对于任意给定的 $0<\alpha<1$,标准正态分布的下侧分位数 $u_\alpha$ 满足

$$u_\alpha=-u_{1-\alpha}$$

利用标准正态分布函数表(附表 2),可以查得下侧分位数. 例如,$\Phi(1.96)=0.975$,故 $u_{0.975}=1.96$,$u_{0.025}=-1.96$.

如果 $X\sim N(\mu,\sigma^2)$,那么 $\dfrac{X-\mu}{\sigma}\sim N(0,1)$. 对任意给定的 $0<\alpha<1$,由下侧分位数的定义 $P\{X\leqslant x_\alpha\}=\alpha$,即

$$P\left\{\frac{X-\mu}{\sigma}\leqslant\frac{x_\alpha-\mu}{\sigma}\right\}=\alpha=\Phi\left(\frac{x_\alpha-\mu}{\sigma}\right)$$

所以 $u_\alpha=\dfrac{x_\alpha-\mu}{\sigma}$,从而若 $X\sim N(\mu,\sigma^2)$,则其水平 $\alpha$ 的下侧分位数为

$$x_\alpha=\mu+\sigma u_\alpha$$

例如,若 $X\sim N(1,9)$,则其水平 0.2 的下侧分位数为

$$x_{0.2}=1+3u_{0.2}=1+3\times(-0.84)=-1.52$$

# 习题 4

习题 4 参考答案

(A)

1. 设某地区一个月内发生重大交通事故次数 $X$ 的分布列为

| $X$ | 0 | 1 | 2 | 3 | 4 | 5 |
|---|---|---|---|---|---|---|
| $P$ | 0.3 | 0.3 | 0.2 | 0.1 | 0.02 | 0.08 |

求该地区这个月内发生交通事故的月平均次数.

2. 设离散型随机变量 $X$ 的分布列为

| $X$ | 0 | 1 | 2 | 4 |
|---|---|---|---|---|
| $P$ | 0.4 | 0.3 | $x$ | $y$ |

且已知 $E(X)=1$,求 $x,y$ 的值.

3. 已知甲,乙两箱中装有同种产品,其中甲箱中装有 3 件合格品和 3 件次品,乙箱中仅有 3 件合格品. 从甲箱中任取 3 件产品放入乙箱后,试求乙箱中次品数 $X$ 的数学期望.

4. 一工厂生产的某种设备的寿命 $X$（以年计）服从指数分布，概率密度为

$$f(x)=\begin{cases}\dfrac{1}{4}e^{-\frac{1}{4}x} & x>0\\ 0 & x<0\end{cases}$$

工厂给定，出售的设备若在售出一年内损坏可予以调换. 若工厂售出一台设备赢利 100 元，调换一台设备厂方需花 300 元. 试求厂方出售一台设备净赢利的期望.

5. 设连续型随机变量 $X$ 的概率密度为

$$f(x)=\begin{cases}kx^{\alpha} & 0<x<1\\ 0 & \text{其他}\end{cases}$$

其中，$k,\alpha>0$，又已知 $E(X)=0.75$，求 $k,\alpha$ 的值.

6. 设随机变量 $X$ 的分布列为

| $X$ | −2 | 0 | 2 |
|---|---|---|---|
| $P$ | 0.4 | 0.3 | 0.3 |

求 $E(X)$，$E(X^2)$，$E(3X^2+5)$.

7. 设随机变量 $X$ 的概率密度为

$$f(x)=\begin{cases}e^{-x} & x>0\\ 0 & x\leqslant 0\end{cases}$$

(1) 求 $Y=2X$ 的期望；(2) 求 $Y=e^{-2X}$ 的期望.

8. 设随机变量 $X\sim f(x)=\begin{cases}2x & 0<x\leqslant 1\\ 0 & \text{其他}\end{cases}$，求 $E(X)$，$D(X)$.

9. 设随机变量 $X\sim f(x)=\begin{cases}ax+b & 0<x<1\\ 0 & \text{其他}\end{cases}$，且 $E(X)=0.6$，求常数 $a,b$.

10. 设二维随机变量 $(X,Y)$ 的联合分布列为

| $X$ \ $Y$ | 0 | 1 | 2 |
|---|---|---|---|
| 1 | 0.2 | 0.1 | 0.4 |
| 2 | 0.1 | 0.2 | 0 |

(1) 求 $E(X)$，$E(Y)$，$E(XY)$. (2) 设 $Z=(X-Y)^2$，求 $E(Z)$.

11. 设二维随机变量 $(X,Y)$ 的概率密度为

$$f(x,y)=\begin{cases}12y^2 & 0\leqslant y\leqslant x\leqslant 1\\ 0 & \text{其他}\end{cases}$$

求 $E(X)$，$E(Y)$，$E(XY)$，$E(X^2+Y^2)$.

12. 某车间生产的圆盘直径在区间 $[a,b]$ 上服从均匀分布，求圆盘面积的期望.

13. 设甲、乙两家手表厂生产的手表走时误差（单位：秒）分别为 $X$ 和 $Y$，其分布列分别为

| $X$ | −1 | 0 | 1 |
|---|---|---|---|
| $P$ | 0.1 | 0.8 | 0.1 |

| $Y$ | −2 | −1 | 0 | 1 | 2 |
|---|---|---|---|---|---|
| $P$ | 0.2 | 0.2 | 0.2 | 0.2 | 0.2 |

试问哪家手表厂生产的手表质量较好？

14. 设随机变量 $X$ 服从泊松分布,且

$$3P\{X=1\}+2P\{X=2\}=4P\{X=0\}$$

求 $X$ 的期望与方差.

15. 从学校乘汽车到火车站的途中有 3 个交通岗,假设在各交通岗是否遇到红灯是相互独立的,其概率均为 0.4,求途中遇到红灯次数的方差.

16. 设二维随机变量 $(X,Y)\sim f(x,y)=\begin{cases}\dfrac{1}{2} & 0<x<1,0<y<2\\ 0 & \text{其他}\end{cases}$,求:(1) $E(X)$,$E(Y)$;(2) $D(X)$,$D(Y)$.

17. 设 $X$ 服从参数为 2 的泊松分布,$Y=3X-2$,试求 $E(Y)$,$D(Y)$.

18. 设随机变量 $X$ 的方差 $D(X)=16$,随机变量 $Y$ 的方差 $D(Y)=25$,又 $X$ 与 $Y$ 的相关系数 $\rho_{XY}=0.5$,求 $D(X+Y)$ 与 $D(X-Y)$.

19. 设 100 件产品中的一、二、三等品率分别为 0.8,0.1 和 0.1. 现从中随机地取 1 件,并记

$$X_i=\begin{cases}1 & \text{取得 } i \text{ 等品}\\ 0 & \text{其他}\end{cases},i=1,2,3$$

求 $\rho_{X_1X_2}$.

20. 设二维离散型随机变量 $(X,Y)$ 的分布列为

| $X$ \ $Y$ | $-1$ | $0$ | $1$ |
|---|---|---|---|
| $-1$ | $\frac{1}{8}$ | $\frac{1}{8}$ | $\frac{1}{8}$ |
| $0$ | $\frac{1}{8}$ | $0$ | $\frac{1}{8}$ |
| $1$ | $\frac{1}{8}$ | $\frac{1}{8}$ | $\frac{1}{8}$ |

试验证 $X$ 和 $Y$ 是不相关的,且 $X$ 和 $Y$ 不相互独立.

21. 设随机变量 $(X,Y)$ 的概率密度为

$$(X,Y)\sim f(x,y)=\begin{cases}\dfrac{1}{\pi} & x^2+y^2\leqslant 1\\ 0 & \text{其他}\end{cases}$$

试验证 $X$ 和 $Y$ 是不相关的,且 $X$ 和 $Y$ 不相互独立.

22. 设随机变量 $X\sim f(x)=\begin{cases}x & 0<x\leqslant 1\\ 2-x & 1<x\leqslant 2\\ 0 & \text{其他}\end{cases}$,求 $X$ 的 $k$ 阶原点矩.

23. 设随机变量 $X\sim N(10,9)$,求 $x_{0.1}$ 和 $x_{0.9}$.

(B)

**一、填空题**

1. 某种产品共有 10 件,其中有次品 3 件,现从中一次性任取 3 件,设取出的 3 件产品中

次品数为 $X$,则 $E(X)=$ ________.

2. 设 $X$ 的概率密度为 $f(x)=\begin{cases}\frac{1}{10}e^{-\frac{x}{10}} & x>0\\ 0 & x\leqslant 0\end{cases}$,则 $E(2X+1)=$ ________.

3. 设 $X$ 表示 10 次独立重复射击命中目标的次数,每次命中目标的概率是 0.4,则 $E(X^2)=$ ________.

4. 设随机变量 $X$ 服从泊松分布 $P(\lambda)$,且 $E[(X-1)(X-2)]=2$,则 $\lambda=$ ________.

5. 设 $X\sim B(n,p)$,则$\frac{D(X)}{E(X)}=$ ________.

6. 设 $X$ 为一随机变量,且满足 $E(X)=1,E[X(X-1)]=4$,则 $D(X)=$ ________.

7. 设 $X\sim P(\lambda)$,且 $P\{X=1\}=P\{X=2\}$,则 $E(X)=$ ________,$D(X)=$ ________.

8. 设两个相互独立的随机变量 $X,Y$ 的方差分别是 4 和 2,则随机变量 $3X-2Y$ 的方差是________.

9. 设随机变量 $X_1,X_2,X_3$ 相互独立,其中 $X_1$ 服从均匀分布 $U[0,6]$,$X_2$ 服从正态分布 $N(0,2^2)$,$X_3$ 服从泊松分布 $P(3)$,记 $Y=X_1-2X_2+3X_3$,则 $E(Y)=$ ____________,$D(Y)=$ ________.

10. 设随机变量 $X$ 和 $Y$ 的相关系数为 0.25,且 $E(X)=3,E(Y)=1,D(X)=4,D(Y)=9$,则 $D(5X-Y+15)=$ ________.

11. 设 $X\sim B\left(10,\frac{1}{2}\right),Y\sim N(2,10),E(XY)=14$,则 $X$ 和 $Y$ 的相关系数 $\rho_{XY}=$ ________.

## 二、单项选择题

1. 对离散型随机变量 $X$,若有 $P\{X=k\}=p_k,k=1,2,3,\cdots$,则当(　　)时,$\sum\limits_{k=1}^{\infty}x_kp_k$ 称为 $X$ 的期望.

A. $\sum\limits_{k=1}^{\infty}x_kp_k$ 收敛　　B. $\sum\limits_{k=1}^{\infty}|x_k|p_k$ 收敛

C. $\{x_k\}$ 为有界数列　　D. $\lim\limits_{k\to\infty}x_kp_k=0$

2. 设 $X\sim B(n,p)$,$E(X)=2.4$,$D(X)=1.44$,则 $n,p$(　　).

A. $n=4,p=0.6$　　B. $n=8,p=0.3$

C. $n=6,p=0.4$　　D. $n=24,p=0.1$

3. 当 $X$ 服从(　　)分布时,有 $E(X)=D(X)$.

A. 正态　　B. 指数　　C. 二项　　D. 泊松

4. 设 $X,Y$ 为两个随机变量,若 $E(XY)=E(X)E(Y)$,则下列结论必成立的是(　　).

A. $D(X+Y)=D(X)+D(Y)$　　B. $D(XY)=D(X)D(Y)$

C. $X,Y$ 相互独立　　D. $X,Y$ 不相互独立

5. 设随机变量 $\xi,\eta$ 相互独立,又 $X=2\xi+5,Y=3\eta-8$,则下列结论不正确的是(　　).

A. $D(X+Y)=4D(\xi)+9D(\eta)$　　B. $D(X-Y)=4D(\xi)-9D(\eta)$

C. $\rho_{XY}=0$　　D. $E(XY)=E(X)E(Y)$

6. 设随机变量 $X,Y$ 满足 $D(X+Y)=D(X-Y)$,则必有(　　).

A. $X,Y$ 相互独立　　B. $D(Y)=0$

C. $X,Y$ 不相关　　D. $D(X)D(Y)=0$

7. 将一枚硬币重复掷 $n$ 次,以 $X$ 和 $Y$ 分别表示正面向上和反面向上的次数,则 $X$ 和 $Y$ 的相关系数等于(　　).

A. 1　　B. $-1$　　C. 0　　D. $\frac{1}{2}$

8. 设随机变量 $X$ 和 $Y$ 的方差存在且不等于 0,则 $D(X+Y)=D(X)+D(Y)$ 是 $X$ 和 $Y$(　　).

A. 不相关的充分条件,但不是必要条件　　B. 独立的充分条件,但不是必要条件

C. 不相关的充分必要条件　　D. 独立的充分必要条件

9. 若 $X\sim N(-2,2)$,且 $Y=aX+b\sim N(0,1)$,则(　　).

A. $a=\frac{\sqrt{2}}{2},b=\sqrt{2}$　　B. $a=\frac{1}{2},b=1$

C. $a=\frac{1}{2},b=-1$　　D. $a=\frac{\sqrt{2}}{2},b=-\sqrt{2}$

# 第5章

# 大数定律与中心极限定理

## 5.1 大数定律

在第1章中我们已经指出，人们经过长期实践认识到，虽然个别随机事件在某次试验中可能发生也可能不发生，但是在大量重复试验中却呈现明显的规律性，即随着试验次数的增大，一个随机事件发生的频率在某一固定值附近摆动. 这就是所谓的频率具有稳定性. 同时，人们通过实践发现大量测量值的算术平均值也具有稳定性. 而这些稳定性如何从理论上给以证明就是本节介绍的大数定律所要回答的问题.

### 5.1.1 切比雪夫不等式

在引入大数定律之前，我们先证一个重要的不等式——切比雪夫(Chebyshev)不等式.

重要人物简介
切比雪夫

**定理1(切比雪夫不等式)** 设随机变量$X$存在有限方差$D(X)$，则对$\forall \varepsilon>0$，有

$$P\{|X-E(X)|\geqslant \varepsilon\}\leqslant \frac{D(X)}{\varepsilon^2} \tag{5.1}$$

**证** 设$X$是连续型随机变量，其概率密度为$f(x)$，则有

$$\begin{aligned}P\{|X-E(X)|\geqslant \varepsilon\} &= \int_{|x-E(X)|\geqslant\varepsilon} f(x)\,\mathrm{d}x \leqslant \int_{|x-E(X)|\geqslant\varepsilon} \frac{|x-E(X)|^2}{\varepsilon^2} f(x)\,\mathrm{d}x \\ &\leqslant \frac{1}{\varepsilon^2}\int_{-\infty}^{+\infty}[x-E(X)]^2 f(x)\,\mathrm{d}x = \frac{D(X)}{\varepsilon^2}\end{aligned}$$

在上述证明中，如果把概率密度换成分布列，把积分符号换成求和符号，即得离散型情形的证明.

切比雪夫不等式也可表示为

$$P\{|X-E(X)|<\varepsilon\}\geqslant 1-\frac{D(X)}{\varepsilon^2} \tag{5.2}$$

切比雪夫不等式给出了在随机变量 $X$ 的分布未知的情况下概率 $P\{|X-E(X)|\geqslant\varepsilon\}$ 的最小上界估计和 $P\{|X-E(X)|<\varepsilon\}$ 的最大下界估计. 例如,在切比雪夫不等式中,令 $\varepsilon=3\sqrt{D(X)},4\sqrt{D(X)}$ 分别可得到

$$P\{|X-E(X)|\geqslant 3\sqrt{D(X)}\}\leqslant 0.111\,1$$

$$P\{|X-E(X)|<4\sqrt{D(X)}\}\geqslant 0.937\,5$$

**【例 5.1】** 设 $X$ 是掷一颗骰子所出现的点数,若 $\varepsilon=2$,计算 $P\{|X-E(X)|\geqslant\varepsilon\}$,并用切比雪夫不等式给出其上界估计.

**解** 因为 $X$ 的分布列为 $P\{X=k\}=\dfrac{1}{6},k=1,2,\cdots,6$,所以

$$E(X)=\frac{7}{2},D(X)=\frac{35}{12}$$

计算得

$$P\left\{\left|X-\frac{7}{2}\right|\geqslant 2\right\}=P\left\{X\geqslant\frac{11}{2}\text{或}X\leqslant\frac{3}{2}\right\}=P\{X=1\}+P\{X=6\}=\frac{1}{3}$$

用切比雪夫不等式估算得

$$P\left\{\left|X-\frac{7}{2}\right|\geqslant 2\right\}\leqslant\frac{\frac{35}{12}}{2^2}=\frac{35}{48}$$

**【例 5.2】** 设电站供电网有 10 000 盏电灯,夜晚每一盏灯开灯的概率都是 0.7,而假定开、关时间彼此独立,试估计夜晚同时开着的灯数为 6 800 ~ 7 200 的概率.

**解** 设 $X$ 表示在夜晚同时开着的灯的数目,则 $X\sim B(10\,000,0.7)$. 若要准确计算,应该用伯努利公式

$$P\{6\,800<X<7\,200\}=\sum_{k=6\,801}^{7\,199}C_{10\,000}^{k}\times 0.7^{k}\times 0.3^{10\,000-k}$$

要手工计算它的值几乎是不可能的,可借助高级程序语言,通过循环迭代计算完成.

如果用切比雪夫不等式估计

$$E(X)=np=10\,000\times 0.7=7\,000$$

$$D(X)=npq=10\,000\times 0.7\times 0.3=2\,100$$

$$P\{6\,800<X<7\,200\}=P\{-200<X-7\,000<200\}$$

$$=P\{|X-7\,000|<200\}\geqslant 1-\frac{2\,100}{200^2}=0.947\,5$$

可见,虽然有 10 000 盏灯,但是只要有供应 7 200 盏灯的电力就能够以相当大的概率保证够用. 事实上,切比雪夫不等式的估计只说明概率大于 0.947 5,当学完 5.2 节中心极限定理之后,可以轻松地计算这个概率的精确度较高的近似值. 切比雪夫不等式在理论上具有重大意义,但估计的精确度不高. 切比雪夫不等式作为一个理论工具,在大数定律证明中,可使证明非常简洁.

### 5.1.2 依概率收敛

对于随机变量序列 $\{X_n,n\geqslant 1\}$ 和随机变量 $X$,如果对 $\forall\,\varepsilon>0$,有

$$\lim_{n\to\infty}P\{|X_n - X| \geqslant \varepsilon\} = 0 \tag{5.3}$$

或者等价地有

$$\lim_{n\to\infty}P\{|X_n - X| < \varepsilon\} = 1 \tag{5.4}$$

则称随机变量序列$\{X_n, n\geqslant 1\}$**依概率收敛**于$X$,记作当$n\to\infty$时,$X_n \xrightarrow{P} X$.

**注** ①由$\varepsilon>0$的任意性,式(5.3)和式(5.4)中的"$\geqslant\varepsilon$"和"$<\varepsilon$"可分别改为"$>\varepsilon$"和"$\leqslant\varepsilon$".

②$X_n \xrightarrow{P} X$意思是不管事先给定的$\varepsilon$多么小,只要$n$越来越大,$X_n$与$X$的距离小于$\varepsilon$的概率都越来越趋于1,也即$|X_n-X|<\varepsilon$越来越像一个必然事件.

③$X_n \xrightarrow{P} X$不同于$X_n\to X$,后者的意思是指:对于任意的试验结果$\omega$,都有$X_n(\omega)\to X(\omega)$,此时我们称随机变量序列$\{X_n, n\geqslant 1\}$**处处收敛**于$X$,它是比依概率收敛强得多的另一个概念.

### 5.1.3 切比雪夫(Chebyshev)大数定律

**定理2(切比雪夫(Chebyshev)大数定律)** 设随机变量序列$\{X_n, n\geqslant 1\}$满足如下3个条件:

(1)相互独立;

(2)期望$E(X_1),E(X_2),\cdots$和方差$D(X_1),D(X_2),\cdots$都存在;

(3)方差一致有界,即存在$M>0$,使得

$$D(X_i)\leqslant M, i=1,2,\cdots$$

则对$\forall\varepsilon>0$,有

$$\lim_{n\to\infty}P\left\{\left|\frac{1}{n}\sum_{i=1}^{n}X_i - \frac{1}{n}\sum_{i=1}^{n}E(X_i)\right| \geqslant \varepsilon\right\} = 0 \tag{5.5}$$

或等价地有

$$\lim_{n\to\infty}P\left\{\left|\frac{1}{n}\sum_{i=1}^{n}X_i - \frac{1}{n}\sum_{i=1}^{n}E(X_i)\right| < \varepsilon\right\} = 1 \tag{5.6}$$

即当$n\to\infty$时,$\frac{1}{n}\sum_{i=1}^{n}X_i - \frac{1}{n}\sum_{i=1}^{n}E(X_i) \xrightarrow{P} 0$.

想一想:能否把定理2中的结论"$\frac{1}{n}\sum_{i=1}^{n}X_i - \frac{1}{n}\sum_{i=1}^{n}E(X_i) \xrightarrow{P} 0$"改写成"$\frac{1}{n}\sum_{i=1}^{n}X_i \xrightarrow{P} \frac{1}{n}\sum_{i=1}^{n}E(X_i)$"?

**注** 由$\varepsilon>0$的任意性,式(5.5)和式(5.6)中的"$\geqslant\varepsilon$"和"$<\varepsilon$"可分别改为"$>\varepsilon$"和"$\leqslant\varepsilon$".

**证** 由切比雪夫不等式得,当$n\to\infty$时

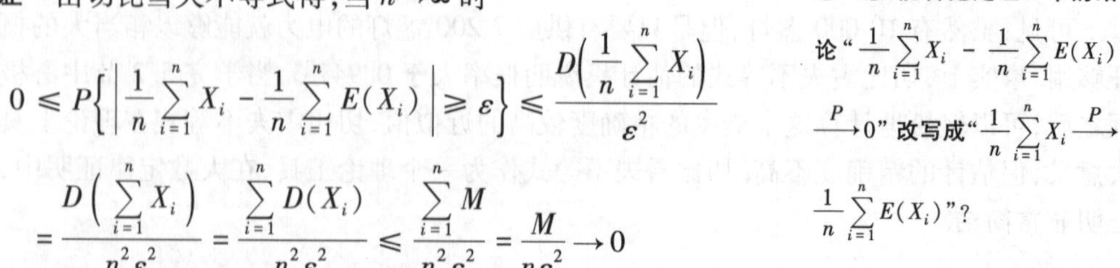

$$0\leqslant P\left\{\left|\frac{1}{n}\sum_{i=1}^{n}X_i - \frac{1}{n}\sum_{i=1}^{n}E(X_i)\right| \geqslant \varepsilon\right\} \leqslant \frac{D\left(\frac{1}{n}\sum_{i=1}^{n}X_i\right)}{\varepsilon^2}$$

$$=\frac{D\left(\sum_{i=1}^{n}X_i\right)}{n^2\varepsilon^2} = \frac{\sum_{i=1}^{n}D(X_i)}{n^2\varepsilon^2} \leqslant \frac{\sum_{i=1}^{n}M}{n^2\varepsilon^2} = \frac{M}{n\varepsilon^2}\to 0$$

再由数列收敛的夹逼准则,可知式(5.5)成立.

切比雪夫大数定律说明,当$n$充分大时,相互独立的随机变量的算术平均值$\overline{X}_n=$

$\frac{1}{n}\sum_{i=1}^{n}X_i$ 密集在它的数学期望 $E(\overline{X}_n)$ 的附近.

【例 5.3】 设相互独立的随机变量序列 $\{X_n,n\geqslant 1\}$ 满足 $P(X_n=-1)=\frac{1}{2n}$, $P(X_n=0)=\frac{n-1}{n}$, $P(X_n=1)=\frac{1}{2n}$, $n=1,2,\cdots$, 则 $\{X_n,n\geqslant 1\}$ 满足切比雪夫大数定律.

**证** 因为 $E(X_n)=(-1)\times\frac{1}{2n}+0\times\frac{n-1}{n}+1\times\frac{1}{2n}=0$,

$$E(X_n^2)=(-1)^2\times\frac{1}{2n}+0^2\times\frac{n-1}{n}+1^2\times\frac{1}{2n}=\frac{1}{n},$$

所以方差 $D(X_n)=E(X_n^2)-[E(X_n)]^2=\frac{1}{n}$.

显然满足切比雪夫大数定律的条件证毕.

**推论 1(独立同分布的切比雪夫大数定律)** 设随机变量 $X_1,X_2,\cdots$ 相互独立,且具有相同的数学期望和方差: $E(X_i)=\mu, D(X_i)=\sigma^2(i=1,2,\cdots)$. 作前 $n$ 个随机变量的算术平均值 $Y_n=\frac{1}{n}\sum_{i=1}^{n}X_i$,则对于任意正数 $\varepsilon$ 有

$$\lim_{n\to\infty}P\{|Y_n-\mu|<\varepsilon\}=1 \tag{5.7}$$

或等价地有

$$\lim_{n\to\infty}P\{|Y_n-\mu|\geqslant\varepsilon\}=0 \tag{5.8}$$

### 5.1.4 伯努利(Bernoulli)大数定律

**定理 3(伯努利(Bernoulli)大数定律)** 设 $n_A$ 是 $n$ 次独立重复试验中事件 $A$ 发生的次数. $p$ 是事件 $A$ 在每次试验中发生的概率,则 $\forall\varepsilon>0$,有

$$\lim_{n\to\infty}P\left\{\left|\frac{n_A}{n}-p\right|<\varepsilon\right\}=1 \tag{5.9}$$

或

$$\lim_{n\to\infty}P\left\{\left|\frac{n_A}{n}-p\right|\geqslant\varepsilon\right\}=0 \tag{5.10}$$

**证** 引入随机变量

$$X_k=\begin{cases}0 & \text{若在第 } k \text{ 次试验中 } A \text{ 不发生}\\ 1 & \text{若在第 } k \text{ 次试验中 } A \text{ 发生}\end{cases},k=1,2,\cdots$$

显然有

$$n_A=\sum_{k=1}^{n}X_k$$

由于 $X_k$ 只依赖于第 $k$ 次试验,而各次试验是独立的,于是 $X_1,X_2,\cdots$,是相互独立的;又由于 $X_k$ 服从(0-1)分布,故有

$$E(X_k)=p,D(X_k)=p(1-p),k=1,2,\cdots$$

由推论 1 有

$$\lim_{n\to\infty} P\left\{ \left| \frac{1}{n}\sum_{k=1}^{n} X_k - p \right| < \varepsilon \right\} = 1$$

即

$$\lim_{n\to\infty} P\left\{ \left| \frac{n_A}{n} - p \right| < \varepsilon \right\} = 1$$

伯努利大数定律告诉我们,事件 $A$ 发生的频率$\frac{n_A}{n}$依概率收敛于事件 $A$ 发生的概率 $p$. 因此,本定律从理论上证明了大量重复独立试验中,事件 $A$ 发生的频率具有稳定性,正因为这种稳定性,概率的概念才有实际意义. 伯努利大数定律还提供了通过试验来确定事件的概率的方法,即既然频率$\frac{n_A}{n}$与概率 $p$ 有较大偏差的可能性很小,于是可以通过做试验确定某事件发生的频率,并把它作为相应概率的估计. 因此,在实际应用中,如果试验的次数很大时,就可以用事件发生的频率代替事件发生的概率.

### 5.1.5 辛钦(Khinchin)大数定律

定理 2 中要求随机变量 $X_k(k=1,2,\cdots n)$ 的方差存在. 但在随机变量服从同一分布的场合,并不需要这一要求,我们有以下定理.

重要人物简介
辛钦

**定理 4(辛钦(Khinchin)大数定律)** 设随机变量序列 $\{X_n, n \geqslant 1\}$ 满足如下 3 个条件:

(1)相互独立;

(2)同分布;

(3)期望 $E(X_i)=\mu$ 存在,$i=1,2,\cdots$.

则对 $\forall\, \varepsilon>0$,有

$$\lim_{n\to\infty} P\left\{ \left| \frac{1}{n}\sum_{i=1}^{n} X_i - \mu \right| \geqslant \varepsilon \right\} = 0 \tag{5.11}$$

或等价地有

$$\lim_{n\to\infty} P\left\{ \left| \frac{1}{n}\sum_{i=1}^{n} X_i - \mu \right| < \varepsilon \right\} = 1 \tag{5.12}$$

**注** 由 $\varepsilon>0$ 的任意性,式(5.11)和式(5.12)中的"$\geqslant\varepsilon$"和"$<\varepsilon$"可分别改为"$>\varepsilon$"和"$\leqslant\varepsilon$".

这个定理的证明超出了本书的范围,故略去.

显然,伯努利大数定律是辛钦大数定律的特殊情况,辛钦大数定律在实际中应用很广泛.

这一定律使算术平均值的法则有了理论根据. 如要测定某一物理量 $a$,在不变的条件下重复测量 $n$ 次,得观测值 $X_1,X_2,\cdots,X_n$,求得实测值的算术平均值为$\frac{1}{n}\sum_{i=1}^{n}X_i$. 根据此定理,当 $n$ 足够大时,取$\frac{1}{n}\sum_{i=1}^{n}X_i$ 作为 $a$ 的近似值,可以认为所发生的误差是很小的. 所以,实际上往往用某物体的某一指标值的一系列实测值的算术平均值来作为该指标值的近似值.

【例5.4】 设$\{X_n, n \geqslant 1\}$是相互独立的随机变量序列,且每个变量都服从参数为3的指数分布,则当$n \to \infty$时,$Y_n = \frac{1}{n}\sum_{i=1}^{n} X_i^2 \xrightarrow{P} \frac{2}{9}$.

**解** $X_1^2, X_2^2 \cdots X_n^2$相互独立同分布,且$E(X_n^2) = D(X_n) + [E(X_n)]^2 = \frac{1}{9} + \left(\frac{1}{3}\right)^2 = \frac{2}{9}$,因此根据辛钦大数定律有

$$Y_n = \frac{1}{n}\sum_{i=1}^{n} X_i^2 \xrightarrow{P} \frac{2}{9}$$

## 5.2 中心极限定理

在客观实际中有许多随机变量,它们是由大量相互独立的偶然因素的综合影响所形成的,而每一个因素在总的影响中所起的作用是很小的,但总体看来,却对总和有显著影响,这种随机变量往往近似地服从正态分布,这种现象就是中心极限定理的客观背景.概率论中有关论证独立随机变量的和的极限分布是正态分布的一系列定理称为中心极限定理(Central Limit Theorem).现介绍几个常用的中心极限定理.

**定理5(独立同分布的中心极限定理)** 设随机变量序列$\{X_n, n \geqslant 1\}$满足如下3个条件:

(1)相互独立;

(2)同分布;

(3)期望$E(X_i) = \mu$和方差$D(X_i) = \sigma^2, i = 1, 2, \cdots$都存在.

则对$\forall x \in \mathbf{R}$,有

$$\lim_{n \to \infty} P\left\{\frac{\sum_{i=1}^{n} X_i - n\mu}{\sqrt{n}\sigma} \leqslant x\right\} = \frac{1}{\sqrt{2\pi}}\int_{-\infty}^{x} e^{-\frac{t^2}{2}} dt = \Phi(x) \tag{5.13}$$

**注** 式(5.13)和下面式(5.14)中的"$\leqslant x$"可改为"$< x$".

这个定理的证明超出了本书的范围,故略去.下面我们给出一些概率解释.

设$\xi \sim N(0,1)$,则式(5.13)可以重新写成

$$\lim_{n \to \infty} P\left\{\frac{\sum_{i=1}^{n} X_i - n\mu}{\sqrt{n}\sigma} \leqslant x\right\} = P(\xi \leqslant x) \tag{5.14}$$

这就是说,当$n \to \infty$时,随机变量$\frac{\sum_{i=1}^{n} X_i - n\mu}{\sqrt{n}\sigma}$与标准正态随机变量$\xi$所起的作用越来越相当,于是称$\frac{\sum_{i=1}^{n} X_i - n\mu}{\sqrt{n}\sigma}$为**渐进标准正态**.

注意，$\dfrac{\sum_{i=1}^{n} X_i - n\mu}{\sqrt{n}\sigma}$ 是$\{X_n, n \geqslant 1\}$的部分和 $\sum_{i=1}^{n} X_i$ 的标准化. 因此，独立同分布情形时的中心极限定理说明，随机变量序列$\{X_n, n \geqslant 1\}$的部分和 $\sum_{i=1}^{n} X_i$ 的标准化渐近标准正态. 等价地说，当 $n$ 充分大时，部分和 $\sum_{i=1}^{n} X_i$ 近似服从正态分布 $N(n\mu, n\sigma^2)$.

中心极限定理之所以重要还因为它在概率计算方面显示出强大的应用. 它只假设$\{X_n, n \geqslant 1\}$相互独立同分布，方差存在，不管原来的分布是什么，只要 $n$ 充分大，就可以用正态分布去逼近. 一个经验法则是，当 $n \geqslant 30$ 时，如果把 $\dfrac{\sum_{i=1}^{n} X_i - n\mu}{\sqrt{n}\sigma}$ 当作标准正态随机变量来对待，那么带来的概率误差就已经非常小了.

**【例 5.5】** 一个螺丝钉质量是一个随机变量，期望值是 1 两(1 两=50 克)，标准差是 0.1 两. 求一盒(100 个)同型号螺丝钉的质量超过 10.2 斤(1 斤=500 克)的概率.

**解** 设一盒质量为 $X$(单位:两)，盒中第 $i$ 个螺丝钉的质量为 $X_i(i = 1,2,\cdots,100)$. $X_1, X_2, \cdots, X_{100}$ 相互独立，$E(X_i) = 1$，$\sqrt{D(X_i)} = 0.1$，则有 $X = \sum_{i=1}^{100} X_i$，且 $E(X) = 100$，$\sqrt{D(X)} = 1$. 根据定理 5，有

$$P\{X > 102\} = P\left\{\frac{X - 100}{1} > \frac{102 - 100}{1}\right\} = P\left\{\frac{X - 100}{1} > 2\right\}$$

$$\approx 1 - \Phi(2) = 1 - 0.977\,2 = 0.022\,8$$

**【例 5.6】** 对敌人的防御地进行 100 次轰炸，每次轰炸命中目标的炸弹数目是一个随机变量，其期望值是 2，方差是 1.69. 求在 100 次轰炸中有 180~220 颗炸弹命中目标的概率.

**解** 令第 $i$ 次轰炸命中目标的炸弹数为 $X_i$，100 次轰炸中命中目标炸弹数 $X = \sum_{i=1}^{100} X_i$，应用定理 5，$X$ 渐近服从正态分布，$E(X_i) = 2$，$D(X_i) = 1.69$，$E(X) = 200$，$D(X) = 169$. 所以

$$P\{180 \leqslant X \leqslant 220\} = P\left\{\frac{180 - 200}{\sqrt{169}} \leqslant \frac{X - 200}{\sqrt{169}} \leqslant \frac{220 - 200}{\sqrt{169}}\right\}$$

$$= P\left\{\frac{-20}{13} \leqslant \frac{X - 200}{13} \leqslant \frac{20}{13}\right\} \approx P\left\{-1.54 \leqslant \frac{X - 200}{13} \leqslant 1.54\right\}$$

$$\approx 2\Phi(1.54) - 1 = 0.876\,4$$

**定理 6(李雅普诺夫(Liapunov)中心极限定理)** 设随机变量 $X_1, X_2, \cdots, X_n, \cdots$，相互独立，它们具有数学期望和方差

$$E(X_k) = \mu_k, D(X_k) = \sigma_k^2 \neq 0 \ (k = 1,2,\cdots)$$

记 $B_n^2 = \sum_{k=1}^{n} \sigma_k^2$，若存在正数 $\delta$，使得当 $n \to \infty$ 时

$$\frac{1}{B_n^{2+\delta}} \sum_{k=1}^{n} E\left\{ |X_k - \mu_k|^{2+\delta} \right\} \to 0$$

**重要人物简介**
**李雅普诺夫**

则随机变量

$$Z_n = \frac{\sum_{k=1}^{n} X_k - E\left(\sum_{k=1}^{n} X_k\right)}{\sqrt{D\left(\sum_{k=1}^{n} X_k\right)}} = \frac{\sum_{k=1}^{n} X_k - \sum_{k=1}^{n} \mu_k}{B_n}$$

的分布函数 $F_n(x)$ 对于任意 $x$,满足

$$\lim_{n\to\infty} F_n(x) = \lim_{n\to\infty} P\left\{\frac{\sum_{k=1}^{n} X_k - \sum_{k=1}^{n} \mu_k}{B_n} \leqslant x\right\} = \int_{-\infty}^{x} \frac{1}{\sqrt{2\pi}} e^{-\frac{t^2}{2}} dt = \Phi(x) \tag{5.15}$$

证明略.

这个定理说明,随机变量 $Z_n = \frac{\sum_{k=1}^{n} X_k - \sum_{k=1}^{n} \mu_k}{B_n}$,当 $n$ 很大时,近似地服从标准正态分布 $N(0,1)$. 因此,当 $n$ 很大时,$\sum_{k=1}^{n} X_k = B_n Z_n + \sum_{k=1}^{n} \mu_k$ 近似地服从正态分布 $N\left(\sum_{k=1}^{n} \mu_k, B_n^2\right)$. 这表明无论随机变量 $X_k(k=1,2,\cdots)$ 具有怎样的分布,只要满足定理条件,则它们的和 $\sum_{k=1}^{n} X_k$ 当 $n$ 很大时,就近似地服从正态分布. 而在许多实际问题中,所考虑的随机变量往往可以表示为多个独立的随机变量之和,因而它们常常近似服从正态分布. 这就是为什么正态随机变量在概率论与数理统计中占有重要地位的主要原因.

在数理统计中将看到,中心极限定理是大样本统计推断的理论基础. 下面介绍另一个中心极限定理.

**定理 7** 设随机变量 $X$ 服从参数为 $n,p(0<p<1)$ 的二项分布,则对于任意的 $x$,恒有

(1)(**拉普拉斯(Laplace)定理**) 局部极限定理:当 $n\to\infty$ 时

$$P\{X=k\} \approx \frac{1}{\sqrt{2\pi npq}} e^{-\frac{(k-np)^2}{2npq}} = \frac{1}{\sqrt{npq}} \varphi\left(\frac{k-np}{\sqrt{npq}}\right) = \frac{1}{\sqrt{D(X)}} \varphi\left(\frac{k-E(X)}{\sqrt{D(X)}}\right) \tag{5.16}$$

重要人物简介
拉普拉斯

其中,$p+q=1$,$k=0,1,2,\cdots,n$,$\varphi(x)=\frac{1}{\sqrt{2\pi}} e^{-\frac{x^2}{2}}$.

(2)(**棣莫弗-拉普拉斯(De Moivre-Laplace)定理**) 积分极限定理:对于任意的 $x$,恒有

$$\lim_{n\to\infty} P\left\{\frac{X-np}{\sqrt{np(1-p)}} \leqslant x\right\} = \lim_{n\to\infty} P\left\{\frac{X-E(X)}{\sqrt{D(X)}} \leqslant x\right\} = \int_{-\infty}^{x} \frac{1}{\sqrt{2\pi}} e^{-\frac{t^2}{2}} dt = \Phi(x) \tag{5.17}$$

重要人物简介
棣莫弗

证明略.

这个定理表明,二项分布以正态分布为极限. 当 $n$ 充分大时,可以利用上两式来计算二项分布的概率.

【**例 5.7**】 100 部机器独立工作,每部停机的概率为 0.2. ①求 23 部机器同时停机的概

率;②求停机的机器不超过 30 部的概率.

**解** 设 $X$ 表示 100 部机器中同时停机的数目,则 $X \sim B(100,0.2)$,$E(X)=np=20$,$D(X)=npq=16$.

①用局部极限定理近似计算

$$P\{X=23\} \approx \frac{1}{\sqrt{16}}\varphi\left(\frac{23-20}{\sqrt{16}}\right) \approx 0.25\varphi(0.75) \approx 0.075$$

②$P\{X\leqslant 30\}=P\left\{\frac{X-20}{\sqrt{16}}\leqslant\frac{30-20}{\sqrt{16}}\right\}=P\left\{\frac{X-20}{\sqrt{16}}\leqslant 2.5\right\}\approx\Phi(2.5)\approx 0.993\ 8$

**【例 5.8】** 应用定理 7 计算 5.1 节中例 5.2 的概率.

**解** $E(X)=np=7\ 000$,$D(X)=npq=2\ 100$,则

$$\begin{aligned} P\{6\ 800<X<7\ 200\} &= P\left\{\frac{6\ 800-7\ 000}{\sqrt{2\ 100}}<\frac{X-7\ 000}{\sqrt{2\ 100}}<\frac{7\ 200-7\ 000}{\sqrt{2\ 100}}\right\} \\ &= P\left\{-4.36<\frac{X-7\ 000}{\sqrt{2\ 100}}<4.36\right\} \approx 2\Phi(4.36)-1 \approx 0.999\ 99 \end{aligned}$$

**【例 5.9】** 产品为废品的概率为 $p=0.1$,求 100 件产品中废品数不超过 15 件的概率.

**解** 设 $X$ 表示 100 件产品中的废品数,则 $X \sim B(100,0.1)$,$E(X)=np=10$,$D(X)=npq=9$,则

$$P\{X\leqslant 15\}=P\left\{\frac{X-10}{\sqrt{9}}\leqslant\frac{15-10}{\sqrt{9}}\right\}\approx P\left\{\frac{X-10}{\sqrt{9}}\leqslant 1.67\right\}\approx\Phi(1.67)=0.952\ 5$$

正态分布和泊松分布虽然都是二项分布的极限分布,但后者以 $n\to\infty$,同时 $p\to 0$,$np\to\lambda$ 为条件,而前者则只要求 $n\to\infty$ 这一条件. 一般说来,对于 $n$ 很大,$p$(或 $q$)很小的二项分布($np\leqslant 5$)用正态分布来近似计算不如用泊松分布计算精确.

**【例 5.10】** 每颗炮弹命中飞机的概率为 0.01,求 500 发炮弹中命中 5 发的概率.

**解** 设 $X$ 表示 500 发炮弹命中的数目,则 $X \sim B(500,0.01)$,$E(X)=np=5$,$D(X)=npq=4.95$.

①用二项分布公式计算

$$P\{X=5\}=C_{500}^{5}\times 0.01^{5}\times 0.99^{495}\approx 0.176\ 35$$

②用泊松公式计算,直接查附表 1 可得

$$np=\lambda=5, k=5, P_5(5)\approx 0.176$$

③用拉普拉斯局部极限定理计算

$$P\{X=5\}\approx\frac{1}{\sqrt{4.95}}\varphi\left(\frac{5-5}{\sqrt{4.95}}\right)\approx\frac{1}{2.22}\varphi(0)=\frac{1}{2.22}\cdot\frac{1}{\sqrt{2\pi}}\approx 0.179\ 7$$

可见后者不如前者精确.

习题5 参考答案

# 习题5

(A)

1. 设连续型随机变量 $X \sim U[-1,3]$,试估计事件 $|X-1|<4$ 发生的概率.

2. 设随机变量 $X \sim P(\lambda)$,试使用切比雪夫不等式证明 $P\{0<X<2\lambda\} \geqslant \dfrac{\lambda-1}{\lambda}$.

3. 设相互独立的随机变量序列 $\{X_n, n \geqslant 1\}$ 满足 $P(X_k=1)=p_k, P(X_k=0)=1-p_k, k=1,2,\cdots$,试证明对于任意给定的 $\varepsilon>0$,总有 $\lim\limits_{n\to\infty} P\left\{\left|\dfrac{1}{n}\sum\limits_{k=1}^{n}X_k-\dfrac{1}{n}\sum\limits_{k=1}^{n}p_k\right|>\varepsilon\right\}=0$

4. 设相互独立的随机变量序列 $\{X_n, n \geqslant 1\}$,且每个 $X_n$ 都服从参数为3的泊松分布,问当 $n\to\infty$ 时,$Y_n=\dfrac{1}{n}\sum\limits_{i=1}^{n}X_i^2$ 依概率收敛于哪个常数值随机变量?

5. 计算机在进行加法运算时,遵循四舍五入原则,为便于计算,假设每个加数按四舍五入取为整数. 试求:(1)随机取1 000个数相加,问误差总和的绝对值超过10的概率是多少?(2)要想使误差总和的绝对值小于10的概率超过90%,最多随机取几个数相加?

6. 某复杂系统由100个相互独立起作用的部件组成. 在整个运行期间,每个部件损坏的概率为0.1,为了使整个系统起作用,至少需要85个部件工作. 求整个系统工作的概率.

7. 假设某生产线的产品其次品率为10%. 求在新生产的600件产品中,次品的数量位于50~60的概率.

8. 某会议共有300名代表,若每名代表贡献正确意见的概率都是0.7,现要对某事可行与否进行表决,并按$\dfrac{2}{3}$以上代表的意见作出决策. 假设代表们各自独立地作出意见,求作出正确决策的概率.

9. 某保险公司的老年福利保险有1万人参加,每人每年交200元,若老人在该年内死亡,公司付给家属1.2万元,设老年人死亡率为0.015,试求保险公司在一年的这项保险中亏本的概率.

10. 银行为了支付某日即将到期的债券需要预备一笔现金. 已知这批债券发放500张,每张应付本息1 000元,设持券人(一人一券)于债券到期日到银行领取本息的概率为0.4,银行要以99.9%的概率满足客户兑现的需要,最少要准备多少现金?

11. 设男孩出生率为0.515,求在10 000个新生婴儿中女孩不少于男孩的概率.

12. 在一家保险公司里有10 000人参加保险,每人每年付12元保险费,在一年内一个人死亡的概率为0.006,死亡者其家属可向保险公司领取1 000元赔偿费. 求:(1)保险公司没有获利的概率有多大?(2)保险公司一年的获利不少于60 000元的概率为多大?

(B)

一、填空题

1. 设随机变量 $X_1,X_2,\cdots,X_n$ 相互独立且同分布，它们的期望为 $\mu$，方差为 $\sigma^2$，令 $Z_n=\frac{1}{n}\sum_{i=1}^{n}X_i$，则对 $\forall\varepsilon>0$，有 $\lim_{n\to\infty}P\{|Z_n-\mu|\leqslant\varepsilon\}=$________.

2. 设 $E(X)=-1$，$D(X)=4$，则由切比雪夫不等式估计概率 $P\{-4<X<2\}\geqslant$________.

3. 设随机变量 $X\sim U[0,1]$，由切比雪夫不等式可得 $P\left\{\left|X-\frac{1}{2}\right|\geqslant\frac{1}{\sqrt{3}}\right\}\leqslant$________.

4. 设随机变量 $X\sim B(100,0.2)$，应用中心极限定理可得 $P\{X\geqslant 30\}\approx$________.

二、单项选择题

1. 设随机变量 $X$ 的数学期望 $E(X)=\mu$，方差 $D(X)=\sigma^2$，由切比雪夫不等式，有 $P\{|X-\mu|\geqslant 3\sigma\}\leqslant$(　　).

A. $\frac{1}{3}$　　B. $\frac{1}{9}$　　C. $\frac{1}{4}$　　D. $\frac{2}{3}$

2. 设随机变量 $X_1,X_2,\cdots,X_9$ 相互独立，$E(X_i)=1$，$D(X_i)=1(i=1,2,\cdots,9)$，则对任意给定的 $\varepsilon>0$，有(　　)

A. $P\left\{\left|\sum_{i=1}^{9}X_i-1\right|<\varepsilon\right\}\geqslant 1-\varepsilon^{-2}$　　B. $P\left\{\frac{1}{9}\left|\sum_{i=1}^{9}X_i-1\right|<\varepsilon\right\}\geqslant 1-\varepsilon^{-2}$

C. $P\left\{\left|\sum_{i=1}^{9}X_i-9\right|<\varepsilon\right\}\geqslant 1-\varepsilon^{-2}$　　D. $P\left\{\left|\sum_{i=1}^{9}X_i-9\right|<\varepsilon\right\}\geqslant 1-9\varepsilon^{-2}$

3. 设 $X_1,X_2,\cdots,X_n$ 是独立同分布随机变量序列，$E(X_i)=\mu$，$D(X_i)=\sigma^2(i=1,2,\cdots,n)$，那么 $\frac{1}{n}\sum_{i=1}^{n}X_i$ 依概率收敛于(　　).

A. $\mu+\sigma^2$　　B. $\sigma^2$　　C. $\mu$　　D. $\mu^2+\sigma^2$

4. 设随机变量 $X_1,X_2,\cdots,X_n,\cdots$ 相互独立，且 $X_i(i=1,2,\cdots,n)$ 都服从参数为 $\frac{1}{2}$ 的指数分布，则当 $n$ 充分大时，随机变量 $Z_n=\frac{1}{n}\sum_{i=1}^{n}X_i$ 的概率分布近似服从(　　).

A. $N(2,4)$　　B. $N\left(2,\frac{4}{n}\right)$　　C. $N\left(\frac{1}{2n},\frac{1}{4n}\right)$　　D. $N(2n,4n)$

5. 设随机变量 $X_1,X_2,\cdots,X_n$ 独立同分布，$S_n=X_1+X_2+\cdots+X_n$，根据独立同分布情形时的中心极限定理，当 $n$ 充分大时，$S_n$ 近似服从正态分布，只要 $X_1,X_2,\cdots,X_n$(　　).

A. 有相同的数学期望　　B. 有相同的方差

C. 服从同一离散型分布　　D. 服从同一均匀分布

# 第6章

# 样本与统计量

前面5章介绍了概率论的基本内容,主要是随机变量及其概率分布.概率论是假定已知某随机变量的概率分布的前提下,来研究随机变量的性质、数字特征及其应用.而现实中,往往并非如此,即生活中大量随机现象的规律性是未知的.当然,只要对随机现象进行足够多的观察,其统计规律性也可得知,但人们常常不能对所研究对象的所有(总体)进行观察.反之,随机现象的部分(样本)信息或数据是可收集的.那么,怎样利用得到的随机现象的数据去对研究对象的客观规律并作出合理的估计、推断以及决策,这就是数理统计要研究的内容.

本章主要介绍数理统计的一些基本概念、常用的统计量及其分布.

## 6.1 总体、个体与样本

### 6.1.1 总体与个体

在某一统计问题中,人们把研究对象的全体所构成的集合称为**总体**,其大小与范围根据具体问题的研究目的而定,把构成总体的每一个成员(或元素)称为**个体**.总体可根据其所包含个体的数量不同分为**有限总体**和**无限总体**.根据维数不同又分为**一维总体**和**多维总体**.总体和个体的关系即是集合与元素的关系.

例如,研究某高校学生的体重,则该校全校学生是总体,而每位学生就是一个个体.

又如,研究某地区一年的空气质量,则该地区一年365天的空气质量是总体,而每一天的空气质量就是一个个体.

在多数实际问题中,往往只关心总体的某一项或者某几项数量指标,每一个学生都有许多特征,如性别、身高、体重、民族等,而在上面提到的研究某高校学生的体重的问题中,只关心该校学生的体重是多少,对其他特征不予考虑.这样,每个学生所具有的数量指标——体重就是个体,而将所有体重全体看作总体.抛开问题的实际背景,总体就是一堆数.这堆数中有大有小,有的出现的次数多,有的出现的次数少.因此,用一个概率分布去描述和归纳总体是恰当可行的,从这个意义上看,总体就是一个分布,而其数量指标就是服从这个分布的随机变量.

**【例 6.1】** 研究某灯泡厂生产的一批灯泡的质量,将其只分为合格与不合格,合格记作 1,不合格记作 0. 则

总体={该灯泡厂生产的这一批的全部灯泡}={该灯泡厂生产的这一批灯泡中的全部合格与不合格灯泡}={由 0 和 1 组成的一堆数}.

个体={该灯泡厂生产的这一批灯泡的任意一个灯泡}={该灯泡厂生产的这一批灯泡中的任意一个合格或不合格灯泡}={是一个数 0 或 1}.

若以 $p$ 表示这堆数中 0 的比重,则该总体可以用一个 0-1 分布来表示

| $X$ | 0 | 1 |
|---|---|---|
| $P$ | $p$ | $1-p$ |

## 6.1.2 样本

前面提到,总体的分布一般是未知的,或者它的某些参数是未知的. 为了研究总体的性质,只需将总体的指标数据一一收集,加以分析便可清楚总体的统计规律,但是往往这是不必要甚至是不可能的. 比如,研究我国华北地区的空气质量,显然,收集整个华北地区中所有位置的空气质量数据是不现实的,但是收集华北地区中一些市、县的数据是可完成的,并且由这些数据可以得出关于华北地区空气质量的结论. 像这样,从总体中抽取若干个个体的过程称为**抽样**,抽出的若干个个体构成了总体的一组**样本**,其中,样本中包含的个体数量称为**样本容量**.

为了使抽取的样本更好地反映总体的信息,除对样本的容量有所要求外,还要对样本的抽取方式有所要求. 最常用的一种抽样叫作**简单随机抽样**,它需满足如下两个要求.

(1)随机性. 要求总体中每一个个体都有同等机会被选入样本,这意味着样本的各个分量 $X_i$ 都与总体 $X$ 具有相同的分布,都代表了总体的信息.

(2)独立性. 每个个体的取值不影响其他个体的取值,即样本 $X_1,X_2,\cdots,X_n$ 是相互独立的随机变量.

由简单随机抽样得到的样本称为**简单随机样本**.

**注** 如无特别申明,本书所提"样本"均指**简单随机样本**,简称为**样本**.

设从总体 $X$ 中抽取出 $n$ 个个体 $X_1,X_2,\cdots,X_n,X_i$ 的**样本值**记为 $x_i(i=1,2,\cdots,n)$. 根据随机变量独立性,易得样本的联合分布函数为

$$F(x_1,x_2,\cdots,x_n)=F(x_1)F(x_2)\cdots F(x_n)=\prod_{i=1}^{n}F(x_i) \tag{6.1}$$

则离散型总体的样本联合分布列与连续型总体的样本联合概率密度函数分别如下

$$P\{X_1=x_1,X_2=x_2,\cdots,X_n=x_n\}=p(x_1,x_2,\cdots,x_n)=p(x_1)p(x_2)\cdots p(x_n)=\prod_{i=1}^{n}p(x_i) \tag{6.2}$$

$$f(x_1,x_2,\cdots,x_n)=f(x_1)f(x_2)\cdots f(x_n)=\prod_{i=1}^{n}f(x_i) \tag{6.3}$$

**【例 6.2】** 设 $X_1,X_2,\cdots,X_n$ 是来自总体 $X\sim B(1,p)$ 的样本,则样本的联合分布列为

$$p(x_1,x_2,\cdots,x_n)=\prod_{i=1}^{n}p^{x_i}(1-p)^{1-x_i}=p^{\sum_{i=1}^{n}x_i}(1-p)^{n-\sum_{i=1}^{n}x_i}$$

以上 $x_i=0$ 或 1.

【例 6.3】 设 $X_1,X_2,\cdots,X_n$ 是来自总体 $X\sim U(0,2)$ 的样本,则样本的联合概率密度函数为

$$f(x_1,x_2,\cdots,x_n)=\prod_{i=1}^{n}f(x_i)=\begin{cases}\dfrac{1}{2^n} & 0\leqslant x_1,x_2,\cdots,x_n\leqslant 2\\ 0 & 其他\end{cases}$$

### 6.1.3 统计数据的图示

为了更直观地展示样本数据,除了常见的分组列表,在统计学中也常用直方图、茎叶图、箱线图、线图等来显示数据. 下面主要介绍直方图与茎叶图.

(1)直方图(Histogram)是展示分组数据分布的一种图形,它是利用矩形的宽度和高度来表示频数分布的. 在平面直角坐标系中绘图时,用横轴(宽度)表示组距,纵轴(高度)表示频数或频率.

(2)茎叶图(Stem-and-leaf Display)是一种反映数据分布的图形. 茎叶图中将每一个数值分为茎和叶两部分,通常用茎部分书写数据的高位数字,叶部分书写数据最后一位数字. 如 105,茎部分为 10,叶部分为 5. 通过茎叶图,能在保留原始数据的基础上比较直观地看出数据的分布形状,但绘制茎叶图的关键在于如何设计茎. 在比较两组样本时,可以画出它们的背靠背茎叶图进行对比,简单而有效.

例如,某工厂随机抽查了 20 名工人某天生产某一产品的数量,数据如下(单位:件):160,196,164,148,171,176,165,188,164,163,168,170,162,153,158,169,174,181,170,172. 下面分别绘制其直方图(图 6.1)和茎叶图(图 6.2).

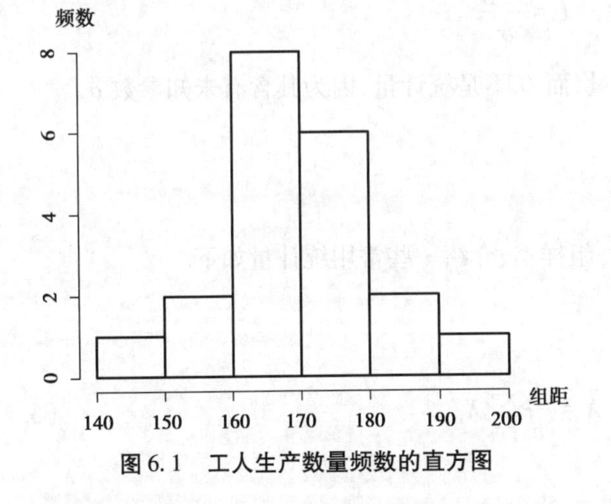


图 6.1 工人生产数量频数的直方图

茎 叶

14 | 8

15 | 3 8

16 | 0 2 3 4 4 5 8 9

17 | 0 0 1 2 4 6

18 | 1 8

19 | 6

图 6.2 工人生产数量的茎叶图

# 6.2 统计量

在实际应用中,总体的分布一般是未知的,或者尽管知道总体分布所属的类型,但其中也包含未知的参数. 因此,抽取样本的目的就是利用样本值来对总体的分布类型、未知参数进行估计和推断,这个过程也被称为统计推断. 然而,样本的数据并不是都可以直接用于统计推断,常常需要对其进行加工和处理.

## 6.2.1 统计量

为了利用样本去推断总体,往往需要构造一些合适的统计量,然后再由这些统计量去推断未知总体. 为此,引入如下定义.

**定义1** 设 $X_1,X_2,\cdots,X_n$ 为取自总体 $X$ 的一组样本,称该样本的任意一个不含任何未知参数的函数 $g(X_1,X_2,\cdots,X_n)$ 为该样本的**统计量**.

将样本观测值 $x_1,x_2,\cdots,x_n$ 代入 $g(X_1,X_2,\cdots,X_n)$ 得到的函数值 $g(x_1,x_2,\cdots,x_n)$,被称为**统计量的观测值**,在不致混淆的情况下也简称为统计量. 统计量的分布又被称为**抽样分布**.

**【例 6.4】** 设总体 $X\sim N(3,\sigma^2)$,其中 $X_1,X_2,\cdots,X_n$ 是从总体 $X$ 抽取的一组样本. 令

$$\overline{X}=\frac{X_1+X_2+\cdots+X_n}{n}$$

$$T=X_1^2+X_2^2+\cdots+X_n^2$$

$$U=\frac{\overline{X}-3}{\sigma}$$

则据统计量定义知:$\overline{X}$,$T$ 都是统计量,而 $U$ 不是统计量,因为其含有未知参数 $\sigma$.

## 6.2.2 常用统计量

下面以 $X_1,X_2,\cdots,X_n$ 为总体 $X$ 的一组样本,介绍一些常用统计量如下.

1)样本均值

$$\overline{X}=\frac{1}{n}\sum_{i=1}^{n}X_i \tag{6.4}$$

2)样本方差

$$S^2=\frac{1}{n-1}\sum_{i=1}^{n}(X_i-\overline{X})^2 \tag{6.5}$$

3）样本标准差

$$S=\sqrt{\frac{1}{n-1}\sum_{i=1}^{n}(X_i-\overline{X})^2} \tag{6.6}$$

4）样本 $k$ 阶中心矩

$$B_k=\frac{1}{n}\sum_{i=1}^{n}(X_i-\overline{X})^k,k=1,2,\cdots \tag{6.7}$$

其中,当 $\overline{X}$ 的值为零时,式(6.7)变为式(6.8):

$$A_k=\frac{1}{n}\sum_{i=1}^{n}X_i^k,k=1,2,\cdots \tag{6.8}$$

称其为**样本 $k$ 阶原点矩**.

在知晓样本 $k$ 阶中心矩的概念后,引入样本偏度(Skewness)与样本峰度(Kurtosis).

5)样本偏度

$$S_k=\frac{B_3}{B_2^{\frac{3}{2}}} \tag{6.9}$$

6)样本峰度

$$K_u=\frac{B_4}{B_2^2}-3 \tag{6.10}$$

样本偏度刻画的是总体分布的偏斜程度与方向,样本峰度刻画的则是总体分布峰值的陡峭程度.

**注** ①式(6.5)中 $\sum_{i=1}^{n}(X_i-\overline{X})^2$ 称为偏差平方和,其可以恒等变形为 $\sum_{i=1}^{n}X_i^2-n\overline{X}^2$.

想一想:如何证明偏差平方和 $\sum_{i=1}^{n}(X_i-\overline{X})^2=\sum_{i=1}^{n}X_i^2-n\overline{X}^2$?

②通常将式(6.4)~式(6.8)中的5个统计量统称为**矩统计量**,简称为**样本矩**.

③样本一阶中心矩 $B_1=0$,而样本一阶原点矩就是样本均值 $\overline{X}$ 本身.

【例6.5】 某高校为了解新生的娱乐支出情况,随机抽取20名大一新生的某月娱乐支出费用,数据如下(单位:元):84,79,88,125,84,92,101,93,102,94,97,98,99,100,101,102,108,110,113,118,这便是一组容量为20的样本观测值.则该组样本的样本均值为

$$\overline{x}=\frac{1}{20}(84+79+\cdots+113+118)=99.4$$

又由于

$$\sum_{i=1}^{20}x_i^2=84^2+79^2+\cdots+118^2=200\ 152$$

进一步计算得样本方差为

$$S^2=\frac{1}{19}\sum_{i=1}^{20}(x_i-\bar{x})^2=\frac{1}{19}\left(\sum_{i=1}^{20}x_i^2-n\bar{x}^2\right)=133.936\ 8$$

样本标准差为

$$S=\sqrt{\frac{1}{19}\sum_{i=1}^{20}(x_i-\bar{x})^2}=\sqrt{133.936\ 8}=11.573\ 1$$

二阶中心矩为

$$B_2=\frac{1}{20}\sum_{i=1}^{20}(x_i-\bar{x})^2=127.24$$

# 6.3 正态总体的抽样分布

抽得总体的样本后,常借助样本的统计量对未知总体进行推断. 很多的统计推断都是基于正态分布假设的,而且以标准正态变量为基石而构造的 3 个著名统计量在现实中有广泛的应用. 这 3 个统计量的抽样分布被称为统计中的"三大抽样分布",它们分别是$\chi^2$ 分布、$t$ 分布和 $F$ 分布.

## 6.3.1 $\chi^2$ 分布(卡方分布)

**定义 2** 设 $X_1,X_2,\cdots,X_n$ 是来自标准正态总体 $N(0,1)$ 的样本,则称统计量

$$\chi^2=X_1^2+X_2^2+\cdots+X_n^2 \tag{6.11}$$

服从自由度为 $n$ 的$\chi^2$ **分布**,记为$\chi^2\sim\chi^2(n)$. 这里的自由度是指式(6.11)右端中所包含独立变量的个数.

$\chi^2(n)$分布的概率密度为

$$f(x)=\begin{cases}\dfrac{1}{2^{\frac{n}{2}}\Gamma\left(\dfrac{n}{2}\right)}x^{\frac{n}{2}-1}\mathrm{e}^{-\frac{x}{2}} & x>0\\ 0 & x\leqslant 0\end{cases} \tag{6.12}$$

其中,$\Gamma(\cdot)$ 为 Gamma 函数,$\Gamma(s)=\int_0^{+\infty}x^{s-1}\mathrm{e}^{-x}\mathrm{d}x,s>0$. $f(x)$ 的图形如图 6.3 所示.

可证明,$\chi^2$ 分布有以下性质:

(1)若$\chi^2\sim\chi^2(n)$,则其期望 $E(\chi^2)=n$,方差 $D(\chi^2)=2n$.

(2)$\chi^2$ 具有可加性. 即若$\chi_i^2\sim\chi^2(n_i),i=1,2,\cdots,k$,且$\chi_i^2$ 相互独立,则

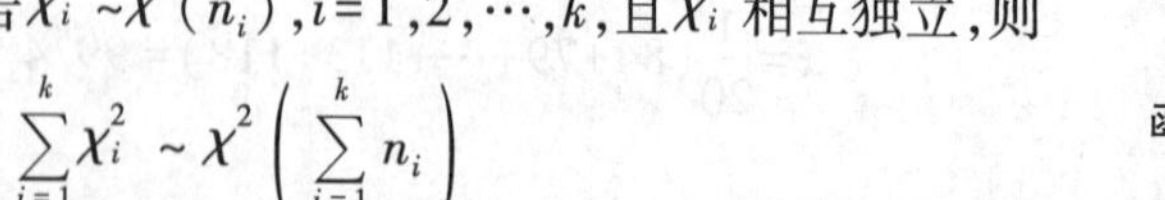

$$\sum_{i=1}^{k}\chi_i^2\sim\chi^2\left(\sum_{i=1}^{k}n_i\right)$$

函数介绍 $\Gamma(\cdot)$

(3)若$\chi^2\sim\chi^2(n)$,对给定的实数$\alpha(0<\alpha<1)$,$\chi^2(n)$分布的$\alpha$ 水平的下侧分位数$\chi_\alpha^2(n)$满足

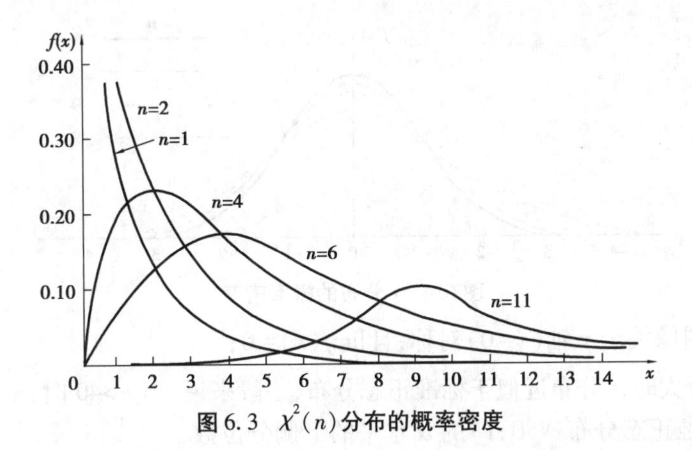


图 6.3 $\chi^2(n)$分布的概率密度

$$P\{\chi^2 \leqslant \chi^2_\alpha(n)\} = \int_{-\infty}^{\chi^2_\alpha(n)} f(x)\,\mathrm{d}x = \alpha$$

上侧分位数、双侧分位数可以类似给出,不再赘述. 对于不同的 $\alpha$ 与 $n$,可直接查本书附表3. 如$\chi^2_{0.95}(15)=24.995\,8$, $\chi^2_{0.9}(25)=34.381\,6$.

【例6.6】设 $X_1,X_2,\cdots,X_n$ 是来自正态总体 $X\sim N(\mu,\sigma^2)$ 的样本,证明:$\frac{1}{\sigma^2}\sum_{i=1}^{n}(X_i-\mu)^2\sim\chi^2(n)$.

**证** 由 $X_i\sim N(\mu,\sigma^2)$ 及第 2 章性质 5 知$\frac{X_i-\mu}{\sigma}\sim N(0,1)$, $i=1,2,\cdots n$, 又由 $X_1,X_2,\cdots,X_n$ 相互独立知$\frac{X_1-\mu}{\sigma},\frac{X_2-\mu}{\sigma},\cdots,\frac{X_n-\mu}{\sigma}$也相互独立. 根据定义 2,有

$$\left(\frac{X_1-\mu}{\sigma}\right)^2+\left(\frac{X_2-\mu}{\sigma}\right)^2+\cdots+\left(\frac{X_n-\mu}{\sigma}\right)^2\sim\chi^2(n)$$

即

$$\frac{1}{\sigma^2}\sum_{i=1}^{n}(X_i-\mu)^2\sim\chi^2(n)$$

## 6.3.2 $t$ 分布

**定义 3** 设 $X\sim N(0,1)$, $Y\sim\chi^2(n)$, 且 $X$ 与 $Y$ 相互独立,则称随机变量

$$T=\frac{X}{\sqrt{\frac{Y}{n}}} \tag{6.13}$$

服从自由度为 $n$ 的 $t$ **分布**,记为 $T\sim t(n)$. $t(n)$分布的概率密度函数为

$$f(x)=\frac{\Gamma\left(\frac{n+1}{2}\right)}{\sqrt{n\pi}\,\Gamma\left(\frac{n}{2}\right)}\left(1+\frac{x^2}{n}\right)^{-\frac{n+1}{2}},\ -\infty<x<+\infty \tag{6.14}$$

其图形如图 6.4 所示.

$t$ 分布具有如下性质:

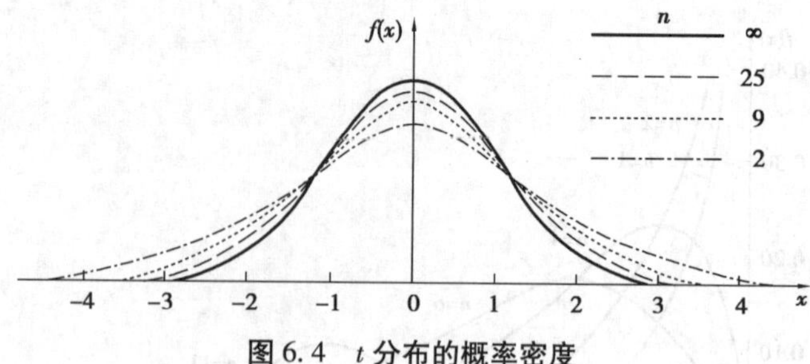


图 6.4 $t$ 分布的概率密度

(1) $f(x)$ 的图像关于 $y$ 轴 ($x=0$) 对称，且 $\lim\limits_{x\to\infty}f(x)=0$；

(2) 当 $n$ 充分大时，$t$ 分布近似于标准正态分布，一般来说，当 $n>40$ 时，不妨认为 $t_\alpha(n)\approx u_\alpha$，其中 $u_\alpha$ 为标准正态分布 $N(0,1)$ 的 $\alpha$ 水平的下侧分位数.

(3) $t$ 分布的 $\alpha$ 水平的下侧分位数 $t_\alpha(n)$ 满足

$$P\{T\leqslant t_\alpha(n)\}=\int_{-\infty}^{t_\alpha(n)}f(x)\,\mathrm{d}x=\alpha \tag{6.15}$$

且据其概率密度函数图像的对称性，知

$$t_{1-\alpha}(n)=-t_\alpha(n) \tag{6.16}$$

上侧分位数、双侧分位数可以类似给出，不再赘述. 对于不同的 $\alpha$ 与 $n$，可直接查本书附表 4. 例如 $t_{0.95}(8)=1.859\,5$，$t_{0.05}(8)=-t_{0.95}(8)=-1.859\,5$.

**【例 6.7】** 设 $X_1,X_2,X_3,X_4$ 是来自正态总体 $X\sim N(4,2)$ 的样本，试问统计量 $\dfrac{X_1-X_2}{\sqrt{(X_3-4)^2+(X_4-4)^2}}$ 服从什么分布？

**证** 由 $X_i\sim N(\mu,\sigma^2)$ 及第 4 章推论 1 知 $X_1-X_2\sim N(0,4)$，再由第 2 章性质 5 知

$$\frac{X_1-X_2}{2}\sim N(0,1),\ \frac{X_3-4}{\sqrt{2}}\sim N(0,1),\ \frac{X_4-4}{\sqrt{2}}\sim N(0,1)$$

所以 $\left(\dfrac{X_3-4}{\sqrt{2}}\right)^2+\left(\dfrac{X_4-4}{\sqrt{2}}\right)^2\sim\chi^2(2)$

又由 $X_1,X_2,X_3,X_4$ 相互独立知 $\dfrac{X_1-X_2}{2},\dfrac{X_3-4}{\sqrt{2}},\dfrac{X_4-4}{\sqrt{2}}$ 也相互独立，由 $t$ 分布的定义得

$$\frac{\dfrac{X_1-X_2}{2}}{\sqrt{\dfrac{\left(\dfrac{X_3-4}{\sqrt{2}}\right)^2+\left(\dfrac{X_4-4}{\sqrt{2}}\right)^2}{2}}}=\frac{X_1-X_2}{\sqrt{(X_3-4)^2+(X_4-4)^2}}\sim t(2)$$

## 6.3.3 $F$ 分布

想一想：若 $T\sim t(n)$，则 $T^2$ 服从什么分布？

**定义 4** 设随机变量 $X\sim\chi^2(m)$，$Y\sim\chi^2(n)$，且 $X,Y$ 相互独立，则称随机变量

$$F=\frac{\frac{X}{m}}{\frac{Y}{n}}=\frac{nX}{mY} \tag{6.17}$$

服从自由度为$(m,n)$的$F$**分布**,记为$F\sim F(m,n)$. $F(m,n)$分布的概率密度函数为

$$f(x)=\begin{cases}\left(\frac{m}{n}\right)^{\frac{m}{2}}\cdot\frac{\Gamma\left(\frac{m+n}{2}\right)}{\Gamma\left(\frac{m}{2}\right)\Gamma\left(\frac{n}{2}\right)}x^{\frac{m}{2}-1}\left(1+\frac{m}{n}x\right)^{-\frac{m+n}{2}} & x>0\\ 0 & x\leqslant 0\end{cases} \tag{6.18}$$

其图形如图 6.5 所示.

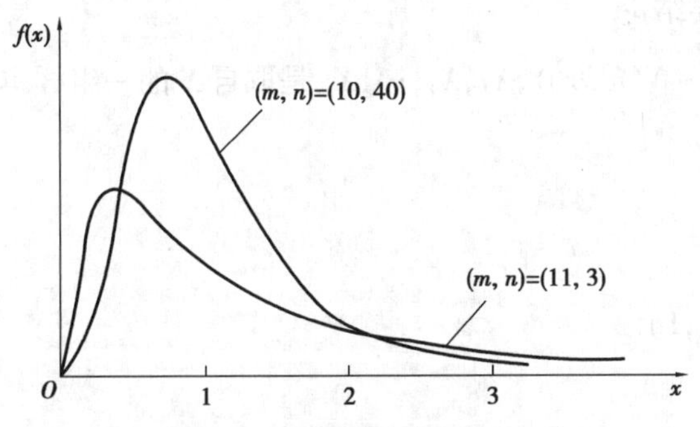


图 6.5 $F$ 分布的概率密度

$F$ 分布具有如下性质:

(1)若$X\sim t(n)$,则$X^2\sim F(1,n)$.

(2)若$F\sim F(m,n)$,则$\frac{1}{F}\sim F(n,m)$.

(3)设$F\sim F(m,n)$,$F(m,n)$分布的$\alpha(0<\alpha<1)$水平的下侧分位数$F_\alpha(m,n)$满足

$$P\{F\leqslant F_\alpha(m,n)\}=\int_{-\infty}^{F_\alpha(m,n)}f(x)\,\mathrm{d}x=\alpha \tag{6.19}$$

其他分位数可以类似给出,不再赘述.

(4)$F_\alpha(m,n)=\frac{1}{F_{1-\alpha}(n,m)}$.

$F$ 分布分位数可查本书附表 5,例如$F_{0.9}(8,5)=3.34$,$F_{0.05}(8,3)=\frac{1}{F_{0.95}(3,8)}=\frac{1}{4.07}\approx$ 0.245 7.

【例 6.8】设$X_1,X_2,X_3$是来自标准正态总体的样本,求$P\left\{\frac{X_1^2}{X_2^2+X_3^2}>4.265\right\}$.

**解** 易知$X_1^2\sim\chi^2(1)$,$X_2^2+X_3^2\sim\chi^2(2)$,而$X_1^2$与$X_2^2+X_3^2$相互独立,故

$$\frac{X_1^2}{\frac{X_2^2+X_3^2}{2}}\sim F(1,2)$$

计算并查表得所求概率为

$$P\left\{\frac{X_1^2}{X_2^2+X_3^2}>4.265\right\}=P\left\{\frac{X_1^2}{\frac{X_2^2+X_3^2}{2}}>8.53\right\}=1-P\left\{\frac{X_1^2}{\frac{X_2^2+X_3^2}{2}}\leqslant 8.53\right\}\approx 1-0.9=0.1$$

### 6.3.4 正态总体下的抽样分布定理

在面对一些实际问题时,总体的分布类型已经获知,但其也还含有未知的参数.这时,常需要利用总体的样本构造合适的统计量,并使该统计量服从或者渐近服从已知的分布.然而,对于一些特殊的情况,如正态总体,人们已经得到了很多关于其抽样分布的结论.下面介绍正态总体的一些重要结论.

**定理1** 设总体 $X\sim N(\mu,\sigma^2)$, $X_1,X_2,\cdots,X_n$ 是取自 $X$ 的一组样本, $\overline{X}$ 为该样本的样本均值,则有

(1) $\overline{X}\sim N\left(\mu,\dfrac{\sigma^2}{n}\right)$;

(2) $U=\dfrac{\overline{X}-\mu}{\frac{\sigma}{\sqrt{n}}}\sim N(0,1)$.

证略.

**定理2** 设总体 $X\sim N(\mu,\sigma^2)$, $X_1,X_2,\cdots,X_n$ 是取自 $X$ 的一组样本, $\overline{X}$ 与 $S^2$ 分别是该样本的样本均值与样本方差,则有

(1) $\dfrac{(n-1)S^2}{\sigma^2}=\dfrac{\sum\limits_{i=1}^{n}(X_i-\overline{X})^2}{\sigma^2}\sim\chi^2(n-1)$;

(2) $\overline{X}$ 与 $S^2$ 相互独立.

证略.

**定理3** 设总体 $X\sim N(\mu,\sigma^2)$, $X_1,X_2,\cdots,X_n$ 是取自 $X$ 的一组样本, $\overline{X}$ 与 $S^2$ 分别是该样本的样本均值与样本方差,则有

(1) $\dfrac{\sum\limits_{i=1}^{n}(X_i-\mu)^2}{\sigma^2}\sim\chi^2(n)$;

(2) $T=\dfrac{\overline{X}-\mu}{\frac{S}{\sqrt{n}}}\sim t(n-1)$.

证略.

**定理4** 设总体 $X\sim N(\mu_1,\sigma_1^2)$ 与 $Y\sim N(\mu_2,\sigma_2^2)$ 是两个相互独立的正态总体,又 $X_1,X_2,\cdots,X_{n_1}$ 是取自 $X$ 的一组样本, $Y_1,Y_2,\cdots,Y_{n_2}$ 是取自 $Y$ 的一组样本, $\overline{X},S_1^2,\overline{Y},S_2^2$ 依次为样本 $X_1,X_2,\cdots,X_{n_1}$ 与 $Y_1,Y_2,\cdots,Y_{n_2}$ 相应的样本均值与样本方差.再记

$$S_w^2=\frac{(n_1-1)S_1^2+(n_2-1)S_2^2}{n_1+n_2-2}$$

则有

(1) $U=\dfrac{(\overline{X}-\overline{Y})-(\mu_1-\mu_2)}{\sqrt{\dfrac{\sigma_1^2}{n_1}+\dfrac{\sigma_2^2}{n_2}}}\sim N(0,1)$;

(2) $F=\dfrac{\dfrac{S_1^2}{\sigma_1^2}}{\dfrac{S_2^2}{\sigma_2^2}}\sim F(n_1-1,n_2-1)$;

(3) 当 $\sigma_1^2=\sigma_2^2=\sigma^2$ 时, $T=\dfrac{(\overline{X}-\overline{Y})-(\mu_1-\mu_2)}{S_w\sqrt{\dfrac{1}{n_1}+\dfrac{1}{n_2}}}\sim t(n_1+n_2-2)$.

证略.

# 习题 6

习题6 参考答案

(A)

1. 包装某产品,每箱100个,各箱的次品率都是 $p$. 现在随机抽取50箱进行检查,第 $i$ 箱的次品数记为,求样本 $X_1,X_2,\cdots,X_{50}$ 的联合分布列.

2. 某工厂生产的某种电器的使用寿命服从指数分布,参数 $\lambda$ 未知. 为此,抽查了100件电器测量其使用寿命,试确定本问题的总体、个体、样本及样本的联合概率密度函数.

3. 从总体 $x$ 中任意抽取一组容量为10的样本,样本值为4.5,2.0,1.0,1.5,3.5,4.5,6.5,5.0,3.5,4.0. 试计算该样本的样本均值与样本方差.

4. 测得一组样本观测值为23.5,24.2,25.0,22.8,23.4,24.3,23.8,24.2,23.5,23.3. 求样本均值、样本标准差以及样本二阶中心矩.

5. 查表求标准正态分布的如下下侧分位数: $u_{0.994}$, $u_{0.025}$, $u_{0.33}$.

6. 查表求 $\chi^2$ 分布的如下下侧分位数: $\chi^2_{0.95}(5)$, $\chi^2_{0.99}(10)$.

7. 查表求 $t$ 分布的如下下侧分位数: $t_{0.99}(5)$, $t_{0.1}(7)$.

8. 查表求 $F$ 分布的如下下侧分位数: $F_{0.99}(5,6)$, $F_{0.05}(6,4)$.

9. 设 $X_1,X_2,\cdots,X_n$ 是来自正态总体 $N(\mu,\sigma^2)$ 的样本, $\mu,\sigma^2$ 是已知常数. 证明:统计量 $\chi^2=\dfrac{1}{\sigma^2}\sum\limits_{i=1}^{n}(X_i-\mu)^2$ 服从自由度为 $n$ 的 $\chi^2$ 分布.

10. 设 $X_1,X_2,\cdots,X_5$ 是来自正态总体 $N(0,1)$ 的样本,

(1) 试确定常数 $c$,使得 $c(X_1^2+X_2^2)$ 服从 $\chi^2$ 分布,并指出它的自由度.

(2)试确定常数 $d$,使得 $d\dfrac{X_1+X_2}{\sqrt{X_3^2+X_4^2+X_5^2}}$服从 $t$ 分布,并指出它的自由度.

(3)试确定常数 $k$,使得 $k\dfrac{X_1^2+X_2^2}{X_3^2+X_4^2+X_5^2}$服从 $F$ 分布,并指出它的自由度.

11. 设总体 $X\sim N(0,1)$,$X_1,X_2,\cdots,X_6$ 是来自总体的一组样本,令

$$Y=(X_1+X_2+X_3)^2+(X_4+X_5+X_6)^2$$

求常数 $c$,使 $cY$ 服从$\chi^2$ 分布,并指出它的自由度.

12. 已知总体 $X\sim t(n)$,证明 $X^2\sim F(1,n)$.

13. 某厂生产的机器平均寿命为 5 年,标准差为 1 年,假设这些机器的寿命服从正态分布,求:(1)容量为 9 的随机样本平均寿命落在 4.4~5.2 年的概率;(2)容量为 9 的随机样本平均寿命小于 6 年的概率.

14. 某总体 $X\sim N(\mu,16)$,$X_1,X_2,\cdots,X_{10}$ 为取自该总体的样本,已知 $P\{S^2>a\}=0.1$,求常数 $a$.

15. 设总体 $X\sim N(20,3^2)$,分别抽取样本容量为 40 和样本容量为 50 的两组样本,求两组样本均值之差的绝对值小于 0.7 的概率.

(B)

**一、填空题**

1. 设 $X_1,X_2,\cdots,X_n$ 是来自正态总体 $N(\mu,\sigma^2)$ 的样本,$\overline{X}$,$S$ 分别为样本均值与样本方差,

则 $\overline{X}\sim$ ________, $\dfrac{\overline{X}-\mu}{\frac{\sigma}{\sqrt{n}}}\sim$ ________, $\dfrac{\overline{X}-\mu}{\frac{S}{\sqrt{n}}}\sim$ ________, $\dfrac{\sum\limits_{i=1}^{n}(X_i-\overline{X})^2}{\sigma^2}\sim$ ________,

$\dfrac{\sum\limits_{i=1}^{n}(X_i-\mu)^2}{\sigma^2}\sim$ ________.

2. 设随机变量 $X$ 与 $Y$ 相互独立,且 $X\sim\chi^2(n_1)$,$Y\sim\chi^2(n_2)$,则随机变量$\dfrac{\frac{X}{n_1}}{\frac{Y}{n_2}}\sim$ ________.

3. 设 $X_1,X_2,\cdots,X_5$ 是来自正态总体 $N(0,\sigma^2)$ 的样本,若$\dfrac{a(X_1+X_2)}{\sqrt{X_3^2+X_4^2+X_5^2}}$服从 $t$ 分布,则 $a=$________

4. 设总体 $X\sim N(0,2^2)$,$X_1,X_2,\cdots,X_{10}$ 是来自总体 $X$ 的一个样本,$Y=\dfrac{2\sum\limits_{i=1}^{6}X_i^2}{3\sum\limits_{j=7}^{10}X_j^2}$,则 $Y\sim$ ________.

5. 设随机变量 $X$ 和 $Y$ 相互独立且都服从正态分布 $N(0,3^2)$,$X_1,X_2,\cdots,X_9$ 和 $Y_1,Y_2,\cdots$,

$Y_9$ 分别是来自总体 $X$ 和 $Y$ 的随机样本，则统计量 $U=\dfrac{X_1+X_2+\cdots+X_9}{\sqrt{Y_1^2+Y_2^2+\cdots+Y_9^2}}$ 服从自由度为________的________分布.

6. 在总体 $X$ 中随机取容量为 100 的样本，其中，$X\sim N(90,30^2)$，则样本均值与总体均值差的绝对值大于 3 的概率为________.

二、单项选择题

1. 对于总体 $X$ 服从 $[0,\lambda]$ 上的均匀分布（$\lambda$ 未知），$X_1,X_2,\cdots,X_n$ 为 $X$ 的样本，则有（　　）.

A. $\dfrac{1}{n}\sum\limits_{i=1}^{n}X_i-\dfrac{\lambda}{2}$ 是一个统计量　　B. $\dfrac{1}{n}\sum\limits_{i=1}^{n}X_i-E(X)$ 是一个统计量

C. $X_1+X_2$ 是一个统计量　　D. $\dfrac{1}{n}\sum\limits_{i=1}^{n}X_i^2-D(X)$ 是一个统计量

2. 对于给定的 $\alpha\in(0,1)$，设 $u_\alpha,\chi_\alpha^2(n),t_\alpha(n),F_\alpha(n_1,n_2)$ 分别是标准正态分布、$\chi^2(n)$、$t(n)$、$F(n_1,n_2)$ 分布的 $\alpha$ 水平的下侧分位数，则下列不正确的是（　　）.

A. $u_\alpha=-u_{1-\alpha}$　　B. $\chi_{1-\alpha}^2(n)=-\chi_\alpha^2(n)$

C. $t_{1-\alpha}(n)=-t_\alpha(n)$　　D. $F_\alpha(n_1,n_2)=\dfrac{1}{F_{1-\alpha}(n_2,n_1)}$

3. $X_1,X_2,\cdots,X_n$ 是来自正态总体 $X\sim N(0,1)$ 的样本，$\overline{X},S^2$ 分别为样本的均值与样本方差，则下列各式正确的是（　　）.

A. $\overline{X}\sim N(0,1)$　　B. $n\overline{X}\sim N(0,1)$

C. $\sum\limits_{i=1}^{n}X_i^2\sim\chi^2_{(n)}$　　D. $\dfrac{\overline{X}}{S}\sim t(n-1)$

4. 设随机变量 $X_1,X_2,\cdots,X_4$ 独立同分布，都服从正态分布 $N(1,1)$，且 $k\left(\sum\limits_{i=1}^{4}X_i-4\right)^2$ 服从 $\chi^2(n)$ 分布，则 $k$ 和 $n$ 分别为（　　）.

A. $k=\dfrac{1}{4},n=1$　　B. $k=\dfrac{1}{2},n=1$

C. $k=\dfrac{1}{4},n=4$　　D. $k=\dfrac{1}{2},n=4$

5. 设 $X$ 服从正态分布，已知 $E(X)=-1,E(X^2)=4$，则容量为 $n$ 的样本均值 $\overline{X}$ 服从的分布为（　　）.

A. $N\left(-1,\dfrac{3}{n}\right)$　　B. $N\left(-1,\dfrac{4}{n}\right)$　　C. $N\left(-\dfrac{1}{n},4\right)$　　D. $N\left(-\dfrac{1}{n},\dfrac{3}{n}\right)$

# 第7章

# 参数估计

总体是由总体分布来刻画的.在实际问题中,我们根据问题本身的专业知识或以往的经验或适当的统计方法,有时可以判断总体分布的类型,但是总体分布的参数还是未知的,需要通过样本来估计.例如,假定某城市每天发生火灾的次数服从泊松分布$P(\lambda)$,其中的参数$\lambda$是未知的,需要通过样本数据来估计。这种通过样本来估计总体的参数的方法,称为参数估计,它是统计推断的一种重要形式.所谓参数估计,即当研究总体的分布类型已知,但分布中含有一个或者多个未知参数时,利用样本来估计未知参数的过程.

本章主要介绍参数估计的两种常用方法:点估计和区间估计,以及估计的优良性和正态总体下的参数估计问题.

## 7.1 点估计

参数估计根据形式不同可分为点估计与区间估计.

### 7.1.1 点估计的概念

**定义1** 设$X_1,X_2,\cdots,X_n$是取自总体$X$的一组样本,$x_1,x_2,\cdots,x_n$是相应的样本值,$\theta$是总体分布中的未知参数.为了估计未知参数$\theta$,需要构造一个统计量$\hat{\theta}_M(X_1,X_2,\cdots,X_n)$,然后用其观测值$\hat{\theta}_M(x_1,x_2,\cdots,x_n)$来作为$\theta$的估计值.$\hat{\theta}_M(X_1,X_2,\cdots,X_n)$被称为$\theta$的**点估计量**,$\hat{\theta}_M(x_1,x_2,\cdots,x_n)$称作$\theta$的**点估计值**.估计量与估计值统称为$\theta$的**点估计**,简记为$\hat{\theta}_M$.

**注** 估计量$\hat{\theta}_M(X_1,X_2,\cdots,X_n)$是一个随机变量,它是样本的函数,当其面对不同的样本观测值时,$\theta$的估计值$\hat{\theta}_M$一般是不同的.

【**例7.1**】设某型号电子元件的寿命$X$服从指数分布,概率密度函数如下(单位:h)

$$X\sim f(x,\theta)=\begin{cases}\dfrac{1}{\theta}e^{-\frac{x}{\theta}} & x>0\\ 0 & x\leqslant 0\end{cases}$$

$\theta(\theta>0)$为未知参数. 现抽得样本值有168,130,169,177,144,139,189,192,198,207,179,201,试估计参数$\theta$.

**解** 由题意易发现,总体$X$的均值为$\theta$,即$\theta=E(X)$,因此,用其样本均值$\overline{X}$作为$\theta$的估计量是十分恰当的. 将样本值代入计算,有

$$\bar{x}=\frac{1}{12}(168+130+\cdots+179+201)=174.417$$

故$\theta$的估计量为$\hat{\theta}=\overline{X}$,$\theta$的估计值$\hat{\theta}=\bar{x}=174.417$.

## 7.1.2 点估计的两种方法

### 1)矩法估计

1990年,英国统计学家K. Person提出一个替换原则,后此方法被人们称为矩法估计(简称"矩估计"). 矩估计的思想是**替换原理**,即用样本矩去替代总体矩或者用样本矩函数去替代总体矩函数. 它的实质就是利用经验分布函数去替换总体分布,其理论基石是辛钦大数定律.

**定义2** 用替换原理估计未知参数的方法称为**矩估计**. 用矩估计确定的估计量称作**矩估计**$\hat{\theta}_M$,对应的估计值称为**矩估计值**$\hat{\theta}_M$.

下面介绍矩估计的步骤:

设总体$X$的分布函数$F(x;\theta_1,\theta_2,\cdots,\theta_k)$中含有$k$个未知参数$\theta_1,\theta_2,\cdots,\theta_k$,则

(1)求总体$X$的$k$阶原点(中心)矩$\mu_1,\mu_2,\cdots,\mu_k(v_1,v_2,\cdots,v_k)$,它们一般都是$k$个未知参数的函数,记为

$$\mu_i=\mu_i(\theta_1,\theta_2,\cdots,\theta_k),i=1,2,\cdots,k.$$
$$(v_i=v_i(\theta_1,\theta_2,\cdots,\theta_k),i=1,2,\cdots,k.)$$

(2)由(1)解得

$$\theta_j=t_j(\mu_1,\mu_2,\cdots,\mu_k),j=1,2,\cdots,k.$$
$$(\theta_j=r_j(v_1,v_2,\cdots,v_k),j=1,2,\cdots,k.)$$

(3)用$\mu_i(v_i)$的估计量$A_i(B_i)$分别代替$\mu_i(v_i)$,即可得到$\theta_j$的矩估计量

$$\hat{\theta}_j=t_j(A_1,A_2,\cdots,A_k),j=1,2,\cdots,k. \tag{7.1}$$

$$(\hat{\theta}_j=r_j(B_1,B_2,\cdots,B_k),j=1,2,\cdots,k.) \tag{7.2}$$

**注** 矩估计不唯一,且在估计中应尽量采用低阶矩进行估计.

【**例7.2**】设总体$X$服从均匀分布$U(a,b)$,$a,b$均为未知参数,现抽得一组样本$x_1=4.5$,$x_2=5$,$x_3=4.7$,$x_4=4$,$x_5=4.2$,求$a,b$的矩估计值.

**解** 由于

$$E(X)=\frac{a+b}{2},D(X)=\frac{(b-a)^2}{12}$$

易解得

$$a=E(X)-\sqrt{3D(X)}$$

$$b=E(X)+\sqrt{3D(X)}$$

由此可得

$$\hat{a}=\overline{X}-\sqrt{3}S$$

$$\hat{b}=\overline{X}+\sqrt{3}S$$

再根据样本数据可求得 $\bar{x}=4.48, s=0.396\,2$，代入上式得 $a,b$ 的矩估计值

$$\hat{a}=4.48-0.396\,2\times\sqrt{3}=3.793\,8$$

$$\hat{b}=4.48+0.396\,2\times\sqrt{3}=5.166\,2$$

**2)最大似然估计**

1821 年,高斯提出了最大似然估计. 1922 年,费希尔再次提出这种想法并证明了它的一些性质,使其得以推广应用. 最大似然估计是求估计值用得最多的方法. 下面通过一个例子来介绍最大似然估计的思想——最大似然原理.

**【例 7.3】**某专业赛车手与一位普通私家车车主进行一轮赛车比赛,5 min 后第一辆车冲过了终点,8 min 后第二辆车冲过了终点,试猜测赛车的胜者是谁?

**解** 由于只进行一轮比赛,谁率先冲过终点即是胜者,又由于专业赛车手率先冲过终点的概率一般是大于普通私家车主率先冲过终点的概率,故一般猜测率先通过终点是专业赛车手,即赛车胜者是专业赛车手.

如上例这般推理可以看出,一组事件如果某个事件发生的频率最大,就可以认为它是最有可能发生的事件,或者说它发生的概率最大,而这样的推理方式就是**最大似然原理**. “最大似然”即“最像”之意. 显然,最大似然原理与人们长期的生活实践经验是相符的. 那么,最大似然估计的思想即在已经得到实验结果的情况下,应找出使该结果发生的可能性最大的那个 $\theta$ 作为分布中未知参数 $\theta$ 的估计值 $\hat{\theta}$.

**定义 3** 设总体 $X$ 的概率分布为 $f(x;\theta)$(离散型总体时 $f(x;\theta)$ 即为分布列;连续型总体时 $f(x;\theta)$ 即为概率密度函数),其中 $\theta$ 是未知参数,$\Theta$ 是 $\theta$ 取值的参数空间,记样本 $X_1$, $X_2,\cdots,X_n$ 的联合概率分布为

$$L(\theta)=L(x_1,x_2,\cdots,x_n;\theta)=\prod_{i=1}^{n}f(x_i;\theta) \tag{7.3}$$

对任意给定的一组样本值 $x_1,x_2,\cdots,x_n$,把 $L(x_1,x_2,\cdots,x_n;\theta)$ 看作 $\theta$ 的函数,称其为**似然函数**,简记为 $L(\theta)$. 如果某统计量 $\hat{\theta}=\hat{\theta}(x_1,x_2,\cdots,x_n)$ 满足

$$L(\hat{\theta})=\max_{\theta\in\Theta}L(\theta) \tag{7.4}$$

**想一想:为什么似然函数 $L(\theta)$ 只看成是参数 $\theta$ 的函数,而不看成是 $x_1,x_2,\cdots,x_n$ 的函数?**

则称 $\hat{\theta}_L=\hat{\theta}_L(x_1,x_2,\cdots,x_n)$ 为参数 $\theta$ 的**最大似然估计值**,$\hat{\theta}_L=\hat{\theta}_L(X_1,X_2,\cdots,X_n)$ 为其**最大似然估计量**,它们统称为 $\theta$ 的**最大似然估计**(MLE).

在似然函数可微的情况下,最大似然估计最常用的步骤如下:

(1)写出似然函数 $L(\theta)=L(x_1,x_2,\cdots,x_n;\theta)$;

(2)对 $L(\theta)$ 求导,令 $\dfrac{\mathrm{d}\,L(\theta)}{\mathrm{d}\theta}=0$ 或 $\dfrac{\mathrm{d}\,\ln L(\theta)}{\mathrm{d}\theta}=0$ 并求出驻点;

(3)判断并求出最大值点,然后将样本值代入最大值点表达式即得最大似然估计值.

**注** 似然函数不可微或无驻点时,按照最大似然估计的思想求出最大值点即可.

【例7.4】设总体 $X$ 的分布列为

| $X$ | 1 | 2 | 3 |
|---|---|---|---|
| $P$ | $\theta^2$ | $2\theta(1-\theta)$ | $(1-\theta)^2$ |

其中,$\theta$ 为未知参数. 利用总体 $X$ 如下样本值:1,2,1,试求 $\theta$ 的最大似然估计值.

**解** 由已知可得似然函数

$$L(\theta)=L(x_1,x_2,x_3;\theta)=\prod_{i=1}^{3}p(x_i;\theta)=\theta^2\cdot 2\theta(1-\theta)\cdot\theta^2=2\theta^5(1-\theta)$$

对其取对数求导有

$$\frac{\mathrm{d}\ln L(\theta)}{\mathrm{d}\theta}=\frac{\mathrm{d}}{\mathrm{d}\theta}[\ln 2+5\ln\theta+\ln(1-\theta)]=\frac{5}{\theta}-\frac{1}{1-\theta}=0$$

解得

$$\hat{\theta}=\frac{5}{6}$$

由于

$$\left.\frac{\mathrm{d}^2\ln L(\theta)}{\mathrm{d}\theta^2}\right|_{\theta=\frac{5}{6}}=\left.\left[-\frac{5}{\theta^2}-\frac{1}{(1-\theta)^2}\right]\right|_{\theta=\frac{5}{6}}<0$$

故 $\hat{\theta}=\frac{5}{6}$ 确使对数似然函数 $\ln L(\theta)$ 达到最大. 所以,$\theta$ 的最大似然估计值为 $\hat{\theta}_L=\frac{5}{6}$.

【例7.5】设总体 $X$ 服从指数分布,其概率密度函数为

$$f(x;\lambda)=\begin{cases}\lambda e^{-\lambda x} & x>0\\ 0 & x\leqslant 0\end{cases}$$

其中 $\lambda>0$ 是未知参数,$x_1,x_2,\cdots,x_n$ 是取自总体 $X$ 的一组样本观测值,求参数 $\lambda$ 的最大似然估计值.

**解** 据式(7.3)可得似然函数

$$L(\lambda)=L(x_1,x_2,\cdots,x_n;\lambda)=\begin{cases}\lambda^n e^{-\lambda\sum_{i=1}^{n}x_i} & x_i>0\\ 0 & \text{其他}\end{cases}$$

显然,$L(x_1,x_2,\cdots,x_n;\lambda)$ 的最大值点一定是 $L(x_1,x_2,\cdots,x_n;\lambda)=\lambda^n e^{-\lambda\sum_{i=1}^{n}x_i}$ 的最大值点,对 $L(x_1,x_2,\cdots,x_n;\lambda)$ 取对数求导有

$$\ln L(x_1,x_2,\cdots,x_n;\lambda)=n\ln\lambda-\lambda\sum_{i=1}^{n}x_i$$

由

$$\frac{\mathrm{d}\ln L(x_1,x_2,\cdots,x_n;\lambda)}{\mathrm{d}\lambda}=\frac{n}{\lambda}-\sum_{i=1}^{n}x_i=0$$

可得参数 $\lambda$ 的最大似然估计值 $\hat{\lambda}_L=\dfrac{n}{\sum_{i=1}^{n}x_i}=\dfrac{1}{\bar{x}}$.

【例7.6】设 $X_1,X_2,\cdots,X_n$ 是来自总体 $X\sim U[0,\theta]$ 的样本,求:(1)参数 $\theta$ 的矩法估计量

$\hat{\theta}_M$;(2)参数 $\theta$ 的最大似然估计量 $\hat{\theta}_L$.

**解** (1)显然 $E(X)=\dfrac{\theta}{2}$. 由替换原理,令 $\overline{X}=E(X)=\dfrac{\theta}{2}$,从而参数 $\theta$ 的矩法估计量为 $\hat{\theta}_M=2\overline{X}$.

(2)由于总体 $X$ 的概率密度为

$$f(x;\theta)=\begin{cases}\dfrac{1}{\theta} & 0\leqslant x\leqslant\theta\\ 0 & 其他\end{cases}$$

据式(7.3)可得似然函数为

$$L(\theta)=L(x_1,x_2,\cdots,x_n;\theta)=\begin{cases}\dfrac{1}{\theta^n} & 0\leqslant x_i\leqslant\theta\\ 0 & 其他\end{cases}$$

因为$\dfrac{\mathrm{d}\ln L(\theta)}{\mathrm{d}\theta}=-\dfrac{n}{\theta}<0$,从而不能用求导的方法求最大似然估计.

考虑到

$$L(\theta)=L(x_1,x_2,\cdots,x_n;\theta)=\begin{cases}\dfrac{1}{\theta^n} & 0\leqslant x_i\leqslant\theta\\ 0 & 其他\end{cases}=\begin{cases}\dfrac{1}{\theta^n} & \theta\geqslant\max\{x_1,x_2,\cdots,x_n\}\\ 0 & 其他\end{cases}$$

为求 $L(\theta)$ 的最大值点,显然只需考虑

$$L(\theta)=\frac{1}{\theta^n},\theta\geqslant\max\{x_1,x_2,\cdots,x_n\}$$

当 $\theta$ 为何值时取得最大值. 对给定的一组样本观测值 $x_1,x_2,\cdots,x_n$ 来说,$\theta$ 越小,$L(\theta)$ 就越大. 当 $\theta=\max\{x_1,x_2,\cdots,x_n\}$ 时,$L(\theta)$ 取值最大,所以 $\theta$ 的最大似然估计量为

$$\hat{\theta}_L=\max\{X_1,X_2,\cdots,X_n\}.$$

由此可见,对于总体分布的同一未知参数,得到的矩估计和最大似然估计也未必相同.

## 7.2 估计量评价的一般标准

前面已经看到,对于总体的同一个未知参数,可能得到不同的估计量. 我们自然就会问,这些估计量中哪个最好? 这就涉及用什么标准来评价估计量优劣性的问题. 本节讨论费希尔提出的三个评价标准——无偏性、有效性和相合性.

### 7.2.1 无偏性

估计量是样本的函数,由于样本具有随机性,对不同的样本观测值就会得到不同的估计值. 有些估计值偏大,有些估计值偏小,我们自然希望所有估计值的平均值刚好等于未知参数的真实值. 也就是说,估计量的数学期望恰好等于未知参数的真实值. 这就引出了无偏性这个标准.

**定义4** 设 $X_1,X_2,\cdots,X_n$ 是取自总体 $X$ 的一组样本,$\hat{\theta}=\theta(X_1,X_2,\cdots,X_n)$ 是参数 $\theta$ 的估计量. 若对任意的 $\theta\in\Theta$,都有

$$E_\theta(\hat{\theta})=\theta$$

则称 $\hat{\theta}$ 是 $\theta$ 的**无偏估计**,否则称 $\hat{\theta}$ 是 $\theta$ 的**有偏估计**.

设 $X_1,X_2,\cdots,X_n$ 是取自总体 $X$ 的一组样本,若总体期望 $E(X)=\mu$,方差 $D(X)=\sigma^2$ 存在,容易验证 $E(\overline{X})=\mu$,$E(S^2)=E\left[\frac{1}{n-1}\sum_{i=1}^{n}(X_i-\overline{X})^2\right]=\sigma^2$,即**样本均值 $\overline{X}$ 是总体均值 $\mu$ 的无偏估计,样本方差 $S^2$ 是总体方差 $\sigma^2$ 的无偏估计**.

想一想:如何证明 $E(S^2)=\sigma^2$?

对于样本二阶中心矩 $B_2=\frac{1}{n}\sum_{i=1}^{n}(X_i-\overline{X})^2$,因为

$$E(B_2)=E\left(\frac{n-1}{n}S^2\right)=\frac{n-1}{n}\sigma^2\neq\sigma^2$$

所以样本二阶中心矩是总体方差 $\sigma^2$ 的有偏估计.

**【例7.7】** 设 $X_1,X_2,\cdots,X_n$ 是来自总体 $X\sim U[0,\theta]$ 的样本,试证:统计量 $\frac{1}{n}\sum_{i=1}^{n}X_i^2$ 是 $\frac{1}{3}\theta^2$ 的无偏估计.

**证** 因为 $X_1,X_2,\cdots,X_n$ 相互独立,且与总体 $X$ 同分布,显然 $E(X_i)=\frac{\theta}{2}$,$D(X_i)=\frac{\theta^2}{12}$,故

$$E(X_i^2)=D(X_i)+[E(X_i)]^2=\frac{\theta^2}{12}+\frac{\theta^2}{4}=\frac{1}{3}\theta^2$$

于是

$$E\left(\frac{1}{n}\sum_{i=1}^{n}X_i^2\right)=\frac{1}{n}E\left(\sum_{i=1}^{n}X_i^2\right)=\frac{1}{n}\cdot n\cdot\frac{1}{3}\theta^2=\frac{1}{3}\theta^2$$

即 $\frac{1}{n}\sum_{i=1}^{n}X_i^2$ 是 $\frac{1}{3}\theta^2$ 的无偏估计.

### 7.2.2 有效性

一般来说,同一个参数往往有多个无偏估计. 例如,设 $X_1,X_2,\cdots,X_n$ 是来自总体 $X$ 的样本,总体均值 $\mu$ 和方差 $\sigma^2$ 都存在,容易验证:

$$\hat{\mu}_1=X_1,\hat{\mu}_2=\frac{1}{3}X_1+\frac{2}{3}X_2,\hat{\mu}_3=\overline{X} \tag{7.5}$$

都是总体均值 $\mu$ 的无偏估计. 试问:哪个更好?

对于不同的样本观测值,就会得到不同的估计值. 由于该组估计量都具有无偏性,即这些估计量的估计值都在参数真实值周围波动,且平均来看,波动幅度都刚好正负相抵,故我们自然希望估计量取值在正负相抵的前提之下,波动的幅度越小越好. 衡量估计量取值波动幅度的量就是方差,这样就产生了有效性的概念.

**定义5** 设 $\hat{\theta}_1=\hat{\theta}_1(X_1,X_2,\cdots,X_n)$ 和 $\hat{\theta}_2=\hat{\theta}_2(X_1,X_2,\cdots,X_n)$ 都是参数 $\theta$ 的无偏估计. 若对任意的 $\theta\in\Theta$,都有

$$D_\theta(\hat{\theta}_1) \leqslant D_\theta(\hat{\theta}_2)$$

并且至少存在某个 $\theta \in \Theta$,使得上式中的不等号成立,则称 $\hat{\theta}_1$ 比 $\hat{\theta}_2$ **有效**.

也就是说,如果同时用 $\hat{\theta}_1$ 和 $\hat{\theta}_2$ 来估计 $\theta$ 多次,$\hat{\theta}_1$ 与 $\theta$ 的平均偏差更小一些,即 $\hat{\theta}_1$ 的取值更加集中在 $\theta$ 的真实值附近,故可以认为 $\hat{\theta}_1$ 是比 $\hat{\theta}_2$ 更优良的估计.

对于式(7.5)中的3个估计量,容易算得

$$D(\hat{\mu}_1) = \sigma^2, D(\hat{\mu}_2) = \frac{1}{9}D(X_1) + \frac{4}{9}D(X_2) = \frac{5}{9}\sigma^2, D(\hat{\mu}_3) = \frac{1}{n}\sigma^2$$

当样本容量 $n \geqslant 2$ 时,

$$D(\hat{\mu}_3) < D(\hat{\mu}_2) < D(\hat{\mu}_1)$$

即 $\hat{\mu}_3$ 比 $\hat{\mu}_2$ 有效,$\hat{\mu}_2$ 比 $\hat{\mu}_1$ 有效.

【**例7.8**】设 $X_1, X_2, \cdots, X_n$ 是来自总体 $X$ 的样本,且期望 $E(X) = \mu$ 和方差 $D(X) = \sigma^2$ 都存在,证明:(1) 对任意正数 $a_1, a_2, \cdots, a_n$,若 $\sum\limits_{i=1}^{n} a_i = 1$,则 $\hat{\mu} = \sum\limits_{i=1}^{n} a_i X_i$ 是 $\mu$ 的无偏估计;(2) 在 $\mu$ 的一切线性无偏估计中,样本均值 $\overline{X}$ 最有效.

**证** (1)因为 $E(X_i) = E(X) = \mu, i = 1, 2, \cdots, n$,

$$E(\hat{\mu}) = E\left(\sum_{i=1}^{n} a_i X_i\right) = \sum_{i=1}^{n} a_i E(X_i) = \sum_{i=1}^{n} a_i \mu = \mu$$

所以 $\hat{\mu}$ 是 $\mu$ 的无偏估计.

(2) 由柯西不等式知,当 $\sum\limits_{i=1}^{n} a_i = 1$ 时,$\sum\limits_{i=1}^{n} a_i^2 \geqslant \frac{1}{n}$. 又因为 $D(X_i) = D(X) = \sigma^2, i = 1, 2, \cdots, n$,所以

$$D(\hat{\mu}) = D\left(\sum_{i=1}^{n} a_i X_i\right) = \sum_{i=1}^{n} a_i^2 D(X_i) = \sigma^2 \sum_{i=1}^{n} a_i^2 \geqslant \frac{1}{n}\sigma^2 = D(\overline{X})$$

即在 $\mu$ 的一切线性无偏估计中,样本均值 $\overline{X}$ 最有效.

公式介绍
柯西不等式

### 7.2.3 相合性

无偏性和有效性都是在样本容量 $n$ 固定的前提下提出的. 一般来讲,样本容量越大,样本中所包含的总体的信息就越多,估计量的估计值接近于参数真实值的概率就越大,这就产生了相合性标准.

**定义6** 设 $\hat{\theta}_n = \hat{\theta}_n(X_1, X_2, \cdots, X_n)$ 是未知参数 $\theta$ 的估计量. 若对任意的 $\theta \in \Theta$,当样本容量 $n \to \infty$ 时,$\hat{\theta}_n$ 依概率收敛于 $\theta$,即对任意的 $\varepsilon > 0$ 有

$$\lim_{n \to \infty} P_\theta\{|\hat{\theta}_n - \theta| < \varepsilon\} = 1$$

则称 $\hat{\theta}_n$ 是 $\theta$ 的**相合估计**.

相合性即当样本容量 $n$ 充分大时,"$\hat{\theta}_n$ 与 $\theta$ 的偏差任意小"的可能性几乎可以达到100%. 从统计学的角度来看,相合性是对一个估计量的最基本要求. 试问若一个估计量不具有相合性,也就是说无论样本容量 $n$ 取得多么大,估计量 $\hat{\theta}_n$ 都不能将 $\theta$ 估计得足够精确,那

么这样的估计量还能有多大价值？

由大数定律可知：

样本均值 $\overline{X}$ 是总体均值 $\mu$ 的相合估计；

更进一步地可以推导出：

(1)样本方差 $S^2$ 是总体方差 $\sigma^2$ 的相合估计；

(2)样本标准差 $S$ 是总体标准差 $\sigma$ 的相合估计；

(3)样本 $k$ 阶原点矩是总体 $k$ 阶原点矩的相合估计；

(4)样本 $k$ 阶中心矩是总体 $k$ 阶中心矩的相合估计.

无偏性、有效性与相合性是评价估计量的 3 个常用标准. 对同一个估计量使用不同的评价标准,可能会得到完全不同的结论,因此在评价估计量的优劣时,首先要指出是在哪一个标准下,否则谈论谁优谁劣毫无意义. 当然评价估计量优劣的标准还有很多,这里不再赘述.

## 7.3 区间估计

在日常生活中,当我们估计一个未知量的时候,通常采用两种方法. 一种方法是用一个数(点)去估计,我们称它为点估计. 前面讨论的矩估计和最大似然估计都属于这种情况. 另一种方法是采用一个区间去估计. 例如,估计某人的身高为 170 ~ 180 cm,明天重庆的最高气温在 30 ~ 32 ℃,等等. 这类估计称为区间估计.

不难看出,区间估计的长度度量了该区间估计的精度. 区间估计的长度越长,它的精度也就越低. 例如:估计某人的身高,甲估计他是 170 ~ 180 cm,而乙估计他是 150 ~ 190 cm,显然甲的区间估计较乙的短,因而精度较高. 但是,这个区间短,包含该人真正身高的可能性即概率就小. 我们把这个概率称为区间估计的可靠度. 那么,乙的区间估计的长度长,即精度差,但可靠度比甲的大. 由此可见,在区间估计中,**精度**(用区间估计的长度来度量)和**可靠度**(用估计的区间包含未知量的概率来度量)是相互矛盾的. 在实际问题中,我们总是在保证可靠度的条件下,尽可能地提高精度.

### 7.3.1 区间估计的概念

下面我们来讨论如何构造未知参数的区间估计. 在统计学文献中,将可靠度称为置信系数. 区间估计的区间也常常称为置信区间.

**想一想:能否将 $P\{\hat{\theta}_1<\theta<\hat{\theta}_2\}=1-\alpha$ 读作 $\theta$ 落入区间 $(\hat{\theta}_1,\hat{\theta}_2)$ 的概率为 $1-\alpha$?**

**定义 7** 设 $X_1,X_2,\cdots,X_n$ 是来自总体 $X$ 的样本,$\theta$ 是未知参数,若对任意给定的 $\alpha(0<\alpha<1)$,统计量 $\hat{\theta}_1=\hat{\theta}_1(X_1,X_2,\cdots,X_n)$ 和 $\hat{\theta}_2=\hat{\theta}_2(X_1,X_2,\cdots,X_n)$ 满足

$$P\{\hat{\theta}_1<\theta<\hat{\theta}_2\}=1-\alpha \tag{7.6}$$

则称随机区间 $(\hat{\theta}_1,\hat{\theta}_2)$ 是 $\theta$ 的置信水平为 $1-\alpha$ 的**置信区间**,$\hat{\theta}_1$ 和 $\hat{\theta}_2$ 分别叫置**信下限和置信上限**.

例如,如果取 $\alpha=0.05$,那么$(\hat{\theta}_1,\hat{\theta}_2)$是 $\theta$ 的置信水平为 0.95 的置信区间,其含义是:反复使用$(\hat{\theta}_1,\hat{\theta}_2)$估计 $\theta$ 多次,例如估计 1 000 次,大约有 950 次所得到的置信区间包含了未知参数 $\theta$ 的真实值.因此就一次抽样而言,我们就有 95% 的把握保证该区间包含了参数 $\theta$ 的真实值.

在实际应用中,许多量都可以近似地用正态总体去刻画,因此,关于正态总体下的区间估计会经常遇到.基于前面提到的思想,下面都是以在保证置信水平不变的前提下,尽可能地选择精确度最高(区间长度最短)的最优置信区间为指导思路来进行讨论.

## 7.3.2 单个正态总体下的区间估计

### 1)当 $\sigma^2$ 已知时 $\mu$ 的区间估计

设 $X_1,X_2,\cdots,X_n$ 是来自正态总体 $X\sim N(\mu,\sigma_0^2)$ 的一组样本,方差 $\sigma_0^2>0$ 已知,讨论期望 $\mu$ 的置信水平为 $1-\alpha$ 的置信区间(图 7.1)如下.

由于 $\overline{X}$ 是 $\mu$ 的优良估计,且 $\overline{X}\sim N\left(\mu,\dfrac{\sigma_0^2}{n}\right)$,于是

$$U^{①}=\frac{\overline{X}-\mu}{\dfrac{\sigma_0}{\sqrt{n}}}\sim N(0,1)$$

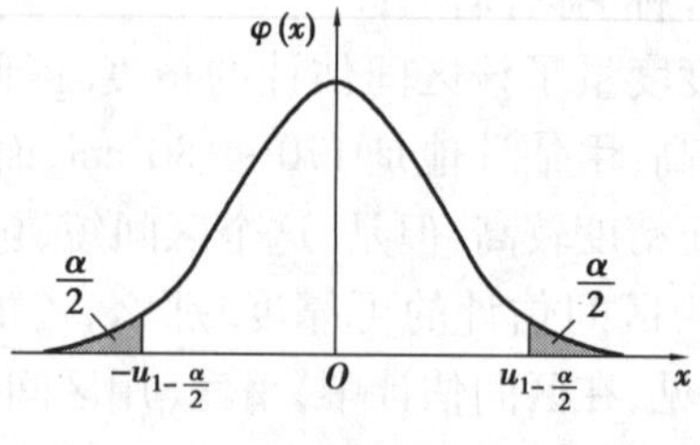

图 7.1 $\sigma^2$ 已知时 $\mu$ 的置信水平为 $1-\alpha$ 的置信区间示意图

对于给定的 $\alpha(0<\alpha<1)$,结合标准正态概率密度函数的对称性,为使精度最高(即置信区间的平均长度最短),查表得分位数 $u_{1-\frac{\alpha}{2}}$,使得

$$P\left\{\left|\frac{\overline{X}-\mu}{\dfrac{\sigma_0}{\sqrt{n}}}\right|<u_{1-\frac{\alpha}{2}}\right\}=1-\alpha$$

即

$$P\left\{\overline{X}-u_{1-\frac{\alpha}{2}}\frac{\sigma_0}{\sqrt{n}}<\mu<\overline{X}+u_{1-\frac{\alpha}{2}}\frac{\sigma_0}{\sqrt{n}}\right\}=1-\alpha$$

故 $\mu$ 的置信水平为 $1-\alpha$ 的置信区间为

① 我们称 $U$ 为枢轴量.

$$\left(\overline{X}-u_{1-\frac{\alpha}{2}}\frac{\sigma_0}{\sqrt{n}},\overline{X}+u_{1-\frac{\alpha}{2}}\frac{\sigma_0}{\sqrt{n}}\right)$$

亦可简记为

$$\left(\overline{X}\pm u_{1-\frac{\alpha}{2}}\frac{\sigma_0}{\sqrt{n}}\right)① \tag{7.7}$$

例如,当样本均值 $\bar{x}=11.23$,样本容量 $n=16$,总体标准差 $\sigma_0=0.2$ 时,给定 $1-\alpha=0.95$,查表得 $u_{1-\frac{\alpha}{2}}=u_{0.975}=1.96$,因此,$\mu$ 的置信水平为 0.95 的置信区间为

$$\left(\bar{x}\pm u_{1-\frac{\alpha}{2}}\frac{\sigma_0}{\sqrt{n}}\right)②=\left(11.23\pm 1.96\times\frac{0.2}{4}\right)$$

即(11.132,11.328).

**【例7.9】**为了提高可靠性和测量精度,飞机通常安装了若干个高度仪.设飞机实际飞行高度为 $\mu$ 时,每个高度仪实时测量值 $X\sim N(\mu,\sigma_0^2)$,而飞机仪表上显示的飞行高度是所有的高度测量值的平均值.若某飞机装有 4 个高度仪,飞行仪表上显示的飞机高度是 9 813 m,$\sigma_0=8$ m,在置信水平 $1-\alpha=0.98$ 下,求飞机实际飞行在什么高度范围?

**解** 由题意得样本均值 $\bar{x}=9\,813$,样本容量 $n=4$,总体标准差 $\sigma_0=8$ 时,给定 $1-\alpha=0.98$,查表得 $u_{1-\frac{\alpha}{2}}=u_{0.99}=2.33$,因此,$\mu$ 的置信水平为 0.98 的置信区间为

$$\left(\bar{x}\pm u_{1-\frac{\alpha}{2}}\frac{\sigma_0}{\sqrt{n}}\right)=\left(9\,813\pm 2.33\times\frac{8}{2}\right)$$

即(9 803.68,9 822.32).

### 2)当 $\sigma^2$ 未知时 $\mu$ 的区间估计

设 $X_1,X_2,\cdots,X_n$ 是来自正态总体 $X\sim N(\mu,\sigma^2)$ 的一组样本,方差 $\sigma^2>0$ 未知,讨论期望 $\mu$ 的置信水平为 $1-\alpha$ 的置信区间(图7.2)如下.

当方差 $\sigma^2$ 未知时,用样本标准差代替总体标准差,即第6章定理3(2),得到枢轴量

$$T=\frac{\overline{X}-\mu}{\frac{S}{\sqrt{n}}}\sim t(n-1)$$

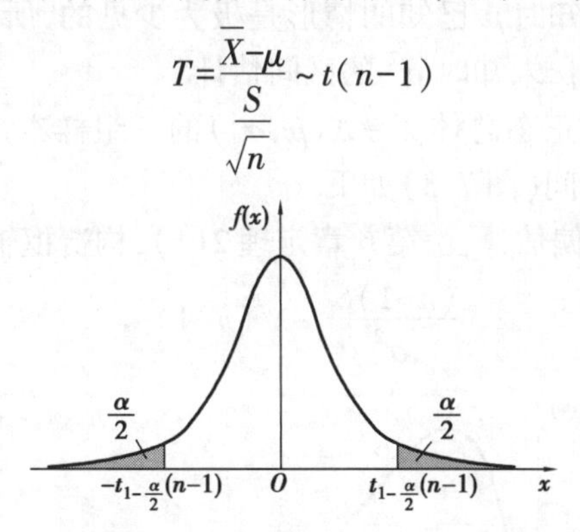


图7.2 $\sigma^2$ 未知时 $\mu$ 的置信水平为 $1-\alpha$ 的置信区间示意图

对于给定的 $\alpha(0<\alpha<1)$,结合 $t$ 分布概率密度函数的对称性,为使精度最高(即置信区间

① 亦可为闭区间,无本质影响.

② 其中 $\bar{x}$ 是统计量 $\overline{X}$ 的观测值,以后未必一一提及.

的平均长度最短)，查表得分位数 $t_{1-\frac{\alpha}{2}}(n-1)$，使得

$$P\left\{\left|\frac{\overline{X}-\mu}{\frac{S}{\sqrt{n}}}\right|<t_{1-\frac{\alpha}{2}}(n-1)\right\}=1-\alpha$$

即

$$P\left\{\overline{X}-t_{1-\frac{\alpha}{2}}(n-1)\frac{S}{\sqrt{n}}<\mu<\overline{X}+t_{1-\frac{\alpha}{2}}(n-1)\frac{S}{\sqrt{n}}\right\}=1-\alpha$$

故 $\mu$ 的置信水平为 $1-\alpha$ 的置信区间为

$$\left(\overline{X}-t_{1-\frac{\alpha}{2}}(n-1)\frac{S}{\sqrt{n}},\overline{X}+t_{1-\frac{\alpha}{2}}(n-1)\frac{S}{\sqrt{n}}\right)$$

亦可简记为

$$\left(\overline{X}\pm t_{1-\frac{\alpha}{2}}(n-1)\frac{S}{\sqrt{n}}\right) \tag{7.8}$$

【例 7.10】为了研究某款旅游产品的推销情况，从购买过该项产品的人群中随机抽取了 16 人，并算得他们的平均年龄(单位:周岁)为 36.3，样本标准差为 8.69，假定购买该项产品的人的年龄服从正态分布，求总体均值 $\mu$ 的置信水平为 0.90 的置信区间.

**解** 由题意得样本均值 $\bar{x}=36.3$，样本容量 $n=16$，样本标准差 $s=8.69$ 时，给定 $1-\alpha=0.90$，查表得 $t_{1-\frac{\alpha}{2}}(n-1)=t_{0.95}(15)=1.7531$，因此，$\mu$ 的置信水平为 0.98 的置信区间为

$$\left(\bar{x}\pm t_{1-\frac{\alpha}{2}}(n-1)\frac{s}{\sqrt{n}}\right)=\left(36.3\pm 1.7531\times\frac{8.69}{4}\right)$$

即(32.50,40.11).

可见，该项旅游产品应主要向年龄为 33 ~ 40 岁的人群推销.

### 3)当 $\mu$ 未知时 $\sigma^2$ 的区间估计

在实际应用中，当 $\sigma^2$ 未知时 $\mu$ 已知的情形是极为少见的，所以我们不去讨论当 $\mu$ 已知时 $\sigma^2$ 的区间估计，只讨论当 $\mu$ 未知时 $\sigma^2$ 的区间估计.

设 $X_1,X_2,\cdots,X_n$ 是来自正态总体 $X\sim N(\mu,\sigma^2)$ 的一组样本，期望 $\mu$ 未知，讨论方差 $\sigma^2$ 的置信水平为 $1-\alpha$ 的置信区间(图 7.3)如下.

我们知道 $S^2$ 是 $\sigma^2$ 的无偏估计，由第 6 章定理 2(1)，构造枢轴量

$$\frac{(n-1)S^2}{\sigma^2}\sim\chi^2(n-1)$$

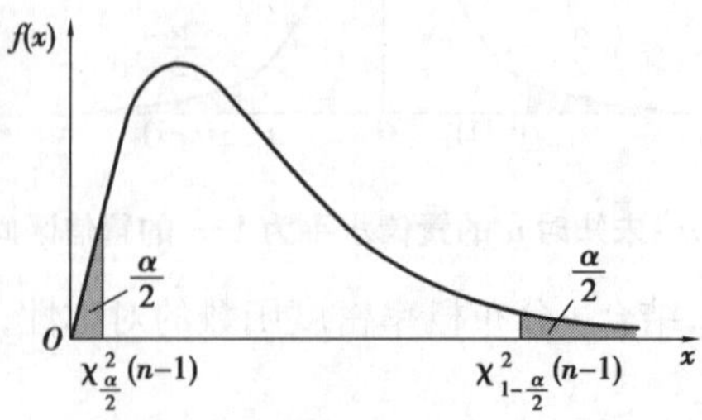


图 7.3 $\mu$ 未知时 $\sigma^2$ 的置信水平为 $1-\alpha$ 的置信区间示意图

对于给定的 $\alpha(0<\alpha<1)$，由于 $\chi^2$ 分布的概率密度函数不具有对称性，对给定的置信水平 $1-\alpha$，要找平均长度最短的置信区间很困难. 一般只能寻找等尾置信区间①，查表得分位数 $\chi^2_{\frac{\alpha}{2}}(n-1)$，$\chi^2_{1-\frac{\alpha}{2}}(n-1)$，使得

$$P\left\{\chi^2_{\frac{\alpha}{2}}(n-1)<\frac{(n-1)S^2}{\sigma^2}<\chi^2_{1-\frac{\alpha}{2}}(n-1)\right\}=1-\alpha$$

即

$$P\left\{\frac{(n-1)S^2}{\chi^2_{1-\frac{\alpha}{2}}(n-1)}<\sigma^2<\frac{(n-1)S^2}{\chi^2_{\frac{\alpha}{2}}(n-1)}\right\}=1-\alpha$$

故 $\sigma^2$ 的置信水平为 $1-\alpha$ 的置信区间为

$$\left(\frac{(n-1)S^2}{\chi^2_{1-\frac{\alpha}{2}}(n-1)},\frac{(n-1)S^2}{\chi^2_{\frac{\alpha}{2}}(n-1)}\right) \tag{7.9}$$

从而标准差 $\sigma$ 的置信水平为 $1-\alpha$ 的置信区间为

$$\left(\sqrt{\frac{(n-1)S^2}{\chi^2_{1-\frac{\alpha}{2}}(n-1)}},\sqrt{\frac{(n-1)S^2}{\chi^2_{\frac{\alpha}{2}}(n-1)}}\right) \tag{7.10}$$

**【例 7.11】**假定某地区婴儿的体重服从正态分布，随机抽取其中 12 名婴儿，测得其体重（单位：kg）分别为：

3.1，2.52，3.0，3.0，3.6，3.16，3.56，3.32，2.88，2.6，3.4，2.54

根据上述数据，求婴儿体重方差 $\sigma^2$ 以及标准差 $\sigma$ 的置信水平为 95% 的置信区间.

**解**　计算得样本均值 $\bar{x}=3.06$，$n=12$，$(n-1)s^2=\sum\limits_{i=1}^{n}x_i^2-n\bar{x}^2=\sum\limits_{i=1}^{12}x_i^2-12\bar{x}^2\approx 1.549\ 467$，给定 $1-\alpha=0.95$，查表得 $\chi^2_{1-\frac{\alpha}{2}}(n-1)=\chi^2_{0.975}(11)=21.920\ 0$，$\chi^2_{\frac{\alpha}{2}}(n-1)=\chi^2_{0.025}(11)=3.815\ 7$，因此，$\sigma^2$ 的置信水平为 0.95 的置信区间为

$$\left(\frac{(n-1)s^2}{\chi^2_{1-\frac{\alpha}{2}}(n-1)},\frac{(n-1)s^2}{\chi^2_{\frac{\alpha}{2}}(n-1)}\right)=\left(\frac{1.549\ 467}{21.920\ 0},\frac{1.549\ 467}{3.815\ 7}\right)$$

即 $(0.070\ 7, 0.406\ 1)$.

### 7.3.3　两个正态总体下的区间估计

设 $X_1,X_2,\cdots,X_{n_1}$ 和 $Y_1,Y_2,\cdots,Y_{n_2}$ 分别来自两个相互独立的正态总体 $N(\mu_1,\sigma_1^2)$ 和 $N(\mu_2,\sigma_2^2)$，样本均值和样本方差分别为

$$\overline{X}=\frac{1}{n_1}\sum_{i=1}^{n_1}X_i,\overline{Y}=\frac{1}{n_2}\sum_{i=1}^{n_2}Y_i,S_1^2=\frac{1}{n_1-1}\sum_{i=1}^{n_1}(X_i-\overline{X})^2,S_2^2=\frac{1}{n_2-1}\sum_{i=1}^{n_2}(Y_i-\overline{Y})^2$$

---

① 等尾置信区间：除置信区间以外，落在左右两侧的概率均相等，即均为 $\frac{\alpha}{2}$.

1) 总体均值差 $\mu_1-\mu_2$ 的区间估计

(1) $\sigma_1^2,\sigma_2^2$ 均已知：

由第 6 章定理 4(1)可知，

$$U=\frac{(\overline{X}-\overline{Y})-(\mu_1-\mu_2)}{\sqrt{\frac{\sigma_1^2}{n_1}+\frac{\sigma_2^2}{n_2}}}\sim N(0,1)$$

对给定的置信水平 $1-\alpha$，我们有

$$P\left\{\left|\frac{(\overline{X}-\overline{Y})-(\mu_1-\mu_2)}{\sqrt{\frac{\sigma_1^2}{n_1}+\frac{\sigma_2^2}{n_2}}}\right|<u_{1-\frac{\alpha}{2}}\right\}=1-\alpha$$

即

$$P\left\{\overline{X}-\overline{Y}-u_{1-\frac{\alpha}{2}}\sqrt{\frac{\sigma_1^2}{n_1}+\frac{\sigma_2^2}{n_2}}<\mu_1-\mu_2<\overline{X}-\overline{Y}+u_{1-\frac{\alpha}{2}}\sqrt{\frac{\sigma_1^2}{n_1}+\frac{\sigma_2^2}{n_2}}\right\}=1-\alpha$$

故总体均值差 $\mu_1-\mu_2$ 的置信水平为 $1-\alpha$ 的置信区间是

$$\left(\overline{X}-\overline{Y}-u_{1-\frac{\alpha}{2}}\sqrt{\frac{\sigma_1^2}{n_1}+\frac{\sigma_2^2}{n_2}},\overline{X}-\overline{Y}+u_{1-\frac{\alpha}{2}}\sqrt{\frac{\sigma_1^2}{n_1}+\frac{\sigma_2^2}{n_2}}\right)$$

亦可简记为

$$\left(\overline{X}-\overline{Y}\pm u_{1-\frac{\alpha}{2}}\sqrt{\frac{\sigma_1^2}{n_1}+\frac{\sigma_2^2}{n_2}}\right) \tag{7.11}$$

**【例 7.12】**欲比较甲、乙两种棉花品种的优劣. 现假设它们纺出的棉纱强度分别服从 $N(\mu_1,2.18^2)$ 和 $N(\mu_2,1.76^2)$，试验者从这两种棉纱中分别抽取样本 $X_1,X_2,\cdots,X_{200}$ 和 $Y_1,Y_2,\cdots,Y_{100}$，其均值 $\bar{x}=5.32$，$\bar{y}=5.76$. 试给出 $\mu_1-\mu_2$ 的置信度为 0.95 的置信区间.

**解** 由 $\sigma_1^2=2.18^2,\sigma_2^2=1.76^2,n_1=200,n_2=100,u_{1-\frac{\alpha}{2}}=u_{0.975}=1.96$，代入式(7.11)得，$\mu_1-\mu_2$ 的置信度为 0.95 的置信区间为

$$\left(\bar{x}-\bar{y}\pm u_{1-\frac{\alpha}{2}}\sqrt{\frac{\sigma_1^2}{n_1}+\frac{\sigma_2^2}{n_2}}\right)=\left(5.32-5.76\pm1.96\times\sqrt{\frac{2.18^2}{200}+\frac{1.76^2}{100}}\right)$$

即

$$(-0.899,0.019)$$

(2) $\sigma_1^2=\sigma_2^2=\sigma^2$ 未知：

由第 6 章定理 4(3)可知，

$$T=\frac{(\overline{X}-\overline{Y})-(\mu_1-\mu_2)}{S_w\sqrt{\frac{1}{n_1}+\frac{1}{n_2}}}\sim t(n_1+n_2-2)$$

其中

$$S_w=\sqrt{\frac{(n_1-1)S_1^2+(n_2-1)S_2^2}{n_1+n_2-2}} \tag{7.12}$$

对给定的置信水平 $1-\alpha$,类似讨论可得,$\mu_1-\mu_2$ 的置信水平为 $1-\alpha$ 的置信区间为

$$\left(\overline{X}-\overline{Y}-t_{1-\frac{\alpha}{2}}(n_1+n_2-2)S_w\sqrt{\frac{1}{n_1}+\frac{1}{n_2}},\overline{X}-\overline{Y}+t_{1-\frac{\alpha}{2}}(n_1+n_2-2)S_w\sqrt{\frac{1}{n_1}+\frac{1}{n_2}}\right)$$

亦可简记为

$$\left(\overline{X}-\overline{Y}\pm t_{1-\frac{\alpha}{2}}(n_1+n_2-2)S_w\sqrt{\frac{1}{n_1}+\frac{1}{n_2}}\right) \tag{7.13}$$

【例 7.13】某公司利用两条自动化流水线灌装矿泉水. 现从生产线上随机抽取样本 $X_1$, $X_2,\cdots,X_{12}$ 和 $Y_1,Y_2,\cdots,Y_{17}$,它们是每瓶矿泉水的体积(单位:mL). 算得样本均值 $\bar{x}=501.1$, $\bar{y}=499.7$,样本方差 $s_1^2=2.4$,$s_2^2=4.7$. 假设这两条流水线所装的矿泉水的体积都服从正态分布,分别为 $N(\mu_1,\sigma^2)$ 和 $N(\mu_2,\sigma^2)$,在置信水平 0.95 下,求 $\mu_1-\mu_2$ 的置信区间.

**解** 据式(7.12)计算得

$$S_w=\sqrt{\frac{(n_1-1)s_1^2+(n_2-1)s_2^2}{n_1+n_2-2}}=\sqrt{\frac{11\times 2.4+16\times 4.7}{12+17-2}}\approx 1.94$$

查 $t$ 分布表 $t_{1-\frac{\alpha}{2}}(n_1+n_2-2)=t_{0.975}(27)=2.05$,则由式(7.13)算得所求置信区间为 $(-0.101,2.901)$.

以上两例中,$\mu_1-\mu_2$ 的置信区间包含了零,也就是说,$\mu_1$ 可能大于 $\mu_2$,也可能小于 $\mu_2$,这时我们认为 $\mu_1$ 与 $\mu_2$ 并没有显著差异.

### 2)方差比 $\frac{\sigma_1^2}{\sigma_2^2}$ 的区间估计

由第 6 章定理 4(2)可知,

$$F=\frac{\frac{S_1^2}{\sigma_1^2}}{\frac{S_2^2}{\sigma_2^2}}\sim F(n_1-1,n_2-1)$$

对给定的置信水平 $1-\alpha$,结合 $F$ 分布的图像(图 7.4),查 $F$ 分布表,找临界值 $F_{\frac{\alpha}{2}}(n_1-1,n_2-1)$,$F_{1-\frac{\alpha}{2}}(n_1-1,n_2-1)$,使得

$$P\left\{F_{\frac{\alpha}{2}}(n_1-1,n_2-1)<\frac{\frac{S_1^2}{\sigma_1^2}}{\frac{S_2^2}{\sigma_2^2}}<F_{1-\frac{\alpha}{2}}(n_1-1,n_2-1)\right\}=1-\alpha$$

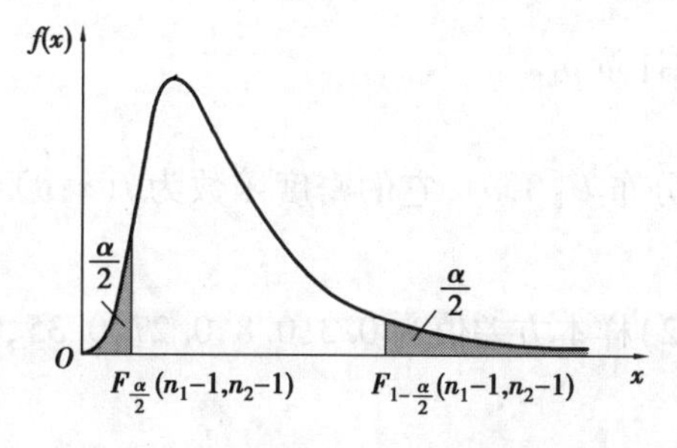


图 7.4 方差比的置信水平为 $1-\alpha$ 的置信区间示意图

即

$$P\left\{\frac{1}{F_{1-\frac{\alpha}{2}}(n_1-1,n_2-1)}\cdot\frac{S_1^2}{S_2^2}<\frac{\sigma_1^2}{\sigma_2^2}<\frac{1}{F_{\frac{\alpha}{2}}(n_1-1,n_2-1)}\cdot\frac{S_1^2}{S_2^2}\right\}=1-\alpha$$

故方差比$\frac{\sigma_1^2}{\sigma_2^2}$的置信水平为 $1-\alpha$ 的置信区间为

$$\left(\frac{1}{F_{1-\frac{\alpha}{2}}(n_1-1,n_2-1)}\cdot\frac{S_1^2}{S_2^2},\frac{1}{F_{\frac{\alpha}{2}}(n_1-1,n_2-1)}\cdot\frac{S_1^2}{S_2^2}\right)\tag{7.14}$$

标准差比$\frac{\sigma_1}{\sigma_2}$的置信水平为 $1-\alpha$ 的置信区间为

$$\left(\sqrt{\frac{1}{F_{1-\frac{\alpha}{2}}(n_1-1,n_2-1)}\cdot\frac{S_1^2}{S_2^2}},\sqrt{\frac{1}{F_{\frac{\alpha}{2}}(n_1-1,n_2-1)}\cdot\frac{S_1^2}{S_2^2}}\right)\tag{7.15}$$

**【例 7.14】**化验员 $A,B$ 分别对某种化合物的含钙量进行了 13 次和 15 次测定，测量的样本方差分别是 $s_A^2=0.38$，$s_B^2=0.41$. 用 $\sigma_A^2,\sigma_B^2$ 分别表示化验员 $A,B$ 的测量技术的总体方差，在置信水平 0.95 下，求$\frac{\sigma_A}{\sigma_B}$的置信区间.

**解**

$$F_{1-\frac{\alpha}{2}}(n_A-1,n_B-1)=F_{0.975}(12,14)=3.21,$$

$$F_{\frac{\alpha}{2}}(n_A-1,n_B-1)=F_{0.025}(12,14)=\frac{1}{F_{0.975}(14,12)}=\frac{1}{3.05}$$

根据式(7.15)，得标准差比$\frac{\sigma_A}{\sigma_B}$的置信水平为 0.95 的置信区间为

$$\left(\sqrt{\frac{1}{F_{1-\frac{\alpha}{2}}(n_1-1,n_2-1)}\cdot\frac{s_A^2}{s_B^2}},\sqrt{\frac{1}{F_{\frac{\alpha}{2}}(n_1-1,n_2-1)}\cdot\frac{s_A^2}{s_B^2}}\right)=(0.537,1.681)$$

习题 7　参考答案

# 习题 7

(A)

1. 设样本 $X_1,X_2,\cdots,X_n$ 来自总体 $X\sim B(1,p)$：$f(x;p)=p^x(1-p)^{1-x}$，$x=0,1$. 求参数 $p$ 的矩估计量 $\hat{p}_{\mathrm{M}}$ 与最大似然估计量 $\hat{p}_{\mathrm{L}}$.

2. 设总体 $X$ 服从均匀分布 $U[0,\theta]$，它的密度函数为 $f(x;\theta)=\begin{cases}\frac{1}{\theta} & 0\leqslant x\leqslant\theta\\0 & 其他\end{cases}$，求：(1) 未知参数 $\theta$ 的矩估计量 $\hat{\theta}_{\mathrm{M}}$；(2) 样本方差值为 0.3，0.8，0.27，0.35，0.62，0.55 时，求 $\theta$ 的矩估计值 $\hat{\theta}_{\mathrm{M}}$.

3. 冷拉铜丝的折断力服从正态分布，从一批铜丝中任意抽取 10 根，试验其折断力，测得数据(单位：kg)为：578，572，570，568，572，570，570，596，584，572. 求未知参数 $\mu$ 和 $\sigma^2$ 的矩

估计值以及最大似然估计值.

4. 设总体 $X$ 的分布列为

| $X$ | 0 | 1 | 2 | 3 |
|---|---|---|---|---|
| $P$ | $\theta^2$ | $2\theta(1-\theta)$ | $\theta^2$ | $1-2\theta$ |

其中 $\theta\left(0<\theta<\frac{1}{2}\right)$ 是未知参数,从该总体中抽取一组样本,其值为

$$3,1,3,0,3,1,2,3$$

试求 $\theta$ 的矩法估计值 $\hat{\theta}_M$ 和最大似然估计值 $\hat{\theta}_L$.

5. 设 $X_1,X_2,X_3$ 是来自总体 $X$ 的样本,证明:

$$\hat{\mu}_1=\frac{1}{6}X_1+\frac{1}{3}X_2+\frac{1}{2}X_3,\hat{\mu}_2=\frac{2}{5}X_1+\frac{1}{5}X_2+\frac{2}{5}X_3,\hat{\mu}_3=\frac{1}{3}X_1+\frac{1}{3}X_2+\frac{1}{3}X_3$$

都是总体均值 $\mu$ 的无偏估计,并确定哪个更有效.

6. 设 $X_1,X_2,\cdots,X_n$ 是来自总体 $X$ 的样本,$\overline{X}$ 和 $S^2$ 分别是样本均值和样本方差. 假设 $E(X)=\mu,D(X)=\sigma^2$ 都未知. 试确定常数 $c$,使 $\overline{X}^2-cS^2$ 是参数 $\mu^2$ 的无偏估计.

7. 设 $X_1,X_2,\cdots,X_n$ 是来自总体 $X\sim P(\lambda)$ 的样本,证明 $\hat{\lambda}^2=\overline{X}^2-\frac{1}{n}\overline{X}$ 是 $\lambda^2$ 的无偏估计.

8. 设总体 $X\sim U[\theta,2\theta]$,其中 $\theta>0$ 是未知参数. 又 $X_1,X_2,\cdots,X_n$ 是来自总体 $X$ 的样本,$\overline{X}$ 为样本均值. 证明:$\hat{\theta}=\frac{2}{3}\overline{X}$ 是参数 $\theta$ 的无偏估计.

9. 设 $x_1,x_2,\cdots,x_{15}$ 是来自正态总体 $N(\mu,\sigma^2)$ 的样本观测值,且 $\sum_{i=1}^{15}x_i=8.7$, $\sum_{i=1}^{15}x_i^2=25.05$. 试分别求未知参数 $\mu$ 和 $\sigma^2$ 的区间估计(取 $\alpha=0.10$).

10. 测得某化工产品 9 个样本的干燥时间(单位:h)分别是:

$$6.0,5.7,5.8,6.5,7.0,6.3,5.6,6.1,5.0$$

设干燥时间总体服从正态分布 $N(\mu,\sigma^2)$,求参数 $\mu$ 的置信水平为 0.95 的置信区间:(1)如果 $\sigma=0.6$;(2)如果 $\sigma$ 未知.

11. 在某区小学五年级的男生中随机抽选了 25 名,测得其平均身高为 150 cm,标准差为 12 cm. 假设该区小学五年级男生的身高服从正态分布 $N(\mu,\sigma^2)$:

(1)若 $\sigma^2=100$,求该区小学五年级男生平均身高的置信度为 0.95 的置信区间;

(2)若 $\sigma^2$ 未知,求该区小学五年级男生平均身高的置信度为 0.95 的置信区间;

(3)求 $\sigma^2$ 的置信度为 0.95 的置信区间.

12. 要比较两种汉字录入软件 $A$ 和 $B$ 的性能,考虑它们对于录入速度的影响. 确定一篇文档,随机挑选 10 名有 3 年工作经验但没有使用过该录入软件 $A$ 和 $B$ 的打字员,并请他们抽取使用 $A$ 和 $B$ 的顺序,使得 5 人先用 $A$,另 5 人先用 $B$,然后交换. 记录下他们录入文档所用的时间(单位:min)如下:

$A$:12.4,7.6,10.7,13.1,11.2,8.5,10.9,10.3,11.2,8.4

$B$:12.9,10.9,11.2,10.8,12.2,11.6,10.7,10.5,13.1,11.6

假设使用两种软件的录入时间分别服从正态分布 $N(\mu_1,1.6^2)$ 和 $N(\mu_2,1.2^2)$. 求 $\mu_1-\mu_2$ 的

置信水平为0.90的置信区间.(请读者思考:为什么要抽取5人先用$A$,另5人先用$B$?)

13. 从两个正态总体$N(\mu_1,\sigma^2)$和$N(\mu_2,\sigma^2)$中分别抽取容量为10和12的样本,两样本相互独立,计算得$\bar{x}=20,\bar{y}=24,s_1=5,s_2=6$,求$\mu_1-\mu_2$的置信水平为0.95的置信区间.

14. $X,Y$两个渔场在春季放养相同的鲫鱼苗,但是使用不同的饵料饲养.三个月后,从$X$渔场打捞出16条鲫鱼,从$Y$渔场打捞出14条鲫鱼.分别称出它们的平均质量和计算出样本标准差如下(单位:kg):

$$\bar{x}=0.181,s_1=0.021;\bar{y}=0.185,s_2=0.020$$

假设$X$和$Y$渔场的鲫鱼质量分别服从正态分布$N(\mu_1,\sigma_1^2)$和$N(\mu_2,\sigma_2^2)$.

(1)若$\sigma_1^2=\sigma_2^2$,在置信水平0.95下,求$\mu_1-\mu_2$的置信区间.

(2)求$\dfrac{\sigma_1}{\sigma_2}$的置信水平为0.95的置信区间.

## (B)

### 一、填空题

1. 如果$E(\hat{\theta})=$________,称统计量$\hat{\theta}$为$\theta$的无偏估计量.

2. 设$X_1,X_2,X_3$为来自总体的一组样本,$\hat{\mu}=\dfrac{1}{5}X_1+aX_2+\dfrac{1}{2}X_3$为总体均值的无偏估计,则$a=$________.

3. 总体$X\sim N(\mu,\sigma^2)$,$\mu$已知,$\sigma^2$未知;$S^2=\dfrac{1}{n-1}\sum\limits_{i=1}^{n}(X_i-\bar{X})^2,S_1^2=\dfrac{1}{n}\sum\limits_{i=1}^{n}(X_i-\mu)^2$,则________是$\sigma^2$的无偏估计.

4. $X_1,X_2,\cdots,X_{10}$是来自总体$X$的样本,在$E(X)$的两个无偏估计量$\hat{\mu}_1=\dfrac{1}{7}\sum\limits_{i=1}^{7}X_i,\hat{\mu}_2=\dfrac{1}{10}\sum\limits_{i=1}^{10}X_i$中,最有效的是________.

5. 设总体$X$服从两点分布:$P\{X=1\}=p,P\{X=0\}=1-p(0<p<1)$,得到其一组样本观测值$x_1,x_2,\cdots,x_n$,则样本均值$\bar{X}$的期望$E(\bar{X})=$________.

6. 设总体$X$服从两点分布:$P\{X=1\}=p,P\{X=0\}=1-p(0<p<1)$,得到其一组样本为$X_1,X_2,\cdots,X_n$,则$p$的矩估计量为________.

### 二、单项选择题

1. 总体$X$服从$[0,\theta]$上的均匀分布.1,2,3,4,5,4是总体的一组样本观测值,则$\theta$的最大似然估计值为(  ).

A. 1  B. 5  C. 2  D. 3

2. 总体$X\sim B(1,p)$.0.38,0.44,0.52,0.44,0.48是总体的一组样本观测值,则$p$的最大似然估计值为(  ).

A. 0.440  B. 0.480  C. 0.452  D. 0.462

3. 对总体$X\sim N(\mu,\sigma^2)$的均值$\mu$作区间估计,得到置信度为95%的置信区间,其意是指这个区间(  ).

A. 平均含总体95%的值  B. 有95%的机会含$\mu$的值

C. 平均含样本 95% 的值　　　　D. 有 95% 的机会含样本的值

4. 设总体 $X\sim N(\mu,\sigma^2)$，其中 $\sigma^2$ 已知，则总体均值 $\mu$ 的置信区间长度 $l$ 与置信水平 $1-\alpha$ 的关系是(　　).

A. 当 $1-\alpha$ 缩小时，$l$ 不变　　　　B. 当 $1-\alpha$ 缩小时，$l$ 增大

C. 当 $1-\alpha$ 缩小时，$l$ 缩短　　　　D. 以上说法均错误

5. 设总体 $X\sim N(\mu,\sigma^2)$，其中 $\sigma^2$ 已知，当置信水平 $1-\alpha$ 保持不变时，如果样本容量 $n$ 增大，则 $\mu$ 的置信区间(　　).

A. 长度变大　　　　B. 长度变小

C. 长度不变　　　　D. 长度不一定不变

6. 设 $\hat{\theta}_1,\hat{\theta}_2$ 是总体未知参数 $\theta$ 的两个估计量，则下列说法中正确的是(　　).

A. 若 $D(\hat{\theta}_1)>D(\hat{\theta}_2)$，则称 $\hat{\theta}_1$ 比 $\hat{\theta}_2$ 有效

B. 若 $D(\hat{\theta}_1)<D(\hat{\theta}_2)$，则称 $\hat{\theta}_1$ 比 $\hat{\theta}_2$ 有效

C. 若 $\hat{\theta}_1,\hat{\theta}_2$ 均为 $\theta$ 的无偏估计，且 $D(\hat{\theta}_1)>D(\hat{\theta}_2)$，则称 $\hat{\theta}_1$ 比 $\hat{\theta}_2$ 有效

D. 若 $\hat{\theta}_1,\hat{\theta}_2$ 均为 $\theta$ 的无偏估计，且 $D(\hat{\theta}_1)<D(\hat{\theta}_2)$，则称 $\hat{\theta}_1$ 比 $\hat{\theta}_2$ 有效

# 第 8 章

# 假设检验

统计推断的另一种重要形式是假设检验. 概括起来讲,所谓假设检验就是根据样本中的信息来检验总体的分布参数或分布形式是否具有指定的特征. 例如,对于一个正态总体,我们通过样本来推断该总体的均值是否等于给定值 $\mu_0$,可信度有多高,这就是一个最简单、最重要的假设检验问题.

在实际应用中,正态总体是最重要的研究对象,故本章主要介绍正态总体下的假设检验问题.

## 8.1　假设检验的基本思想和概念

思考:这里使用的词汇为什么是"假设",而不是数学中的"命题"?

**假设检验**是为了推断总体,常常需要先提出关于总体的某种假设,然后再由某种规则通过样本判断所提假设是否成立的过程. 生活中假设检验是很常用的,如新药品能否应用于临床,工厂产品的抽样验收等. 假设检验可分为参数假设检验和非参数假设检验两类.

假设检验的基本思想实质上是带有某种概率性质的反证法. 为了检验一个假设 $H_0$ 是否正确,首先假定该假设 $H_0$ 正确,然后根据抽取到的样本对假设 $H_0$ 做出接受或拒绝的决策. 如果样本观测值导致了不合理的现象发生,就应拒绝假设 $H_0$,否则应该接受假设 $H_0$. 通常被检测的假设 $H_0$ 被称为**原假设**或**零假设**,当 $H_0$ 被拒绝时而接收的假设 $H_1$ 被称为**备择假设**或**对立假设**. 在作决策时所依靠的这个规则称为 $H_0$ 对 $H_1$ 的**检验法则**,检验法则自然地把样本观测值的所有可能取值的集合分成了两个互不相交的区域:$H_0$ 的**拒绝域** $W$ 与 $H_0$ 的**接受域** $\overline{W}$.

想一想:原假设 $H_0$ 与备择假设 $H_1$ 之间的关系是什么?

假设检验中所谓的"不合理现象",并非逻辑中的绝对矛盾,而是基于人们在实践中广泛采用的原则,即小概率事件在一次试验中是几乎不可能发生的. 但概率小到什么程度才能算是"小概率事件"呢? 显然,"小概率事件"的概率越小,否定原假设 $H_0$ 就越有说服力. 如果原假设成立,但因样本观测值落入 $W$ 因而拒绝 $H_0$,即拒绝正确结论的概率值为 $\alpha=P_{H_0}(W)\,(0<\alpha<1)$,称其为**检验的显著性水平**. 当面对不同的问题时,检验的显著性水平 $\alpha$ 不一定相同,但一般

应取一个较小的值,如0.01,0.05等.

由于抽取样本是随机的,那么依据样本推断总体难免会发生错误,只能以较大的把握来保证推断的可靠性.在实际应用中,常常可能会出现两类错误概率:第一类错误概率是在原假设成立的情况下,错误地拒绝了原假设的概率;第二类错误概率是在原假设不成立的情况下,错误地接受了原假设的概率.

在进行假设检验时,其基本步骤如下:

(1)提出原假设 $H_0$ 与备择假设 $H_1$;

(2)确定检验统计量;

(3)选择显著性水平 $\alpha$;

(4)确定拒绝域 $W$;

(5)抽取样本,作出判断.

**【例8.1】**某洗衣粉公司用包装机包装洗衣粉,洗衣粉包装机在正常工作时,装包量 $X\sim N(500,4)$(单位:g).每天开工后需先检验包装机工作是否正常,某天开工后,在装好的洗衣粉中任取9袋,其质量如下:505,499,502,506,498,498,497,510,503.假设总体标准差 $\sigma$ 不变,即 $\sigma=2$,试问这一天,包装机工作是否正常($\alpha=0.05$)?

**解** ①提出假设检验

$$H_0:\mu=500\leftrightarrow H_1:\mu\neq 500$$

②确定 $H_0$ 的检验统计量

$$U\sim\frac{\overline{X}-\mu_0}{\frac{\sigma}{\sqrt{n}}}=\frac{\overline{X}-500}{\frac{2}{3}}\sim N(0,1)$$

③选定显著性水平 $\alpha=0.05$.取临界点 $u_{1-\frac{\alpha}{2}}=1.96$,使得 $P\{|U|>u_{1-\frac{\alpha}{2}}\}=0.05$.故 $H_0$ 的拒绝域与接受域分别是

$$W=(-\infty,-1.96)\cup(1.96,+\infty),\ \overline{W}=[-1.96,1.96]$$

④由样本计算统计量 $U$ 的值 $u=\frac{502-500}{\frac{2}{3}}=3$.显然 $u\in W$,故认为这天洗衣粉包装机工作不正常.

## 8.2 正态总体下的假设检验

### 8.2.1 单个正态总体参数检验

#### 1)总体均值的假设检验

在检验关于总体均值 $\mu$ 的假设时,该总体的另一个参数方差 $\sigma^2$ 是否已知,会影响检验

统计量的选择,故下面分两种情形进行讨论.

(1)方差 $\sigma^2$ 已知的情形.

设总体 $X\sim N(\mu,\sigma^2)$,其中总体方差 $\sigma^2$ 已知,$X_1,X_2,\cdots,X_n$ 是取自总体 $X$ 的一组样本,$\overline{X}$ 为样本均值. $\mu$ 的双侧检验假设为

$$H_0:\mu=\mu_0\leftrightarrow H_1:\mu\neq\mu_0 \tag{8.1}$$

其中 $\mu_0$ 为已知常数. 由正态分布的性质知,当 $H_0$ 为真时,有

$$U=\frac{\overline{X}-\mu_0}{\frac{\sigma}{\sqrt{n}}}\sim N(0,1) \tag{8.2}$$

故选取 $U$ 作为检验统计量,记其观测值为 $u$. 相应的检验法称为 ***u* 检验法**. 因为 $\overline{X}$ 是 $\mu$ 的无偏估计量,当 $H_0$ 成立时,$|U|$不应太大,当 $H_1$ 成立时,$|U|$有偏大的趋势,故拒绝域的形式为

$$\left\{|U|=\left|\frac{\overline{X}-\mu_0}{\frac{\sigma}{\sqrt{n}}}\right|>k\right\}(k\text{ 待定})$$

对于给定的显著水平 $\alpha$,查标准正态分布表得 $k=u_{1-\frac{\alpha}{2}}$,使 $P\{|U|>u_{1-\frac{\alpha}{2}}\}=\alpha$,由此得拒绝域为

$$\left\{|u|=\left|\frac{\overline{x}-\mu_0}{\frac{\sigma}{\sqrt{n}}}\right|>u_{1-\frac{\alpha}{2}}\right\} \tag{8.3}$$

即

$$W=\left(-\infty,-u_{1-\frac{\alpha}{2}}\right)\cup\left(u_{1-\frac{\alpha}{2}},+\infty\right)$$

根据抽样后得到的样本观测值 $x_1,x_2,\cdots,x_n$ 计算得 $U$ 的观测值 $u$,若 $|u|>u_{1-\frac{\alpha}{2}}$,则拒绝原假设 $H_0$,即认为总体均值与 $\mu_0$ 有显著差异;若 $|u|\leqslant u_{1-\frac{\alpha}{2}}$,则接受原假设 $H_0$,即认为总体均值与 $\mu_0$ 无显著差异. $u$ 检验法关于均值的双侧检验拒绝域示意图如图 8.1 所示.

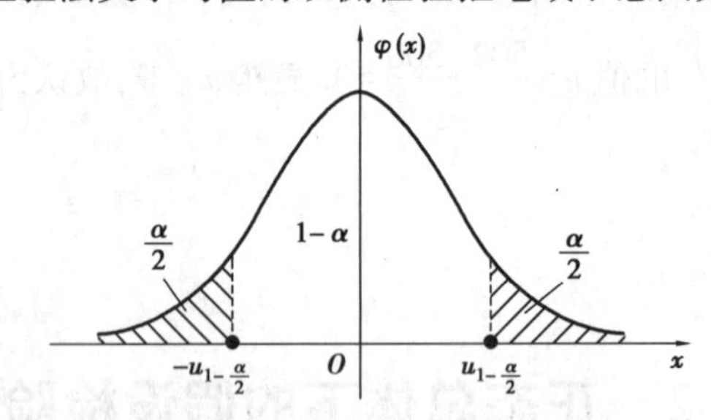


图 8.1　$u$ 检验法关于均值的双侧检验拒绝域示意图

类似地,也可给出对总体均值 $\mu$ 的单侧检验假设与对应的拒绝域.

右侧检验时的假设为

$$H_0:\mu\leqslant\mu_0\leftrightarrow H_1:\mu>\mu_0 \tag{8.4}$$

拒绝域为

$$\left\{u=\frac{\overline{x}-\mu_0}{\frac{\sigma}{\sqrt{n}}}>u_{1-\alpha}\right\} \tag{8.5}$$

左侧检验时的假设为

$$H_0:\mu \geqslant \mu_0 \leftrightarrow H_1:\mu < \mu_0 \tag{8.6}$$

拒绝域为

$$\left\{ u = \frac{\bar{x}-\mu_0}{\frac{\sigma}{\sqrt{n}}} < u_\alpha \right\} \tag{8.7}$$

【例 8.2】从甲地发出一个信号到乙地,设乙地接收到的信号值是一个服从正态分布 $N(\mu, 0.2^2)$ 的随机变量,其中 $\mu$ 为甲地发送的真实信号值. 现在甲地重复发送同一信号 5 次,乙地接收的信号值为:8.05,8.15,8.2,8.1,8.25,设接受方有理由猜测甲地发出的信号值为 8,问能否接受这猜测?

**解** 这是一个检验问题,总体 $X \sim N(\mu, 0.2^2)$,待检测原假设 $H_0$ 与备择假设 $H_1$ 分别为

$$H_0:\mu = 8 \leftrightarrow H_1:\mu \neq 8$$

其拒绝域为 $\left\{ |u| > u_{1-\frac{\alpha}{2}} \right\}$,取显著水平 $\alpha = 0.05$,查表知 $u_{0.975} = 1.96$. 又据样本值可计算得

$$\bar{x} = \frac{8.05+8.15+8.2+8.1+8.25}{5} = 8.15$$

$$u = \frac{8.15-8}{\frac{0.2}{\sqrt{5}}} = 1.68 < 1.96$$

故接受原假设.

(2)方差 $\sigma^2$ 未知的情形.

设总体 $X \sim N(\mu, \sigma^2)$,其中总体方差 $\sigma^2$ 未知,$X_1, X_2, \cdots, X_n$ 是取自总体 $X$ 的一组样本,$\bar{X}$ 为样本均值,$S^2$ 为样本方差. $\mu$ 的双侧检验假设为

$$H_0:\mu = \mu_0 \leftrightarrow H_1:\mu \neq \mu_0 \tag{8.8}$$

其中 $\mu_0$ 为已知常数. 由正态分布的性质知,当 $H_0$ 为真时,有

$$T = \frac{\bar{X}-\mu_0}{\frac{S}{\sqrt{n}}} \sim t(n-1) \tag{8.9}$$

故选取 $T$ 作为检验统计量. 记其观测值为 $t$. 相应的检验法称为 ***t* 检验法**. 因为 $\bar{X}$ 与 $S^2$ 分别是 $\mu$ 与 $\sigma^2$ 的无偏估计量,当 $H_0$ 成立时,$|t|$不应太大,当 $H_1$ 成立时,$|t|$有偏大的趋势,故拒绝域的形式为

$$\left\{ |T| = \left| \frac{\bar{X}-\mu_0}{\frac{S}{\sqrt{n}}} \right| > k \right\} (k \text{ 待定})$$

对于给定的显著水平 $\alpha$,查分布表得 $k = t_{1-\frac{\alpha}{2}}(n-1)$,使 $P\{ |T| > t_{1-\frac{\alpha}{2}}(n-1) \} = \alpha$,由此得拒绝域为

$$\left\{ |t| = \left| \frac{\bar{x}-\mu_0}{\frac{s}{\sqrt{n}}} \right| > t_{1-\frac{\alpha}{2}}(n-1) \right\} \tag{8.10}$$

即

$$W=\left(-\infty,-t_{1-\frac{\alpha}{2}}(n-1)\right)\cup\left(t_{1-\frac{\alpha}{2}}(n-1),+\infty\right)$$

根据抽样后得到的样本观测值 $x_1,x_2,\cdots,x_n$ 计算得 $T$ 的观测值 $t$,若 $|t|>t_{1-\frac{\alpha}{2}}$ 则拒绝原假设 $H_0$,即认为总体均值与 $\mu_0$ 有显著差异;若 $|t|\leqslant t_{1-\frac{\alpha}{2}}$,则接受原假设 $H_0$,即认为总体均值与 $\mu_0$ 无显著差异. $t$ 检验法关于均值的双侧检验拒绝域示意图如图 8.2 所示.

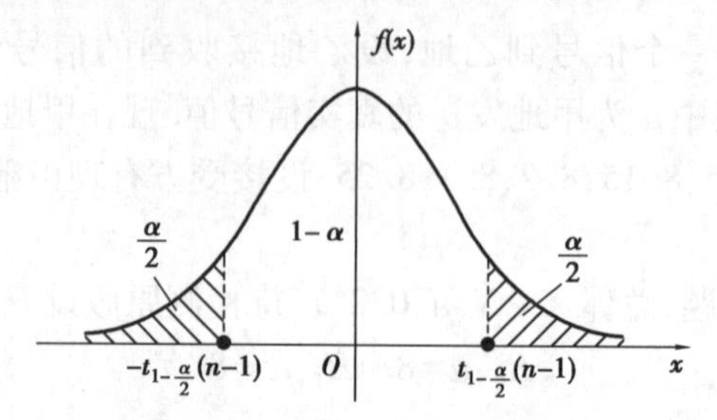


图 8.2　$t$ 检验法关于均值的双侧检验拒绝域示意图

类似地,也可给出对总体均值 $\mu$ 的单侧检验的假设与对应拒绝域.

右侧检验时的假设为

$$H_0:\mu\leqslant\mu_0\leftrightarrow H_1:\mu>\mu_0 \tag{8.11}$$

其拒绝域为

$$\left\{t=\frac{\bar{x}-\mu_0}{\frac{s}{\sqrt{n}}}>t_{1-\alpha}(n-1)\right\} \tag{8.12}$$

左侧检验时的假设为

$$H_0:\mu\geqslant\mu_0\leftrightarrow H_1:\mu<\mu_0 \tag{8.13}$$

其拒绝域为

$$\left\{t=\frac{\bar{x}-\mu_0}{\frac{s}{\sqrt{n}}}<t_{\alpha}(n-1)\right\} \tag{8.14}$$

将单个正态总体均值的假设检验总结见表 8.1.

表 8.1　单个正态总体均值的假设检验

| $H_0$ | $H_1$ | 方差 $\sigma^2$ 已知($u$ 检验法) | | 方差 $\sigma^2$ 未知($t$ 检验法) | |
|---|---|---|---|---|---|
| | | 检验统计量 | 拒绝域 $W$ | 检验统计量 | 拒绝域 $W$ |
| $\mu=\mu_0$ | $\mu\neq\mu_0$ | $U=\frac{\bar{X}-\mu_0}{\frac{\sigma}{\sqrt{n}}}$ | $\lvert u\rvert>u_{1-\frac{\alpha}{2}}$ | $T=\frac{\bar{X}-\mu_0}{\frac{S}{\sqrt{n}}}$ | $\lvert t\rvert>t_{1-\frac{\alpha}{2}}(n-1)$ |
| $\mu\leqslant\mu_0$ | $\mu>\mu_0$ | | $u>u_{1-\alpha}$ | | $t>t_{1-\alpha}(n-1)$ |
| $\mu\geqslant\mu_0$ | $\mu<\mu_0$ | | $u<u_{\alpha}$ | | $t<t_{\alpha}(n-1)$ |

【例 8.3】已知某汽车厂生产的汽油发动机燃烧时每升汽油运转的时间服从正态分布,现抽取 6 台进行测试,它们运行时间(单位:min)依次为 28,27,31,29,30,27. 按设计要求,平均每升汽油运转时间至少应该等于 30 min. 那么,根据测试结果,在显著水平 0.05 下能否说明该发动机符合设计要求?

**解** 设燃烧每升汽油运转时间为 $X$,则总体 $X\sim N(\mu,\sigma^2)$. 由题知,样本容量 $n=6$,$\sigma$ 未知. 待检测原假设 $H_0$ 与备择假设 $H_1$ 分别为

$$H_0:\mu\geqslant 30\leftrightarrow H_1:\mu<30$$

其拒绝域为 $\{t<t_\alpha\}$,取显著水平 $\alpha=0.05$,查表知 $t_{0.05}(5)=-2.015$. 又据样本值可计算得 $\bar{x}\approx 28.67$,$s\approx 1.633$.

$$t=\frac{28.67-30}{\frac{1.633}{\sqrt{6}}}\approx -1.995>-2.015$$

故接受原假设 $H_0$,认为该型发动机符合设计要求.

**2)总体方差的假设检验**

设总体 $X\sim N(\mu,\sigma^2)$,$X_1,X_2,\cdots,X_n$ 是取自总体 $X$ 的一组样本,$\overline{X}$ 为样本均值,$S^2$ 为样本方差. $\sigma^2$ 的检验假设有以下 3 种.

(1)$H_0:\sigma^2=\sigma_0^2\leftrightarrow H_1:\sigma^2\neq\sigma_0^2$. (8.15)

其中,$\sigma_0$ 为已知常数. 由正态分布的性质可知,当 $H_0$ 为真时,有

$$\chi^2=\frac{n-1}{\sigma_0^2}S^2\sim\chi^2(n-1) \tag{8.16}$$

故选取 $\chi^2$ 作为检验统计量,相应的检验法称为 **$\chi^2$ 检验法**. 因为 $S^2$ 是 $\sigma^2$ 的无偏估计量,当 $H_0$ 成立时,$S^2$ 应在 $\sigma_0^2$ 附近,当 $H_1$ 成立时,$S^2$ 有偏大或偏小的趋势,故拒绝域的形式为

$$\left\{\chi^2=\frac{n-1}{\sigma_0^2}S^2>k_1\ 或\ \chi^2=\frac{n-1}{\sigma_0^2}S^2<k_2\right\}(k_1,k_2\ 待定)$$

对于给定的显著水平 $\alpha$,查 $\chi^2$ 分布分位数表得 $k_1=\chi^2_{1-\frac{\alpha}{2}}(n-1)$,$k_2=\chi^2_{\frac{\alpha}{2}}(n-1)$,使

$$P\left\{\chi^2>\chi^2_{1-\frac{\alpha}{2}}(n-1)\right\}=\frac{\alpha}{2}$$

$$P\left\{\chi^2<\chi^2_{\frac{\alpha}{2}}(n-1)\right\}=\frac{\alpha}{2}$$

由此得拒绝域为

$$\left\{\chi^2=\frac{n-1}{\sigma_0^2}S^2<\chi^2_{\frac{\alpha}{2}}(n-1)\ 或\ \chi^2=\frac{n-1}{\sigma_0^2}S^2>\chi^2_{1-\frac{\alpha}{2}}(n-1)\right\} \tag{8.17}$$

即

$$W=\left(0,\chi^2_{\frac{\alpha}{2}}(n-1)\right)\cup\left(\chi^2_{1-\frac{\alpha}{2}}(n-1),+\infty\right)$$

根据抽样后得到的样本观测值 $x_1,x_2,\cdots,x_n$ 计算得 $\chi^2$ 的观测值 $\chi^2$,若 $\chi^2<\chi^2_{\frac{\alpha}{2}}(n-1)$ 或者 $\chi^2>\chi^2_{1-\frac{\alpha}{2}}(n-1)$ 则拒绝原假设 $H_0$,即认为总体方差与 $\sigma^2$ 有显著差异;反之,若是满足 $\chi^2_{\frac{\alpha}{2}}(n-1)\leqslant\chi^2\leqslant\chi^2_{1-\frac{\alpha}{2}}(n-1)$,则接受原假设 $H_0$,即认为总体均值与 $\sigma^2$ 无显著差异. $\chi^2$ 检验法关于方差的双侧检验拒绝域示意图如图 8.3 所示.

类似地,也可给出对总体方差 $\sigma^2$ 的单侧检验的假设与对应拒绝域.

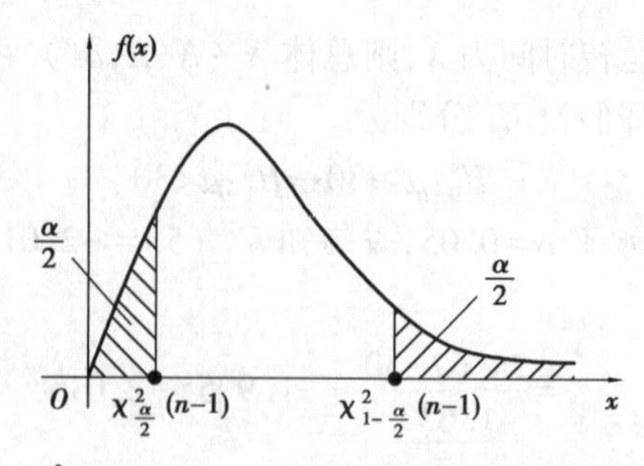


图 8.3 $\chi^2$ 检验法关于方差的双侧检验拒绝域示意图

(2)右侧检验时的假设为

$$H_0:\sigma^2\leqslant\sigma_0^2\leftrightarrow H_1:\sigma^2>\sigma_0^2 \tag{8.18}$$

其拒绝域为

$$\{\chi^2>\chi_{1-\alpha}^2(n-1)\} \tag{8.19}$$

(3)左侧检验时的假设为

$$H_0:\sigma^2\geqslant\sigma_0^2\leftrightarrow H_1:\sigma^2<\sigma_0^2 \tag{8.20}$$

其拒绝域为

$$\left\{\chi^2<\chi_{\alpha}^2(n-1)\right\} \tag{8.21}$$

将单个正态总体方差的假设检验总结见表 8.2.

表 8.2 单个正态总体方差的假设检验

| $H_0$ | $H_1$ | $\chi^2$ 检验法 | |
|---|---|---|---|
| | | 检验统计量 | 拒绝域 $W$ |
| $\sigma^2=\sigma_0^2$ | $\sigma^2\neq\sigma_0^2$ | $\chi^2=\dfrac{n-1}{\sigma_0^2}S^2$ | $\chi^2<\chi_{\frac{\alpha}{2}}^2(n-1)$ 或 $\chi^2>\chi_{1-\frac{\alpha}{2}}^2(n-1)$ |
| $\sigma^2\leqslant\sigma_0^2$ | $\sigma^2>\sigma_0^2$ | | $\chi^2>\chi_{1-\frac{\alpha}{2}}^2(n-1)$ |
| $\sigma^2\geqslant\sigma_0^2$ | $\sigma^2<\sigma_0^2$ | | $\chi^2<\chi_{\alpha}^2(n-1)$ |

【例 8.4】已知在正常情况下维纶纤度 $X\sim N(\mu,\sigma^2)$,按照加工精度为 $\sigma^2=0.048^2$. 今抽取 5 根纤维,测得其纤度为 1.32,1.55,1.36,1.40,1.44. 问:加工精度有无显著变化? 取显著水平 $\alpha=0.02$.

**解** 作如下假设

$$H_0:\sigma^2=0.048^2\leftrightarrow H_1:\sigma^2\neq0.048^2$$

对给定显著水平 $\alpha=0.02$,查 $\chi^2$ 分布表,找到临界值 $\chi_{0.99}^2(4)=13.277$ 和 $\chi_{0.01}^2(4)=0.297$,所以拒绝域为

$$W=\left\{\chi^2<0.297 \text{ 或 } \chi^2>13.277\right\}$$

据样本数据,计算得 $\bar{x}=1.414$,$(n-1)s^2=0.031$. 由此可得

$$\chi^2=\frac{n-1}{\sigma_0^2}s^2\approx13.455>13.277$$

故应该拒绝原假设 $H_0$,认为加工精度有显著变化.

### 8.2.2 两个正态总体参数检验

设总体 $X \sim N(\mu_1,\sigma_1^2)$ 与 $Y \sim N(\mu_2,\sigma_2^2)$,其中 $X_1,X_2,\cdots,X_{n_1};Y_1,Y_2,\cdots,Y_{n_2}$ 是分别取自总体 $X$ 与 $Y$ 的样本,$\overline{X}$、$\overline{Y}$、$S_1^2$、$S_2^2$ 依次为 $X$ 与 $Y$ 的样本均值与样本方差. 下面介绍关于参数 $\mu_1$,$\mu_2$,$\sigma_1^2$,$\sigma_2^2$ 的某些假设问题.

**1)关于总体均值差 $\mu_1-\mu_2$ 的假设检验**

(1)$\sigma_1^2$,$\sigma_2^2$ 已知时的两样本 $\mu$ 检验.

关于总体均值差 $\mu_1-\mu_2$ 的检验步骤如下:

$$H_0:\mu_1=\mu_2 \leftrightarrow H_1:\mu_1\neq\mu_2 \tag{8.22}$$

由正态分布的性质知

$$\frac{(\overline{X}-\overline{Y})-(\mu_1-\mu_2)}{\sqrt{\frac{\sigma_1^2}{n_1}+\frac{\sigma_2^2}{n_2}}} \sim N(0,1) \tag{8.23}$$

但由于 $\mu_1-\mu_2$ 未知,所以它不能选作检验统计量. 用 0 替换上式中的 $\mu_1-\mu_2$,得到 $u$ 检验统计量

$$U=\frac{\overline{X}-\overline{Y}}{\sqrt{\frac{\sigma_1^2}{n_1}+\frac{\sigma_2^2}{n_2}}} \sim N(0,1) \tag{8.24}$$

对给定的显著性水平 $\alpha$,查标准正态分布表知临界值 $u_{1-\frac{\alpha}{2}}$,使得 $P\left\{|U|>u_{1-\frac{\alpha}{2}}\right\}=\alpha$,所以 $H_0$ 的拒绝域为

$$W=\left\{|u|>u_{1-\frac{\alpha}{2}}\right\} \tag{8.25}$$

【例 8.5】某实验室为检验 $A$ 和 $B$ 两种烟草的尼古丁含量是否相同,现从 $A$ 和 $B$ 两种烟草中各随机抽取 5 例进行化验,测得其尼古丁含量分别是(单位:mg):$A$:24,27,26,21,24;$B$:27,28,23,31,26. 据以往经验,尼古丁含量服从正态分布. 且 $A$ 种方差为 5,$B$ 种方差为 8,试问在显著水平 $\alpha=0.05$ 下两种烟草的尼古丁含量是否存在显著差异?

**解** 设两种烟草的尼古丁的平均含量分别是 $\mu_1$ 和 $\mu_2$,作检验假设

$$H_0:\mu_1=\mu_2 \leftrightarrow H_1:\mu_1\neq\mu_2$$

在显著性水平 $\alpha=0.05$ 下,查表得 $u_{0.975}=1.96$,因此拒绝域为

$$W=\left\{|u|>1.96\right\}$$

这里,$n_1=5$,$n_2=5$,$\sigma_1^2=5$,$\sigma_2^2=8$ 计算得 $\bar{x}=24.4$,$\bar{y}=27$,因此

$$u=\frac{\bar{x}-\bar{y}}{\sqrt{\frac{\sigma_1^2}{n_1}+\frac{\sigma_2^2}{n_2}}}=\frac{24.4-27}{\sqrt{\frac{5}{5}+\frac{8}{5}}}=-1.61\notin W$$

故应接受原假设 $H_0$,认为两种烟草的尼古丁含量无差异.

类似地,右侧检验时的假设为

$$H_0:\mu_1 \leqslant \mu_2 \leftrightarrow H_1:\mu_1 > \mu_2 \tag{8.26}$$

如果拒绝 $H_0$,接受 $H_1$,那么 $\overline{X}-\overline{Y}$ 应偏大,所以 $H_0$ 的拒绝域应该是 $\{u>k\}$ ($k$ 待定)的形式. 当 $H_0$ 成立时,考虑 $u$ 检验统计量

$$U_1=\frac{(\overline{X}-\overline{Y})-(\mu_1-\mu_2)}{\sqrt{\dfrac{\sigma_1^2}{n_1}+\dfrac{\sigma_2^2}{n_2}}} \sim N(0,1) \tag{8.27}$$

对给定的显著性水平 $\alpha$,查标准正态分布表知临界值 $u_{1-\alpha}$,使得 $P\left\{U_1>u_{1-\alpha}\right\}=\alpha$. 若 $\mu_1 \leqslant \mu_2$ 成立,那么 $\left\{U>u_{1-\alpha}\right\} \subset \left\{U_1>u_{1-\alpha}\right\}$,故 $P\left\{U>u_{1-\alpha}\right\} \leqslant P\left\{U_1>u_{1-\alpha}\right\}=\alpha$,所以 $H_0$ 的拒绝域为

$$W=\left\{u>u_{1-\alpha}\right\} \tag{8.28}$$

同样可知,左侧检验时的假设为

$$H_0:\mu_1 \geqslant \mu_2 \leftrightarrow H_1:\mu_1<\mu_2 \tag{8.29}$$

其拒绝域为

$$W=\left\{u<u_{\alpha}\right\} \tag{8.30}$$

(2) $\sigma_1^2=\sigma_2^2=\sigma^2$ 未知时的两样本 $t$ 检验.

由正态分布的性质知

$$\frac{(\overline{X}-\overline{Y})-(\mu_1-\mu_2)}{S_w\sqrt{\dfrac{1}{n_1}+\dfrac{1}{n_2}}} \sim t(n_1+n_2-2) \tag{8.31}$$

其中,$S_w=\sqrt{\dfrac{(n_1-1)S_1^2+(n_2-1)S_2^2}{n_1+n_2-2}}$. 类似单个正态情况的讨论,取 $t$ 检验统计量

$$T=\frac{\overline{X}-\overline{Y}}{S_w\sqrt{\dfrac{1}{n_1}+\dfrac{1}{n_2}}} \tag{8.32}$$

可得相应假设的拒绝域如下

$$H_0:\mu_1=\mu_2 \leftrightarrow H_1:\mu_1 \neq \mu_2;\quad W=\left\{|t|>t_{1-\frac{\alpha}{2}}(n_1+n_2-2)\right\} \tag{8.33}$$

$$H_0:\mu_1 \leqslant \mu_2 \leftrightarrow H_1:\mu_1>\mu_2;\quad W=\left\{t>t_{1-\alpha}(n_1+n_2-2)\right\} \tag{8.34}$$

$$H_0:\mu_1 \geqslant \mu_2 \leftrightarrow H_1:\mu_1<\mu_2;\quad W=\left\{t<t_{\alpha}(n_1+n_2-2)\right\} \tag{8.35}$$

将两个正态总体均值差的假设检验总结见表 8.3.

表 8.3 两个正态总体均值差的假设检验

| 方差 $\sigma_1^2,\sigma_2^2$ 都已知($u$ 检验法) | | | |
|---|---|---|---|
| $H_0$ | $H_1$ | 检验统计量 | 拒绝域 $W$ |
| $\mu_1=\mu_2$ | $\mu_1\neq\mu_2$ | $U=\dfrac{\overline{X}-\overline{Y}}{\sqrt{\dfrac{\sigma_1^2}{n_1}+\dfrac{\sigma_2^2}{n_2}}}$ | $\lvert u\rvert>u_{1-\frac{\alpha}{2}}$ |
| $\mu_1\leqslant\mu_2$ | $\mu_1>\mu_2$ | | $u>u_{1-\alpha}$ |
| $\mu_1\geqslant\mu_2$ | $\mu_1<\mu_2$ | | $u<u_\alpha$ |
| 方差 $\sigma_1^2=\sigma_2^2=\sigma^2$ 未知($t$ 检验法) | | | |
| $H_0$ | $H_1$ | 检验统计量 | 拒绝域 $W$ |
| $\mu_1=\mu_2$ | $\mu_1\neq\mu_2$ | $T=\dfrac{\overline{X}-\overline{Y}}{S_w\sqrt{\dfrac{1}{n_1}+\dfrac{1}{n_2}}}$ | $\lvert t\rvert>t_{1-\frac{\alpha}{2}}(n_1+n_2-2)$ |
| $\mu_1\leqslant\mu_2$ | $\mu_1>\mu_2$ | | $t>t_{1-\alpha}(n_1+n_2-2)$ |
| $\mu_1\geqslant\mu_2$ | $\mu_1<\mu_2$ | | $t<t_\alpha(n_1+n_2-2)$ |

【例 8.6】某地某年中考后随机抽取 15 名男生与 12 名女生的体育考试成绩如下:男生 49,48,47,53,51,43,39,57,56,46,42,44,40,55,44;女生 46,40,47,51,43,36,43,38,48,54,48,34. 可以认为该地区男女生的体育成绩不相上下吗($\alpha=0.05$)?

**解** 将该地区男女生的体育成绩近似看成正态分布,用随机变量 $X\sim N(\mu_1,\sigma_1^2)$ 表示男生,$Y\sim N(\mu_2,\sigma_2^2)$ 表示女生,则该问题可以转化为一个双侧假设检验问题. 作如下假设

$$H_0:\mu_1=\mu_2\leftrightarrow H_1:\mu_1\neq\mu_2$$

由于方差未知,那么采取两样本 $t$ 检验. 由题数据知 $n_1=15,n_2=12$,又计算得 $\bar{x}=47.6$, $\bar{y}=44,(n_1-1)s_1^2=469.6,(n_2-1)s_2^2=412,s_w=\sqrt{\dfrac{(n_1-1)s_1^2+(n_2-1)s_2^2}{n_1+n_2-2}}=5.94$,则有

$$t=\frac{\bar{x}-\bar{y}}{s_w\sqrt{\dfrac{1}{n_1}+\dfrac{1}{n_2}}}=1.566$$

取显著性水平 $\alpha=0.05$,查表得 $t_{1-\frac{\alpha}{2}}(n_1+n_2-2)=t_{0.975}(25)=2.060$. 显然,

$$\lvert t\rvert=1.566<t_{0.975}(25)=2.060$$

所以,接受原假设,即可认为该地区男女生的体育成绩不相上下.

### 2)关于两个总体方差比的假设检验

设总体 $X\sim N(\mu_1,\sigma_1^2)$ 与 $Y\sim N(\mu_2,\sigma_2^2)$,其中 $X_1,X_2,\cdots,X_{n_1};Y_1,Y_2,\cdots,Y_{n_2}$ 是分别取自总体 $X$ 与 $Y$ 的样本,$\overline{X}$、$\overline{Y}$、$S_1^2$、$S_2^2$ 依次为 $X$ 与 $Y$ 的样本均值与样本方差. 在 $\mu_1,\mu_2$ 均未知情况下,考虑如下 3 个假设检验问题:

$$H_0:\sigma_1^2=\sigma_2^2\leftrightarrow H_1:\sigma_1^2\neq\sigma_2^2 \quad (8.36)$$

$$H_0:\sigma_1^2\leqslant\sigma_2^2\leftrightarrow H_1:\sigma_1^2>\sigma_2^2 \quad (8.37)$$

$$H_0:\sigma_1^2\geqslant\sigma_2^2\leftrightarrow H_1:\sigma_1^2<\sigma_2^2 \quad (8.38)$$

由于 $S_1^2$、$S_2^2$ 依次为 $\sigma_1^2,\sigma_2^2$ 的无偏估计量,则建立如下检验统计量

$$F=\frac{S_1^2}{S_2^2} \tag{8.39}$$

当 $\sigma_1^2=\sigma_2^2$ 成立时，$F=\frac{S_1^2}{S_2^2}\sim F(n_1-1,n_2-1)$，由此依次给出上述 3 种假设的拒绝域如下：

$$W=\left\{F<F_{\frac{\alpha}{2}}(n_1-1,n_2-1)\text{或}F>F_{1-\frac{\alpha}{2}}(n_1-1,n_2-1)\right\} \tag{8.40}$$

$$W=\left\{F>F_{1-\alpha}(n_1-1,n_2-1)\right\} \tag{8.41}$$

$$W=\left\{F<F_{\alpha}(n_1-1,n_2-1)\right\} \tag{8.42}$$

将两个正态总体方差比的假设检验总结见表 8.4.

**表 8.4 两个正态总体方差比的假设检验(数学期望未知)**

| $H_0$ | $H_1$ | 用 $F$ 检验法 | |
|---|---|---|---|
| | | 检验统计量 | 拒绝域 $W$ |
| $\sigma_1^2=\sigma_2^2$ | $\sigma_1^2\neq\sigma_2^2$ | $F=\frac{S_1^2}{S_2^2}$ | $F<F_{\frac{\alpha}{2}}(n_1-1,n_2-1)$ 或 $F>F_{1-\frac{\alpha}{2}}(n_1-1,n_2-1)$ |
| $\sigma_1^2\leqslant\sigma_2^2$ | $\sigma_1^2>\sigma_2^2$ | | $F>F_{1-\alpha}(n_1-1,n_2-1)$ |
| $\sigma_1^2\geqslant\sigma_2^2$ | $\sigma_1^2<\sigma_2^2$ | | $F<F_{\alpha}(n_1-1,n_2-1)$ |

**【例 8.7】**甲、乙两台机床加工某种零件，零件的直径服从正态分布，总体方差反映加工精度. 现从各自加工的零件中分别抽取 7 件产品和 8 件产品，测得其直径(单位:mm)，机床甲 $X$ 为 16.2,16.4,15.8,15.5,16.7,15.6,15.8，机床乙 $Y$ 为 15.9,16.0,16.4,16.1,16.5,15.8,15.7,15.0. 试比较两台机床的加工精度有无差别($\alpha=0.05$).

**解** 这是一个双侧检验问题，作假设如下

$$H_0:\sigma_1^2=\sigma_2^2\leftrightarrow H_1:\sigma_1^2\neq\sigma_2^2$$

由题得 $n_1=7,n_2=8$，将样本值代入 $S_1^2$、$S_2^2$ 计算可得 $s_1^2=0.2729$、$s_2^2=0.2164$，于是有

$$F=\frac{s_1^2}{s_2^2}=\frac{0.2729}{0.2164}=1.261$$

将显著性水平取为 $\alpha=0.05$，查表知

$$F_{0.975}(6,7)=5.12,F_{0.025}(6,7)=\frac{1}{F_{0.975}(7,6)}=\frac{1}{5.70}\approx0.175$$

所以其拒绝域为

$$W=\{F\leqslant0.175\text{ 或 }F\geqslant5.12\}$$

显然，样本未落入拒绝域，即可以认为两台机床的加工精度没有显著差别.

习题 8 参考答案

# 习题 8

## (A)

1. 某厂对废水进行处理,要求某种有毒物质的浓度不超过 19 mg/L. 抽样检查得 10 个数据,其样本均值为 $\bar{x}=17.1$ mg/L,假设有毒物质的含量服从正态分布,且 $\sigma_0^2=8.5$,问处理后的废水是否合格($\alpha=0.05$)?

2. 已知某牛肉干厂用自动装袋机包装牛肉干,每袋牛肉干重量(单位:g)$X\sim N(25,0.02)$,长期实践表明方差 $\sigma^2$ 较稳定,从某日所产的一批袋装牛肉干中随机抽取 10 袋,测得其重量(单位:g)分别为 24.9,25.0,25.1,25.2,25.2,25.1,25.0,24.9,24.8,25.1,试在检验水平 $\alpha=0.05$ 下,检验装袋机工作是否正常.

3. 用一仪器间接测量 5 次温度(单位:℃)如下:1 250,1 265,1 245,1 260,1 275,而用另一种精密仪器测得该温度为 1 277 ℃(可视为其真实值),假设测量的温度服从正态分布,问此仪器测温度有无系统误差($\alpha=0.05$)?

4. 某工厂用包装机包装糖,每包的标准质量为 100 kg. 每天开工后都要检验所包装糖的总体期望值是否符合标准 100 kg. 某日开工后测得 9 包糖的质量如下(单位:kg):99.3,98.7,100.5,101.2,98.3,99.7,99.5,102.1,100.5. 已知包装机包装糖的质量服从正态分布,问该天包装机在显著水平 $\alpha=0.05$ 的情况下工作是否正常?

5. 某种元件的寿命 $X\sim N(\mu,\sigma^2)$,其中 $\mu,\sigma$ 未知. 现测得 16 只元件的寿命如下(单位:h):159,280,101,212,224,379,179,264,222,362,168,250,149,260,485,170. 试问是否有理由相信元件的平均寿命大于 225 h(取 $\alpha=0.05$)?

6. 假设甲厂生产的灯泡寿命 $X\sim N(\mu_1,95^2)$,乙厂生产的灯泡寿命 $Y\sim N(\mu_2,120^2)$. 在两厂产品中各抽取了 100 只和 75 只样本,测得灯泡的平均寿命相应为 1 180 h 和 1 220 h. 问在显著性水平 $\alpha=0.05$ 下,这两个厂生产的灯泡的平均寿命有无显著差异?

7. 为了比较两种枪弹的速度(单位:m/s),在相同条件下,进行速度测量,分别算得样本均值和样本标准差如下:枪弹 $A$:$n=110$,$\bar{x}=2\ 805$,$s_1=120.51$;枪弹 $B$:$m=100$,$\bar{y}=2\ 860$,$s_2=105.00$. 假定两个总体服从正态分布且方差相等,在显著水平 $\alpha=0.05$ 下,这两种枪弹的平均速度和标准差有无显著差异?

8. 某制衣厂生产的纱线的强力服从正态分布. 为比较甲、乙两地的棉花所纺纱线的强力,各取 7 个和 8 个样本进行测量,测得数据如下(单位:kg),甲地:1.55,1.47,1.52,1.60,1.43,1.53,1.54;乙地:1.42,1.49,1.46,1.34,1.38,1.54,1.38,1.51. 问甲、乙两地棉花所纺的纱线强力有无显著差异(取 $\alpha=0.05$)?

(B)

一、填空题

1. $u$ 检验和 $t$ 检验是关于________的假设检验. 当________已知时,用 $u$ 检验;当________未知时,用 $t$ 检验.

2. 某纺织厂生产维尼纶,在稳定生产情况下,纤度服从正态分布 $N(\mu,0.048^2)$. 现从总体中抽测 15 根,要检验这批维尼纶的纤度的方差有无显著性变化,用检验法,选用的统计量为________.

3. 设由来自正态总体 $X\sim N(\mu,0.9^2)$ 容量为 9 的简单随机样本,样本均值 $\bar{x}=5$,则未知参数 $\mu$ 的置信水平为 0.95 的置信区间为________.

4. 设一批产品的某一指标 $X\sim N(\mu,\sigma^2)$,从中随机抽取容量为 25 的样本,测得样本方差的观测值 $s^2=100$,则总体方差 $\sigma^2$ 的置信水平为 0.95 的置信区间为________.

5. 设总体 $X\sim N(\mu,\sigma^2)$,其中 $\sigma^2$ 未知,抽得一组样本为 $X_1,X_2,\cdots,X_n$. 则对假设检验问题:$H_0:\mu=\mu_0 \leftrightarrow H_1:\mu\neq\mu_0$,在显著水平 $\alpha$ 下,应取拒绝域 $W=$________.

二、单项选择题

1. 在假设检验中,显著性水平 $\alpha$ 的意义是(　　).

A. $H_0$ 为真,但经检验拒绝 $H_0$ 的概率

B. $H_0$ 为真,经检验接受 $H_0$ 的概率

C. $H_0$ 不成立,经检验拒绝 $H_0$ 的概率

D. $H_0$ 不成立,但经检验接受 $H_0$ 的概率

2. 从 $X\sim N(\mu,\sigma^2)$ 中抽取容量为 10 的样本,给定显著性水平 $\alpha=0.05$,检验 $H_0:\mu=\mu_0$,则正确的方法和结论是(　　)。

A. 用 $U$ 统计量,临界值为 $u_{0.975}=1.96$

B. 用 $U$ 统计量,临界值为 $u_{0.025}=-1.96$

C. 用 $T$ 统计量,临界值为 $t_{0.975}(9)=2.262$

D. 用 $T$ 统计量,临界值为 $t_{0.975}(10)=2.2281$

3. 设 $\bar{X}$ 和 $S^2$ 是来自正态总体 $N(\mu,\sigma^2)$ 的样本均值和样本方差,样本容量为 $n$,$|\bar{x}-\mu_0|>t_{0.975}(n-1)\dfrac{S}{\sqrt{n}}$ 为(　　)。

A. $H_0:\mu=\mu_0$ 的拒绝域　　B. $H_0:\mu=\mu_0$ 的接受域

C. $\mu$ 的一个置信区间　　D. $\sigma^2$ 的一个置信区间

4. 总体 $X\sim N(\mu,\sigma^2)$,其中 $\sigma^2$ 未知. 现抽得一组样本为 $X_1,X_2,\cdots,X_n$,$\bar{X}$ 为样本均值,$S$ 为样本标准差. 则对于假设检验问题:$H_0:\mu=\mu_0$,$H_1:\mu\neq\mu_0$,应选用统计量(　　).

A. $\dfrac{\bar{X}-\mu_0}{\dfrac{S}{\sqrt{n}}}$　　B. $\dfrac{\bar{X}-\mu_0}{\dfrac{\sigma}{\sqrt{n-1}}}$　　C. $\dfrac{\bar{X}-\mu_0}{\dfrac{S}{\sqrt{n-1}}}$　　D. $\dfrac{\bar{X}-\mu_0}{\dfrac{\sigma}{\sqrt{n}}}$

# *第9章

# Matlab在概率统计中的应用简介

## 9.1 Matlab在概率论中的应用

Matlab是数值计算中相当实用的一种计算机软件,它在概率论与数理统计方面的应用也非常强大,这主要体现在它的绘图功能与计算机功能上.本节我们将对Matlab在概率论中的应用作简单介绍.

首先,我们要知道Matlab的Toolbox中包含有哪些概率方面的库函数,以及如何调用这些库函数编写计算或绘图程序.常用的库函数包含:常见的分布函数(又叫累计分布函数,简记为cdf)、概率密度函数(简记为pdf)、分布列以及生成随机数的函数.常见函数的概率密度函数如表9.1所示.

**表9.1 专用函数计算概率密度函数表**

| 函数名 | 调用形式 | 注释 |
|---|---|---|
| unifpdf | unifpdf(x,a,b) | $[a,b]$上均匀分布(连续)概率密度在$X=x$处的函数值(以下相同) |
| unidpdf | unidpdf(x,n) | 均匀分布(离散)概率密度函数值 |
| exppdf | exppdf(x,Lambda) | 指数分布(参数为Lambda)概率密度函数值 |
| normpdf | normpdf(x,mu,sigma) | 正态分布(参数为mu,$\text{sigma}^2$)概率密度函数值 |
| chi2pdf | chi2pdf(x,n) | $\chi^2$分布(自由度为$n$)概率密度函数值 |
| tpdf | tpdf(x,n) | $t$分布(自由度为$n$)概率密度函数值 |
| fpdf | fpdf(x,n1,n2) | $F$分布(自由度分别是$n_1,n_2$)概率密度函数值 |
| gampdf | gampdf(x,a,b) | $\gamma$分布(参数为$a,b$)概率密度函数值 |
| betapdf | betapdf(x,a,b) | $\beta$分布(参数为$a,b$)概率密度函数值 |
| lognpdf | lognpdf(x,mu,sigma) | 对数正态分布(参数为mu,$\text{sigma}^2$)概率密度函数值 |
| nbinpdf | nbinpdf(x,R,P) | 负二项式分布(参数为$R,P$)概率密度函数值 |
| ncfpdf | ncfpd(x,n1,n2,delta) | 非中心$F$分布(参数为$n_1,n_2$,delta)概率密度函数值 |

续表

| 函数名 | 调用形式 | 注释 |
| --- | --- | --- |
| nctpdf | nctpdf(x,n,delta) | 非中心 $t$ 分布(参数为 $n$,delta)概率密度函数值 |
| ncx2pdf | ncx2pdf(x,n,delta) | 非中心 $\chi^2$ 分布(参数为 $n$,delta)概率密度函数值 |
| raylpdf | raylpdf(x,b) | 瑞利分布(参数为 $b$)概率密度函数值 |
| weibpdf | weibpdf(x,a,b) | 韦布尔分布(参数为 $a,b$)概率密度函数值 |
| binopdf | binopdf(x,n,p) | 二项分布(参数为 $n,p$)的概率密度函数值 |
| geopdf | geopdf(x,p) | 几何分布(参数为 $p$)的概率密度函数值 |
| hygepdf | hygepdf(x,M,K,N) | 超几何分布(参数为 $M,K,N$)的概率密度函数值 |
| poisspdf | poisspdf(x,Lambda) | 泊松分布(参数为 Lambda)的概率密度函数值 |

专用函数计算累积概率值函数,即计算分布函数 $F(x)=P\{X\leqslant x\}$ 在 $x$ 处的值,其函数名和调用形式都和表 9.1 内容相似,只需将“pdf”换成“cdf”即可. 下面举例说明如何调用这些库函数进行计算或绘图.

【例 9.1】 已知随机变量 $X\sim N(3,4)$,

(1)求 $P\{X\geqslant 5\}$,$P\{X\geqslant 1\}$,$P\{|X|\leqslant 4\}$;

(2)若 $P\{X\leqslant c\}=0.85$,求 $c$ 的值.

**解** 用 Matlab 编写程序 ex901. m 实现,其源代码如下,注意,% 及其右边是注释部分(不影响程序)

```
clear all                                   %清楚以前保存的变量,以免干扰本程序
y1=normcdf(5,3,4)                           %计算 y1=P{X≤5}
y2=1-normcdf(1,3,4)                         %计算 y2=P{X≥1}
y3=normcdf(4,3,4)-normcdf(-4,3,4)           %计算 y3=P{|X|≤4}
c=norminv(0.85,3,4)                         %用逆累积分布函数计算 0.85 分位数 c,其中
```

$P\{X\leqslant c\}=0.85$,这里 inv 是“逆”的意思,对其他分布的逆累积分布函数,其函数名和调用形式与表 9.1 类似,只需将 pdf 改为 inv 就行了.

输出结果为

```
y1 =
    0.6915
y2 =
    0.6915
y3 =
    0.5586
c =
    7.1457
```

查表计算结果可知,$y_1=0.691\ 5$,$y_2=0.691\ 5$,$y_3=0.558\ 6$,$c=7.15$. 与用程序 ex901. m 的计算结果基本吻合.

【例 9.2】 在一次试验中,某事件发生的概率是 0.8,现重复试验 50 次,求此事件(1)恰

好发生40次的概率;(2)至少发生40次的概率.

**解** 在50次重复试验中,该事件发生的次数 $X$ 服从二项分布 $B(50,0.8)$,想要用二项分布查表计算是相当困难的,一般的处理方法是用中心极限定理作近似计算.下面我们编写 Matlab 程序 ex902.m 来计算它.

```
clear all
y1=binopdf(40,50,0.8)          %计算 y1=P{X=40}
y2=1-binocdf(39,50,0.8)        %计算计算 y2=P{X≥40}
```

计算结果为:

```
y1=
    0.1398
y2=
    0.5836
```

**【例9.3】** 设随机变量 $X\sim N(1,2^2)$, $Y\sim\chi^2(7)$,试分别画出表示下列概率的阴影区域.

(1)$P\{X\leqslant 3\}$;(2)$P\{|X|>2\}$;(3)$P\{Y\leqslant 2.3$ 或 $Y\geqslant 11\}$.

**解** 下面分别用三个 Matlab 程序来实现.

(1)程序 ex903-1.m

```
clear all
p=normspec([-inf,3],1,2)  %在指定区间(-∞,3)上求正态分布的概率值,并画出正态密度曲线阴影部分(图9.1)
```

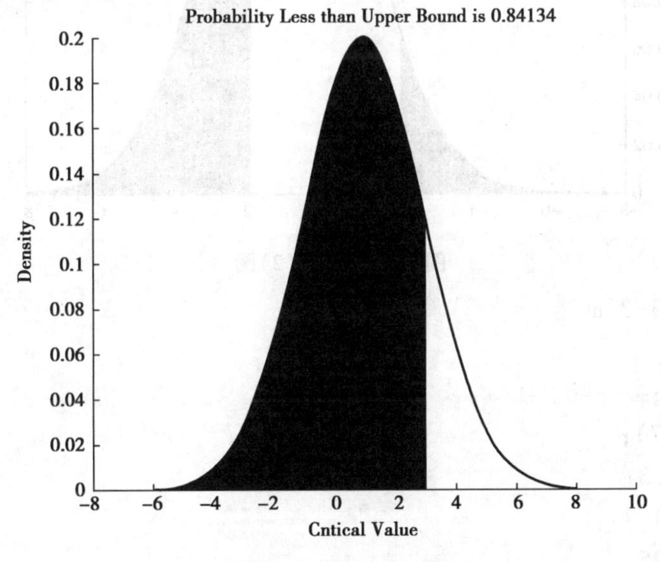


图9.1 例9.3(1)图

输出结果:

```
p=0.8413
```

如果要想编辑图片,比如添加坐标轴箭头、改变阴影部分的颜色、改变坐标轴上的数字等,可以双击工具栏的箭头图标,或者另存为 jpg 图片,再打开画图窗口进行编辑.

(2)程序 ex903-2.m

```
clear all
```

```
x=-8:0.01:8;                    %变量x在区间[-8,8]上取值,设定步长为0.01
y=normpdf(x,1,2);               %变量y是标准正态分布密度函数值,自变量为x
x1=-8:0.01:-2;
y1=normpdf(x1,1,2);
x2=2:0.01:8;
y2=normpdf(x2,1,2);
plot(x,y)                       %用plot绘图函数在区间[-8,8]上绘出正态度曲线
hold on;                        %继续绘图
area(x1,y1);                    %绘面积图(左边阴影图形)
hold on;                        %继续绘图
area(x2,y2);                    %绘面积图(右边阴影图形)
```

输出结果如图9.2所示.

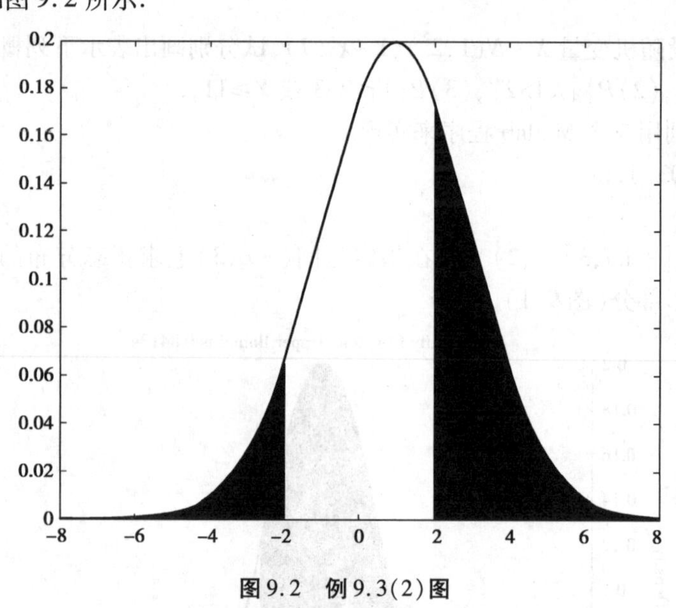


**图9.2 例9.3(2)图**

(3)程序 ex903-3.m

```
clear all
x=0:0.01:25;
y=chi2pdf(x,7);
x1=0:0.01:2.3;
y1=chi2pdf(x1,7);
x2=11:0.01:25;
y2=chi2pdf(x2,7);
plot(x,y);                      %在区间[0,25]上绘x密度曲线
hold on;                        %继续绘图
area(x1,y1);                    %绘图面积(左边阴影图形)
hold on;                        %继续绘图
area(x2,y2);                    %绘图面积(右边阴影图形)
```

输出结果如图 9.3 所示。

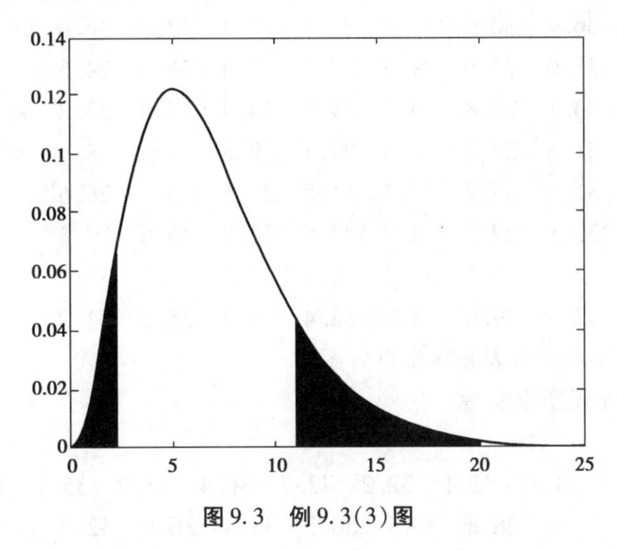


图 9.3　例 9.3(3)图

## 9.2　Matlab 在数理统计中的应用

Matlab 工具箱中包含统计方面的库函数有：简单随机样本下参数的点估计、区间估计、假设检验，此外，还有试验设计、线性回归、非线性回归、方差分析等，限于篇幅，我们仅对 Matlab 在统计中的简单应用作粗略介绍，有兴趣的读者可以参考相关 Matlab 专业书籍.

### 9.2.1　用 Matlab 绘制频率直方图

我们知道，绘制频率直方图一般是按照以下步骤进行的.

(1)对数据进行分组：根据样本容量确定组数 $k$，一般取 $k \approx 1.87(n-1)^{2/5}$ 的近似整数值；然后根据极差 $R_n = X_{(n)} - X_{(1)}$ 确定组距 $d \approx R_n/k$；再确定各组数据的端点 $a_k = a_0 + dk(k=0, 1, \cdots, n)$，其中 $a_0$ 通常比 $X_{(1)}$ 小半个测量单位，$a_n > X_{(n)}$，这里 $X_{(n)}$，$X_{(1)}$ 表示最大和最小样本值.

(2)统计各组频数 $n_i$.

(3) 计算各组频率 $f_i = n_i/n$ 和各组累积频率 $\mathrm{F}_i = \sum_{j=1}^{i} f_j (i = 1, 2, \cdots, n)$.

(4)编制频率分布表.

(5)绘制频率直方图.

Matlab 中绘制直方图的函数是 hist，其调用格式为 hist(x,k)，仅作绘图用，其中输入参数两个：数据向量 $x$ 和分组个数 $k$. 如果调用格式[ni,ak]=hisk(x,k)，则将返回各组数据的频数 ni 和各组数据的中间值 ak. 如果要画一条正态密度曲线的直方图，则用 histfit 函数.

**【例 9.4】**　从某种机械零件中抽取 100 个零件，测得它的直径(单位：mm)的数据如下：

33.2　34.0　31.0　31.1　32.2　42.7　36.4　35.2　35.1　42.5

34.8 35.6 30.5 32.9 28.8 35.1 30.3 38.4 36.9 32.7
31.5 27.5 36.4 36.4 32.6 41.4 35.3 35.4 33.0 36.0
30.0 32.6 29.0 28.0 25.6 39.3 24.8 42.4 36.0 24.5
32.6 36.5 30.2 36.1 28.8 33.3 39.0 34.4 37.9 33.2
30.2 35.0 33.2 41.5 29.7 33.3 27.1 39.5 35.6 38.6
31.9 34.8 38.2 31.8 35.2 27.3 31.8 32.5 30.1 26.6
34.1 33.9 35.4 36.8 29.5 34.0 33.5 37.7 36.6 29.8
25.7 29.7 36.9 32.9 32.1 30.2 30.4 34.8 36.0 35.0
33.7 37.6 32.2 32.9 29.0 33.8 32.4 28.9 35.2 34.0

用 Matlab 程序实现频率分布表和频率直方图.

**解** 以 ex904.m 程序来实现

```
clear all
x=[33.2  34.0  31.0  31.1  32.2  42.7  36.4  35.2  35.1  42.5...
34.8  35.6  30.5  32.9  28.8  35.1  30.3  38.4  36.9  32.7...
31.5  27.5  36.4  36.4  32.6  41.4  35.3  35.4  33.0  36.0...
30.0  32.6  29.0  28.0  25.6  39.3  24.8  42.4  36.0  24.5...
32.6  36.5  30.2  36.1  28.8  33.3  39.0  34.4  37.9  33.2...
30.2  35.0  33.2  41.5  29.7  33.3  27.1  39.5  35.6  38.6...
31.9  34.8  38.2  31.8  35.2  27.3  31.8  32.5  30.1  26.6...
34.1  33.9  35.4  36.8  29.5  34.0  33.5  37.7  36.6  29.8...
25.7  29.7  36.9  32.9  32.1  30.2  30.4  34.8  36.0  35.0...
33.7  37.6  32.2  32.9  29.0  33.8  32.4  28.9  35.2  34.0]
                                        %输入100个样本值
k=round(1.87*(length(x)-1)^0.4);
                            % round(x):四舍五入取整数,length(x):样本容量(长度)
[ni,ak]=hist(x,k);
                            % ni:由 hist 函数输出的各组频数,ak:各组数据的中间值
fi=ni/length(x);            % 计算各组频率
mfi=cumsum(fi);             % 计算各组累积频率
stats=[[1:k]',ak',ni',fi',mfi']
                            % 输出频率分布表,各列分别是序号、组中间值、频数、频率和
                              累积频率
hist(x,k)                   % 绘制频率直方图
```

运行得到:

```
stats=
    1.0000   24.5369    2.0000   0.0200   0.0200
    2.0000   26.2423    4.0000   0.0400   0.0600
    3.0000   27.9478    8.0000   0.0800   0.1400
    4.0000   29.6532    7.0000   0.0700   0.2100
    5.0000   31.3586   20.0000   0.2000   0.4100
```

```
6.0000   33.0640   18.0000   0.1800   0.5900
7.0000   34.7695   14.0000   0.1400   0.7300
8.0000   36.4749   16.0000   0.1600   0.8900
9.0000   38.1803   6.0000    0.0600   0.9500
10.0000  39.8858   2.0000    0.0200   0.9700
11.0000  41.5912   2.0000    0.0200   0.9900
12.0000  43.2966   1.0000    0.0100   1.0000
```

如果想在绘制直方图的同时添加一条正态拟合概率密度函数,可以调用 histfit 函数:

h=histfit(x,k);          %画附带正态参考曲线的直方图,并提取图形句柄 $h$

其实现的图形如图 9.4 所示.

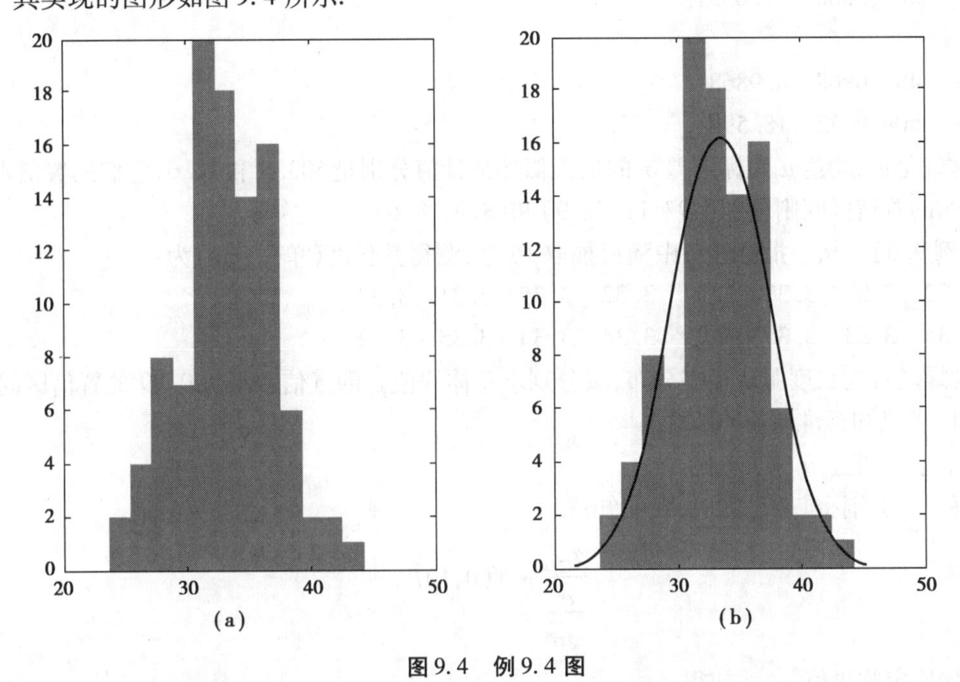


图 9.4 例 9.4 图

## 9.2.2 用 Matlab 运行参数的最大似然估计和区间估计

在 Malab 中常用函数 mle 作参数的最大似然估计和区间估计,调用格式为

[phat,pci]=mle(data,'distribution',dist,'alpha',a,'ntrails',n)

其中,输出参数 phat 是指定分布参数的最大似然估计值(多参数时为行向量),pci 是参数的区间估计的置信上限和置信下限,如果只求最大似然估计则可以省略.输入参数 data 是样本向量(不可省略),引用参数'distribution'及其取值 dist 设置变量的分布类型,引用参数'alpha'及其取值 $a$ 设置区间估计的置信水平(缺省时设置默认值为 0.05),引用参数'ntrails'及其取值 $n$ 仅在分布类型为二项分布时引用,用于设置二项分布的试验次数.

【例 9.5】 现从一大批糖果中抽取 16 袋,称得其质量(以 g 计)如下:

497,493,512,521,500,490,492,511

523,501,492,493,505,515,521,490

假设每袋糖果的质量近似服从正态分布,试分别求均值 $\mu$ 和标准差 $\sigma$ 的最大似然估计,以及置信水平为 0.95 的置信区间.

**解** 下面用 Matlab 程序 ex905.m 一次实现.

```
clear all
x=[506  508  499  503  504  510  497  512  514  505...
493  496  506  502  509  496];                % 输入样本观测
[phat,pci]=mle(x,'distribution','norm')
                                              % norm 代表分布类型为正态分布
```

输出结果为:

```
phat=
    503.5000   11.6351
pci=
    497.0968   8.9868
    509.9032   18.5981
```

这就是说,均值$\mu$和标准差$\sigma$的最大似然估计值分别是 503.5 和 11.6,它们的置信水平为 0.95 的置信区间则分别(497.1,509.9)和(8.9,18.6).

【例 9.6】 从一批螺丝钉中随机抽取 16 个,测得其长度(单位:cm)为:

3.33  3.31  3.30  3.34  3.32  3.35  3.31  3.34

3.35  3.33  3.35  3.31  3.34  3.33  3.35  3.32

设螺丝钉的长度服从正态分布,试分别求总体均值$\mu$的置信水平为 0.89 的置信区间.

(1)若已知标准差$\sigma=0.02$;

(2)若标准差$\sigma$未知.

**解** (1)当标准差已知时,我们知道

$$\frac{\overline{X}-\mu}{\dfrac{\sigma}{\sqrt{n}}}\sim N(0,1).$$

于是,先确定临界值$u_{1-\frac{\alpha}{2}}$,使得

$$P\left\{\left|\frac{\overline{X}-\mu}{\dfrac{\sigma}{\sqrt{n}}}\right|\leqslant u_{1-\frac{\alpha}{2}}\right\}=1-\alpha$$

从而得到$\mu$的置信水平为 0.89 的置信区间

$$\left(\overline{X}-u_{1-\frac{\alpha}{2}}\frac{\sigma}{\sqrt{n}},\overline{X}+u_{1-\frac{\alpha}{2}}\frac{\sigma}{\sqrt{n}}\right)$$

以上过程,我们可以用如下 Matlab 程序 ex906.m-1.m 实现.

```
clear all
x=[ 3.33  3.31  3.30  3.34  3.32  3.35  3.31  3.34...
    3.35  3.33  3.35  3.31  3.34  3.33  3.35  3.32];  % 输入样本观测值
sigma=0.02;                                          % 已知标准差
alpha=0.11;                                          %显著性水平
u=norminv(1-alpha/2,0,1);                            %计算临界值
```

```
lower=mean(x)-u * sigma/sqrt(length(x));
                        % 计算置信区间下界,mean(x):样本均值,sqrt:开算术平方根,length(x):样本容量
upper=mean(x)+u * sigma/sqrt(length(x));
                        % 计算置信区间上界
alpha, u, lower,upper   % 输出 alpha 值、临界值、置信下限和置信上限
```

输出结果:

```
alpha=
     0.1100
u=
     1.5982
lower=
     3.3220
upper=
     3.3380
```

于是,在标准差 $\sigma=0.02$ 已知时,总体均值 1 的置信水平为 0.89 的置信区间是(3.322 0, 3.338 0).

(2)在方差未知时,情况要简单些,用 Matlab 程序 ex906-2. m 实现.

```
clear all
x=[ 3.33   3.31   3.30   3.34   3.32   3.35   3.31   3.34...
3.35   3.33   3.35   3.31   3.34   3.33   3.35   3.32];
[phat,pci]=mle(x,'distribution','norm','alpha',0.11)
```

输出结果为:

```
phat=
     3.3300      0.0162
pci=
     3.3229      0.0131
     3.3371      0.0238
```

所以,方差未知时,总体均值 $\mu$ 的置信水平为 0.89 的置信区间是(3.3229,3.3371).

### 9.2.3 用 Matlab 进行假设检验

#### 1)方差已知,单个正态总体均值 $\mu$ 的检验($u$ 检验)

用 Matlab 函数 ztest 实现,其调用格式有以下几种:

h=ztest(x,m,sigma):当标准差为 sigma 时,在置信水平 $\alpha=0.05$ 下检验原假设 $H_0:\mu=$

$m$. 返回值"$h=1$"表示拒绝原假设,"$h=0$"表示接受原假设;

h=ztest(x,m,sigma,alpha):限定显著性水平 alpha 值的 $\mu$ 检验;

[h,sig,ci]=ztest(x,m,sigma,alpha,tail):其中,sig 返回检验的概率 $p$ 值,ci 返回均值的 alpha 置信区间,输入变量 tail 取值' both' (默认值)表示双侧检验,备择假设为 $H_1:\mu\neq m$;tail 取值' right' 表示右侧检验,备择假收为 $H_1:\mu>m$;tail 取值' left' 表示左侧检验,备择假设为 $H_1:\mu<m$.

### 2)方差未知,单个正态总体均值 $\mu$ 的检验($t$ 检验)

用 Matlab 函数 ttest 实现,其调用格式有以下几种:

h=ttest(x):用于判断总体均值是否为零;

h=ttest(x,m):用于判断总体均值是否为 $m$;

[h,sig]=ttest(x,m,alpha,tail):在显著性水平为 alpha 时,实现双侧检验或单侧检验,各参数的取值与 ztest 函数是类似的.

**【例 9.7】** 用传统工艺加工水果营养罐头,每瓶维生素 C 的含量 21 mg. 现改进加工工艺,抽查 20 瓶罐头,测得维生素 C 的含量为(单位:mg)

| 25 | 23.5 | 24 | 23 | 27 | 25.5 | 18 | 27 | 24 | 21.5 |
|---|---|---|---|---|---|---|---|---|---|
| 25 | 22.5 | 19.9 | 24 | 29.5 | 23 | 15 | 21 | 22 | 22.5 |

在两种情况下:(1)假定方差 $\sigma^2=9$;(2)假定方差 $\sigma^2$ 未知,分别检验新工艺下维生素 C 的含量是否比旧工艺下维生素 C 的含量有所提高?(取 $\alpha=0.05$)

**解** 可以假定每瓶维生素 C 的含量服从正态分布 $N(\mu,\sigma^2)$. 本题是要检验

$$H_0:\mu\leqslant 21\leftrightarrow H_1:\mu>21$$

下面分别用 Matlab 程序 ex906-1. m 和 ex906-2. m 来实现.

(1)ex907-1. m

```
clear all
x=[25  23.5  24  23  27  25.5  18  27  24  21.5  25  22.5  19.9  24
29.5...23  15  21  22  22.5];                 %输入样本观测值
h=ztest(x,21,3,0.05,' right' )               %在 sigma=3 时检验假设
```

返回结果:

```
h=
    1
```

说明在假定方差 $\sigma^2=9$ 时拒绝原假设,即新工艺下维生素 C 的含量比旧工艺下维生素 C 的含量有所提高.

(2)ex907-2. m

```
clear all
x=[25  23.5  24  23  27  25.5  18  27  24  21.5  25  22.5  19.9  24
29.5...23  15  21  22  22.5];                 %输入样本观测值
h=ttest(x,21,0.05,' right' )
```

输出结果:

```
h=
    1
```

说明在方差未知时也应拒绝原假设,即新工艺下维生素 C 的含量比旧工艺下维生素 C 的含量有所提高.

### 3)两个正态总体下均值的检验

可用 Matlab 函数 ttest2, 调用格式[h,sig,ci]=ttest2(x,y,alpha,tail). $x$,$y$ 是两组输入样本,其长度可以不同. 待检验方差值 $v$,在显著性水平 alpha 下,检验类型 tail:取值' both' 表示双侧检验,备择假设 $H_1:\mu_1\neq\mu_2$;取值' right' 表示右侧检验,备择假设 $H_1:\mu_1>\mu_2$;取值' left' 表示左侧检验,备择假设 $H_1:\mu_1<\mu_2$.

**【例 9.8】** 从两处煤矿各取一组样本,测得其含灰率分别是

甲矿:43.1　39.0　33.8　39.3　37.2　40

乙矿:19.2　18.9　20.2　21.7　21.7　21

设煤矿中煤的含灰率服从正态分布,问甲乙两矿煤的含灰率有无显著差异?(取 $\alpha=0.05$)

**解**　本题是要检验

$$H_0:\mu_1=\mu_2\leftrightarrow H_1:\mu_1\neq\mu_2$$

下面我们用 Matlab 程序 ex908. m 实现.

```
clear all
x=[43.1 39.0 33.8 39.3 37.2 40];
y=[19.2 18.9 20.2 21.7 21.7 21];
h=ttest2(x,y)
```

输出结果:

```
h=
 1
```

拒绝原假设,即可以认为两矿煤的含灰率存在显著差异.

**【例 9.9】** 在例 9.8 中,如果甲、乙两矿煤的含灰率的方差分别是 9.5 和 1.5, 问甲乙两矿煤的含灰率有无显著差异?(仍取 $\alpha=0.05$)

**解**　在 $H_0$ 成立的条件下

$$U=\frac{\overline{X}-\overline{Y}}{\sqrt{\frac{\sigma_1^2}{n_1}+\frac{\sigma_2^2}{n_2}}}\sim N(0,1).$$

取临界值 $\lambda$ 满足 $P\{|U|\geqslant\lambda\}=\alpha$,则拒绝域为 $\{|U|\geqslant\lambda\}$.

下面用 Matlab 程序 ex909. m 实现.

```
clear all
x=[43.1   39.0   33.8   39.3   37.2   40];
y=[19.2   18.9   20.2   21.7   21.7   21];
alpha=0.05;
U=(mean(x)-mean(y))/sqrt(9.5/6+1.5/6);    % mean(x):样本均值,sqrt:开算术平方根
lamda=norminv(1-alpha/2,0,1);             %求标准正分布下的临界值
p=1-normcdf(U,0,1);                       %求拒绝原假设的概率
```

```
if abs(U)>=lamda                    % abs(U):U 的绝对值
  h= 1;
else
  h= 0;
end
alpha,h,p,U,lamda
```

输出结果为:

```
alpha=
    0.0500
h=
  1
p=
  0
U=
  13.5031
lamda=
  1.9600
```

这表明,在显著性水平为 0.05 时,拒绝原假设,即认为甲乙两矿煤的含灰率有显著差异.

### 4)正态总体下方差的检验

单个正态总体下方差的检验,可用 Matlab 函数 vartest,其调用格式 h=vartest[X,v,alpha,tail].输入样本 $X$,待检验方差值 $v$,在显著性水平 alpha 下,检验类型 tail 取值:取值'both' 表示双侧检验,备择假设 $H_1:\sigma^2\neq v$;取值' right' 表示右侧检验,备择假设 $H_1:\sigma^2>v$;取值' left' 表示左侧检验,备择假设 $H_1:\sigma^2<v$.

两个正态总体下的方差的检验,可用函数 vartest2,其调用格式 h=vartest2(X,Y,alpha,tail).

**【例 9.10】** 某炼铁厂铁水的含碳量在正常情况下服从正态分布,方差为 $0.2^2$.现对操作工艺进行改进后,从中抽取 7 炉铁水,测得含碳量分别是:

3.421　3.052　3.357　3.394　3.326　3.287　3.683

问是否认为新工艺下铁水含碳量的方差有显著变化?($\alpha$=0.05)

**解**　本题是要用用 Matlab 程序 ex910.m 实现

```
clear all
x=[3.421  3.052  3.357  3.394  3.326  3.287  3.683];
[h,sig]=vartest(x,0.2^2)
```

输出结果:

```
h=
  0
sig=
  0.9792
```

接受原假设,因为 $H_0$ 成立的概率有 0.979 2,即认为新工艺下铁水含碳量的方差没有显著变化.

前面已经看到,Matlab 程序非常简单,计算和绘图效率都相当高,可以说,掌握一些简单的 Matlab 编程方法是很有意义的. 另外,Matlab 在概率论与数理统计中的应用远远超出这些,比如它在非参数假设检验、回归分析、方差分析、多元统计分析、时间序列分析、随机过程等方面都有广泛的应用,有兴趣的读者可以参考王正林、龚纯、何倩编著的《精通 MATLAB 科学计算》(电子工业出版社),张德丰等编著的《MATLAB 概率论与数理统计分析》(机械工业出版社),邓薇编著《MATLAB 函数速查手册》(人民邮电出版社)等专业书籍.

# 期末自测题

一、填空题(每空 3 分,共 24 分)

1. 设 $A,B,C$ 为三个事件,则"$A,B,C$ 都不发生"可表示为________.

2. 已知 $P(A)=0.5, P(B)=0.6, P(B|A)=0.8$,则(1) $P(AB)=$ ________;(2) $P(A\cup B)$ = ________.

3. 设离散型随机变量 $X$ 的分布列为

| $X$ | 0 | 1 | 2 | 3 |
|---|---|---|---|---|
| $P$ | $a$ | $3a$ | 0.1 | 0.3 |

则常数 $a=$ ________;$E(X)=$ ________.

4. 设随机变量 $X$ 服从参数 $\lambda=5$ 的泊松分布,$Y$ 服从参数 $\lambda=\frac{1}{2}$ 的指数分布,$Z$ 服从区间 $[-3,3]$ 的均匀分布. 若 $X,Y,Z$ 相互独立,则 $E(X+2Y-Z)=$ ________;$D(X+2Y-Z)$ = ________.

5. 设随机变量 $X$ 的期望和方差分别为 $\mu$ 和 $\sigma^2$,则由切比雪夫不等式可得 $P\{|X-\mu|\geqslant 3\sigma\}\leqslant$ ________.

二、单项选择题(每小题 3 分,共 15 分)

1. 若事件 $A\subset B$,则有(　　).

A. $P(B-A)=P(B)-P(A)$　　B. $P(A-B)=P(A)-P(B)$

C. $P(AB)=P(A)P(B)$　　D. $P(AB)=0$

2. 如果事件 $A,B$ 同时出现的概率 $P(AB)=0$,则(　　).

A. $A$ 与 $B$ 互不相容　　B. $AB$ 是不可能事件

C. $P(A)=0$ 或 $P(B)=0$　　D. $AB$ 未必是不可能事件

3. 设随机变量 $X$ 表示 10 次独立重复射击实验命中的次数,每次命中目标的概率为 0.4,则 $E(X^2)=$(　　).

A. 18.4　　B. 24　　C. 16　　D. 12

4. 设随机变量 $X$ 与 $Y$ 满足 $D(X+Y)=D(X-Y)$,则必有(　　).

A. $X$ 与 $Y$ 不相关　　B. $X$ 与 $Y$ 相互独立

C. $D(X)D(Y)\neq 0$　　D. $D(X)D(Y)=0$

5. 如果随机变量 $X\sim B(n,p)$，且 $E(X)=2$，$D(X)=1.2$，则 $P\{X=2\}=($　　$)$.

A. $1.6\times0.4^3$　　B. $1.6\times0.6^3$　　C. $3.2\times0.4^3$　　D. $3.2\times0.6^3$

**三、解答题(1～5 小题，每题 10 分；第 6 题 11 分，共 61 分，将解答过程写在相应的空白处)**

1. 某人决定去甲、乙、丙三国之一旅游. 注意到这三国此季节下雨的概率分别为 $\frac{1}{2}$，$\frac{2}{3}$ 和 $\frac{1}{2}$，他去这三国旅游的概率分别为 $\frac{1}{4}$，$\frac{1}{4}$ 和 $\frac{1}{2}$. 请据此信息计算他旅游遇上雨天的概率是多少？(事件请用字母表示出来)

2. 设 $X\sim f(x)=\begin{cases}\frac{3}{4}x(2-x) & 0<x<2\\ 0 & 其他\end{cases}$

求：(1) $P\{-1\leqslant X\leqslant 1\}$；(2) $P\{X=0.5\}$；(3) $E\left(\frac{1}{X}\right)$.

3. 设 $(X,Y)$ 联合分布列如下表所示：

| X \ Y | 0 | 1 | 2 |
|---|---|---|---|
| 1 | 0.1 | 0.2 | 0.4 |
| 2 | 0.2 | 0.1 | 0 |

(1) 求 $P\{X\leqslant 1,Y\leqslant 1\}$；(2) 求 $Z=X+Y$ 的分布列；(3) 求 $E(XY)$.

4. 设 $(X,Y)$ 的联合概率密度为 $f(x,y)=\begin{cases}4xy & 0\leqslant x\leqslant 1,0\leqslant y\leqslant 1\\ 0 & 其他\end{cases}$

求：(1) $P\{Y\leqslant X\}$；(2) $(X,Y)$ 关于 $X$ 的边缘概率密度函数 $f_X(x)$.

5. 设 $(X,Y)\sim N(0,1,1,4,0.5)$. (1) 求 $E(X)$、$E(Y)$、$D(X)$、$D(Y)$ 以及相关系数 $\rho$；(2) 求 $E(X-Y)$ 和 $D(X-Y)$.

6. 据统计，对于一个新入学的大学生而言，有家长陪同到学校报到的概率为 0.7. 若某校共有 2 100 名新大学生，设各大学生家长是否陪同到学校报到是相互独立的. 试求有家长陪同的新生人数少于 1 505 人的概率.

附：标准正态分布函数 $\Phi(x)$ 表

| $x$ | 1.65 | 1.66 | 1.67 | 1.68 | 1.69 |
|---|---|---|---|---|---|
| $\Phi(x)$ | 0.950 5 | 0.951 5 | 0.952 5 | 0.953 5 | 0.954 5 |

期末自测题参考答案

# 附　表

## 附表 1　泊松分布表

$$P(X \leqslant m) = \sum_{k=0}^{m} \frac{\lambda^k}{k!} e^{-\lambda}$$

| $m$ \ $\lambda$ | 0.1 | 0.2 | 0.3 | 0.4 | 0.5 | 0.6 | 0.7 | 0.8 | 0.9 | 1.0 |
|---|---|---|---|---|---|---|---|---|---|---|
| 0 | 0.905 | 0.819 | 0.741 | 0.670 | 0.607 | 0.549 | 0.497 | 0.499 | 0.407 | 0.368 |
| 1 | 0.995 | 0.982 | 0.963 | 0.938 | 0.910 | 0.878 | 0.844 | 0.809 | 0.772 | 0.736 |
| 2 | 1.000 | 0.999 | 0.996 | 0.992 | 0.986 | 0.977 | 0.966 | 0.953 | 0.937 | 0.920 |
| 3 | | 1.000 | 1.000 | 0.999 | 0.998 | 0.997 | 0.994 | 0.991 | 0.987 | 0.981 |
| 4 | | | | 1.000 | 1.000 | 1.000 | 0.999 | 0.999 | 0.998 | 0.996 |
| 5 | | | | | | | 1.000 | 1.000 | 1.000 | 0.999 |
| 6 | | | | | | | | | | 1.000 |
| $m$ \ $\lambda$ | 1.1 | 1.2 | 1.3 | 1.4 | 1.5 | 1.6 | 1.7 | 1.8 | 1.9 | 2.0 |
| 0 | 0.333 | 0.301 | 0.273 | 0.247 | 0.223 | 0.202 | 0.183 | 0.165 | 0.150 | 0.135 |
| 1 | 0.699 | 0.663 | 0.627 | 0.592 | 0.558 | 0.525 | 0.493 | 0.463 | 0.434 | 0.406 |
| 2 | 0.900 | 0.879 | 0.857 | 0.833 | 0.809 | 0.783 | 0.757 | 0.731 | 0.704 | 0.677 |
| 3 | 0.974 | 0.966 | 0.957 | 0.946 | 0.934 | 0.921 | 0.907 | 0.891 | 0.875 | 0.857 |
| 4 | 0.995 | 0.992 | 0.989 | 0.986 | 0.981 | 0.976 | 0.970 | 0.964 | 0.956 | 0.947 |
| 5 | 0.999 | 0.998 | 0.998 | 0.997 | 0.996 | 0.994 | 0.992 | 0.990 | 0.987 | 0.983 |
| 6 | 1.000 | 1.000 | 1.000 | 0.999 | 0.999 | 0.999 | 0.998 | 0.997 | 0.997 | 0.995 |
| 7 | | | | 1.000 | 1.000 | 1.000 | 1.000 | 0.999 | 0.999 | 0.999 |
| 8 | | | | | | | | 1.000 | 1.000 | 1.000 |
| $m$ \ $\lambda$ | 2.1 | 2.2 | 2.3 | 2.4 | 2.5 | 2.6 | 2.7 | 2.8 | 2.9 | 3.0 |
| 0 | 0.122 | 0.111 | 0.100 | 0.091 | 0.082 | 0.074 | 0.067 | 0.061 | 0.055 | 0.050 |
| 1 | 0.380 | 0.355 | 0.331 | 0.308 | 0.287 | 0.267 | 0.249 | 0.231 | 0.215 | 0.199 |
| 2 | 0.650 | 0.623 | 0.596 | 0.570 | 0.544 | 0.518 | 0.494 | 0.469 | 0.446 | 0.423 |
| 3 | 0.839 | 0.819 | 0.799 | 0.779 | 0.758 | 0.736 | 0.714 | 0.692 | 0.670 | 0.647 |
| 4 | 0.938 | 0.928 | 0.916 | 0.904 | 0.891 | 0.877 | 0.863 | 0.848 | 0.832 | 0.815 |
| 5 | 0.980 | 0.975 | 0.970 | 0.964 | 0.958 | 0.951 | 0.943 | 0.935 | 0.926 | 0.916 |

续表

| m \ λ | 2.1 | 2.2 | 2.3 | 2.4 | 2.5 | 2.6 | 2.7 | 2.8 | 2.9 | 3.0 |
|---|---|---|---|---|---|---|---|---|---|---|
| 6 | 0.994 | 0.993 | 0.991 | 0.988 | 0.986 | 0.983 | 0.979 | 0.976 | 0.971 | 0.966 |
| 7 | 0.999 | 0.998 | 0.997 | 0.997 | 0.996 | 0.995 | 0.993 | 0.992 | 0.990 | 0.988 |
| 8 | 1.000 | 1.000 | 0.999 | 0.999 | 0.999 | 0.999 | 0.998 | 0.998 | 0.997 | 0.996 |
| 9 | | | 1.000 | 1.000 | 1.000 | 1.000 | 0.999 | 0.999 | 0.999 | 0.999 |
| 10 | | | | | | | 1.000 | 1.000 | 1.000 | 1.000 |

| m \ λ | 3.1 | 3.2 | 3.3 | 3.4 | 3.5 | 3.6 | 3.7 | 3.8 | 3.9 | 4.0 |
|---|---|---|---|---|---|---|---|---|---|---|
| 0 | 0.045 | 0.041 | 0.037 | 0.033 | 0.030 | 0.027 | 0.025 | 0.022 | 0.020 | 0.018 |
| 1 | 0.185 | 0.171 | 0.159 | 0.147 | 0.136 | 0.126 | 0.116 | 0.107 | 0.099 | 0.092 |
| 2 | 0.401 | 0.380 | 0.359 | 0.340 | 0.321 | 0.303 | 0.285 | 0.269 | 0.253 | 0.238 |
| 3 | 0.625 | 0.603 | 0.580 | 0.558 | 0.537 | 0.515 | 0.494 | 0.473 | 0.453 | 0.433 |
| 4 | 0.798 | 0.781 | 0.763 | 0.744 | 0.725 | 0.706 | 0.687 | 0.668 | 0.648 | 0.629 |
| 5 | 0.906 | 0.895 | 0.883 | 0.871 | 0.858 | 0.844 | 0.830 | 0.816 | 0.801 | 0.785 |
| 6 | 0.961 | 0.955 | 0.949 | 0.942 | 0.935 | 0.927 | 0.918 | 0.909 | 0.899 | 0.889 |
| 7 | 0.986 | 0.983 | 0.980 | 0.977 | 0.973 | 0.969 | 0.965 | 0.960 | 0.955 | 0.949 |
| 8 | 0.995 | 0.994 | 0.993 | 0.992 | 0.990 | 0.988 | 0.986 | 0.984 | 0.981 | 0.979 |
| 9 | 0.999 | 0.998 | 0.998 | 0.997 | 0.997 | 0.996 | 0.995 | 0.994 | 0.993 | 0.992 |
| 10 | 1.000 | 1.000 | 0.999 | 0.999 | 0.999 | 0.999 | 0.998 | 0.998 | 0.998 | 0.997 |
| 11 | | | 1.000 | 1.000 | 1.000 | 1.000 | 1.000 | 0.999 | 0.999 | 0.999 |
| 12 | | | | | | | | 1.000 | 1.000 | 1.000 |

| m \ λ | 5 | 6 | 7 | 8 | 9 | 10 | 11 | 12 | 13 | 14 | 15 |
|---|---|---|---|---|---|---|---|---|---|---|---|
| 0 | 0.007 | 0.002 | 0.001 | 0.000 | 0.000 | 0.000 | 0.000 | 0.000 | 0.000 | 0.000 | 0.000 |
| 1 | 0.040 | 0.017 | 0.007 | 0.003 | 0.001 | 0.000 | 0.000 | 0.000 | 0.000 | 0.000 | 0.000 |
| 2 | 0.125 | 0.062 | 0.030 | 0.014 | 0.006 | 0.003 | 0.001 | 0.001 | 0.000 | 0.000 | 0.000 |
| 3 | 0.265 | 0.151 | 0.082 | 0.042 | 0.021 | 0.010 | 0.005 | 0.002 | 0.001 | 0.000 | 0.000 |
| 4 | 0.440 | 0.285 | 0.173 | 0.100 | 0.055 | 0.029 | 0.015 | 0.008 | 0.004 | 0.002 | 0.001 |
| 5 | 0.616 | 0.446 | 0.301 | 0.191 | 0.116 | 0.067 | 0.038 | 0.020 | 0.011 | 0.006 | 0.003 |
| 6 | 0.762 | 0.606 | 0.450 | 0.313 | 0.207 | 0.130 | 0.079 | 0.046 | 0.026 | 0.014 | 0.008 |
| 7 | 0.867 | 0.744 | 0.599 | 0.453 | 0.324 | 0.220 | 0.143 | 0.090 | 0.054 | 0.032 | 0.018 |
| 8 | 0.932 | 0.847 | 0.729 | 0.593 | 0.456 | 0.333 | 0.232 | 0.155 | 0.100 | 0.062 | 0.037 |
| 9 | 0.968 | 0.916 | 0.830 | 0.717 | 0.587 | 0.458 | 0.341 | 0.242 | 0.166 | 0.109 | 0.070 |
| 10 | 0.986 | 0.957 | 0.901 | 0.816 | 0.706 | 0.583 | 0.460 | 0.347 | 0.252 | 0.176 | 0.118 |

续表

| $m$ \ $\lambda$ | 5 | 6 | 7 | 8 | 9 | 10 | 11 | 12 | 13 | 14 | 15 |
|---|---|---|---|---|---|---|---|---|---|---|---|
| 11 | 0.995 | 0.980 | 0.947 | 0.888 | 0.803 | 0.697 | 0.579 | 0.462 | 0.353 | 0.260 | 0.185 |
| 12 | 0.998 | 0.991 | 0.973 | 0.936 | 0.876 | 0.792 | 0.689 | 0.576 | 0.463 | 0.358 | 0.268 |
| 13 | 0.999 | 0.996 | 0.987 | 0.966 | 0.926 | 0.864 | 0.781 | 0.682 | 0.573 | 0.464 | 0.363 |
| 14 | 1.000 | 0.999 | 0.994 | 0.983 | 0.959 | 0.917 | 0.854 | 0.772 | 0.675 | 0.570 | 0.466 |
| 15 | | 1.000 | 0.998 | 0.992 | 0.978 | 0.951 | 0.907 | 0.844 | 0.764 | 0.669 | 0.568 |
| 16 | | | 0.999 | 0.996 | 0.989 | 0.973 | 0.944 | 0.899 | 0.835 | 0.756 | 0.664 |
| 17 | | | 1.000 | 0.998 | 0.995 | 0.986 | 0.968 | 0.937 | 0.890 | 0.827 | 0.749 |
| 18 | | | | 0.999 | 0.998 | 0.993 | 0.982 | 0.963 | 0.930 | 0.883 | 0.819 |
| 19 | | | | 1.000 | 0.999 | 0.997 | 0.991 | 0.979 | 0.957 | 0.923 | 0.875 |
| 20 | | | | | 1.000 | 0.998 | 0.995 | 0.988 | 0.975 | 0.952 | 0.917 |
| 21 | | | | | | 0.999 | 0.998 | 0.994 | 0.986 | 0.971 | 0.947 |
| 22 | | | | | | 1.000 | 0.999 | 0.997 | 0.992 | 0.983 | 0.967 |
| 23 | | | | | | | 1.000 | 0.999 | 0.996 | 0.991 | 0.981 |
| 24 | | | | | | | | 0.999 | 0.998 | 0.995 | 0.989 |
| 25 | | | | | | | | 1.000 | 0.999 | 0.997 | 0.994 |
| 26 | | | | | | | | | 1.000 | 0.999 | 0.997 |
| 27 | | | | | | | | | | 0.999 | 0.998 |
| 28 | | | | | | | | | | 1.000 | 0.999 |
| 29 | | | | | | | | | | | 1.000 |

# 附表 2　标准正态分布表

$$\Phi(x) = \int_{-\infty}^{x} \frac{1}{\sqrt{2\pi}} e^{-\frac{t^2}{2}} dt$$

| $x$ | 0.00 | 0.01 | 0.02 | 0.03 | 0.04 | 0.05 | 0.06 | 0.07 | 0.08 | 0.09 |
|---|---|---|---|---|---|---|---|---|---|---|
| 0.0 | 0.5000 | 0.5040 | 0.5080 | 0.5120 | 0.5160 | 0.5199 | 0.5239 | 0.5279 | 0.5319 | 0.5359 |
| 0.1 | 0.5398 | 0.5438 | 0.5478 | 0.5517 | 0.5557 | 0.5596 | 0.5636 | 0.5675 | 0.5714 | 0.5753 |
| 0.2 | 0.5793 | 0.5832 | 0.5871 | 0.5910 | 0.5948 | 0.5987 | 0.6026 | 0.6064 | 0.6103 | 0.6141 |
| 0.3 | 0.6179 | 0.6217 | 0.6255 | 0.6293 | 0.6331 | 0.6368 | 0.6406 | 0.6443 | 0.6480 | 0.6517 |
| 0.4 | 0.6554 | 0.6591 | 0.6628 | 0.6664 | 0.6700 | 0.6736 | 0.6772 | 0.6808 | 0.6844 | 0.6879 |
| 0.5 | 0.6915 | 0.6950 | 0.6985 | 0.7019 | 0.7054 | 0.7088 | 0.7123 | 0.7157 | 0.7190 | 0.7224 |
| 0.6 | 0.7257 | 0.7291 | 0.7324 | 0.7357 | 0.7389 | 0.7422 | 0.7454 | 0.7486 | 0.7517 | 0.7549 |
| 0.7 | 0.7580 | 0.7611 | 0.7642 | 0.7673 | 0.7704 | 0.7734 | 0.7764 | 0.7794 | 0.7823 | 0.7852 |
| 0.8 | 0.7881 | 0.7910 | 0.7939 | 0.7967 | 0.7995 | 0.8023 | 0.8051 | 0.8078 | 0.8106 | 0.8133 |
| 0.9 | 0.8159 | 0.8186 | 0.8212 | 0.8238 | 0.8264 | 0.8289 | 0.8315 | 0.8340 | 0.8365 | 0.8389 |

续表

| $x$ | 0.00 | 0.01 | 0.02 | 0.03 | 0.04 | 0.05 | 0.06 | 0.07 | 0.08 | 0.09 |
|---|---|---|---|---|---|---|---|---|---|---|
| 1.0 | 0.841 3 | 0.843 8 | 0.846 1 | 0.848 5 | 0.850 8 | 0.853 1 | 0.855 4 | 0.857 7 | 0.859 9 | 0.862 1 |
| 1.1 | 0.864 3 | 0.866 5 | 0.868 6 | 0.870 8 | 0.872 9 | 0.874 9 | 0.877 0 | 0.879 0 | 0.881 0 | 0.883 0 |
| 1.2 | 0.884 9 | 0.886 9 | 0.888 8 | 0.890 7 | 0.892 5 | 0.894 4 | 0.896 2 | 0.898 0 | 0.899 7 | 0.901 5 |
| 1.3 | 0.903 2 | 0.904 9 | 0.906 6 | 0.908 2 | 0.909 9 | 0.911 5 | 0.913 1 | 0.914 7 | 0.916 2 | 0.917 7 |
| 1.4 | 0.919 2 | 0.920 7 | 0.922 2 | 0.923 6 | 0.925 1 | 0.926 5 | 0.927 9 | 0.929 2 | 0.930 6 | 0.931 9 |
| 1.5 | 0.933 2 | 0.934 5 | 0.935 7 | 0.937 0 | 0.938 2 | 0.939 4 | 0.940 6 | 0.941 8 | 0.943 0 | 0.944 1 |
| 1.6 | 0.945 2 | 0.946 3 | 0.947 4 | 0.948 4 | 0.949 5 | 0.950 5 | 0.951 5 | 0.952 5 | 0.953 5 | 0.954 5 |
| 1.7 | 0.955 4 | 0.956 4 | 0.957 3 | 0.958 2 | 0.959 1 | 0.959 9 | 0.960 8 | 0.961 6 | 0.962 5 | 0.963 3 |
| 1.8 | 0.964 1 | 0.964 9 | 0.965 6 | 0.966 4 | 0.967 1 | 0.967 8 | 0.968 6 | 0.969 3 | 0.969 9 | 0.970 6 |
| 1.9 | 0.971 3 | 0.971 9 | 0.972 6 | 0.973 2 | 0.973 8 | 0.974 4 | 0.975 0 | 0.975 6 | 0.976 1 | 0.976 7 |
| 2.0 | 0.977 2 | 0.977 8 | 0.978 3 | 0.978 8 | 0.979 3 | 0.979 8 | 0.980 3 | 0.980 8 | 0.981 2 | 0.981 7 |
| 2.1 | 0.982 1 | 0.982 6 | 0.983 0 | 0.983 4 | 0.983 8 | 0.984 2 | 0.984 6 | 0.985 0 | 0.985 4 | 0.985 7 |
| 2.2 | 0.986 1 | 0.986 4 | 0.986 8 | 0.987 1 | 0.987 5 | 0.987 8 | 0.988 1 | 0.988 4 | 0.988 7 | 0.989 0 |
| 2.3 | 0.989 3 | 0.989 6 | 0.989 8 | 0.990 1 | 0.990 4 | 0.990 6 | 0.990 9 | 0.991 1 | 0.991 3 | 0.991 6 |
| 2.4 | 0.991 8 | 0.992 0 | 0.992 2 | 0.992 5 | 0.992 7 | 0.992 9 | 0.993 1 | 0.993 2 | 0.993 4 | 0.993 6 |
| 2.5 | 0.993 8 | 0.994 0 | 0.994 1 | 0.994 3 | 0.994 5 | 0.994 6 | 0.994 8 | 0.994 9 | 0.995 1 | 0.995 2 |
| 2.6 | 0.995 3 | 0.995 5 | 0.995 6 | 0.995 7 | 0.995 9 | 0.996 0 | 0.996 1 | 0.996 2 | 0.996 3 | 0.996 4 |
| 2.7 | 0.996 5 | 0.996 6 | 0.996 7 | 0.996 8 | 0.996 9 | 0.997 0 | 0.997 1 | 0.997 2 | 0.997 3 | 0.997 4 |
| 2.8 | 0.997 4 | 0.997 5 | 0.997 6 | 0.997 7 | 0.997 7 | 0.997 8 | 0.997 9 | 0.997 9 | 0.998 0 | 0.998 1 |
| 2.9 | 0.998 1 | 0.998 2 | 0.998 2 | 0.998 3 | 0.998 4 | 0.998 4 | 0.998 5 | 0.998 5 | 0.998 6 | 0.998 6 |

|  | 0.0 | 0.1 | 0.2 | 0.3 | 0.4 |
|---|---|---|---|---|---|
| 3 | $0.9^{2}86\,50$ | $0.9^{3}03\,24$ | $0.9^{3}31\,29$ | $0.9^{3}51\,66$ | $0.9^{3}66\,31$ |
| 4 | $0.9^{4}68\,33$ | $0.9^{4}79\,34$ | $0.9^{4}86\,65$ | $0.9^{5}14\,60$ | $0.9^{5}45\,87$ |
| 5 | $0.9^{6}71\,33$ | $0.9^{6}83\,02$ | $0.9^{7}00\,36$ | $0.9^{7}42\,10$ | $0.9^{7}66\,68$ |
| 6 | $0.9^{9}01\,34$ |  |  |  |  |

|  | 0.5 | 0.6 | 0.7 | 0.8 | 0.9 |
|---|---|---|---|---|---|
| 3 | $0.9^{3}76\,74$ | $0.9^{3}84\,09$ | $0.9^{3}89\,22$ | $0.9^{4}27\,65$ | $0.9^{4}51\,90$ |
| 4 | $0.9^{5}66\,02$ | $0.9^{5}78\,88$ | $0.9^{5}86\,99$ | $0.9^{6}20\,67$ | $0.9^{6}52\,08$ |
| 5 | $0.9^{7}81\,01$ | $0.9^{7}89\,28$ | $0.9^{8}40\,10$ | $0.9^{8}66\,84$ | $0.9^{8}81\,82$ |

# 附表3 $\chi^2$ 分布分位数表

$$P(\chi^2(n) \leqslant \chi_\alpha^2(n)) = \alpha$$

| $n$ \ $\alpha$ | 0.005 | 0.01 | 0.025 | 0.05 | 0.1 | 0.9 | 0.95 | 0.975 | 0.99 | 0.995 |
|---|---|---|---|---|---|---|---|---|---|---|
| 1 | 0.000 0 | 0.000 2 | 0.001 0 | 0.003 9 | 0.015 8 | 2.705 5 | 3.841 5 | 5.023 9 | 6.634 9 | 7.879 4 |
| 2 | 0.010 0 | 0.020 1 | 0.050 6 | 0.102 6 | 0.210 7 | 4.605 2 | 5.991 5 | 7.377 8 | 9.210 3 | 10.596 6 |
| 3 | 0.071 7 | 0.114 8 | 0.215 8 | 0.351 8 | 0.584 4 | 6.251 4 | 7.814 7 | 9.348 4 | 11.344 9 | 12.838 2 |
| 4 | 0.207 0 | 0.297 1 | 0.484 4 | 0.710 7 | 1.063 6 | 7.779 4 | 9.487 7 | 11.143 3 | 13.276 7 | 14.860 3 |
| 5 | 0.411 7 | 0.554 3 | 0.831 2 | 1.145 5 | 1.610 3 | 9.236 4 | 11.070 5 | 12.832 5 | 15.086 3 | 16.749 6 |
| 6 | 0.675 7 | 0.872 1 | 1.237 3 | 1.635 4 | 2.204 1 | 10.644 6 | 12.591 6 | 14.449 4 | 16.811 9 | 18.547 6 |
| 7 | 0.989 3 | 1.239 0 | 1.689 9 | 2.167 3 | 2.833 1 | 12.017 0 | 14.067 1 | 16.012 8 | 18.475 3 | 20.277 7 |
| 8 | 1.344 4 | 1.646 5 | 2.179 7 | 2.732 6 | 3.489 5 | 13.361 6 | 15.507 3 | 17.534 5 | 20.090 2 | 21.955 0 |
| 9 | 1.734 9 | 2.087 9 | 2.700 4 | 3.325 1 | 4.168 2 | 14.683 7 | 16.919 0 | 19.022 8 | 21.666 0 | 23.589 4 |
| 10 | 2.155 9 | 2.558 2 | 3.247 0 | 3.940 3 | 4.865 2 | 15.987 2 | 18.307 0 | 20.483 2 | 23.209 3 | 25.188 2 |
| 11 | 2.603 2 | 3.053 5 | 3.815 7 | 4.574 8 | 5.577 8 | 17.275 0 | 19.675 1 | 21.920 0 | 24.725 0 | 26.756 8 |
| 12 | 3.073 8 | 3.570 6 | 4.403 8 | 5.226 0 | 6.303 8 | 18.549 3 | 21.026 1 | 23.336 7 | 26.217 0 | 28.299 5 |
| 13 | 3.565 0 | 4.106 9 | 5.008 8 | 5.891 9 | 7.041 5 | 19.811 9 | 22.362 0 | 24.735 6 | 27.688 2 | 29.819 5 |
| 14 | 4.074 7 | 4.660 4 | 5.628 7 | 6.570 6 | 7.789 5 | 21.064 1 | 23.684 8 | 26.118 9 | 29.141 2 | 31.319 3 |
| 15 | 4.600 9 | 5.229 3 | 6.262 1 | 7.260 9 | 8.546 8 | 22.307 1 | 24.995 8 | 27.488 4 | 30.577 9 | 32.801 3 |
| 16 | 5.142 2 | 5.812 2 | 6.907 7 | 7.961 6 | 9.312 2 | 23.541 8 | 26.296 2 | 28.845 4 | 31.999 9 | 34.267 2 |
| 17 | 5.697 2 | 6.407 8 | 7.564 2 | 8.671 8 | 10.085 2 | 24.769 0 | 27.587 1 | 30.191 0 | 33.408 7 | 35.718 5 |
| 18 | 6.264 8 | 7.014 9 | 8.230 7 | 9.390 5 | 10.864 9 | 25.989 4 | 28.869 3 | 31.526 4 | 34.805 3 | 37.156 5 |
| 19 | 6.844 0 | 7.632 7 | 8.906 5 | 10.117 0 | 11.650 9 | 27.203 6 | 30.143 5 | 32.852 3 | 36.190 9 | 38.582 3 |
| 20 | 7.433 8 | 8.260 4 | 9.590 8 | 10.850 8 | 12.442 6 | 28.412 0 | 31.410 4 | 34.169 6 | 37.566 2 | 39.996 8 |
| 21 | 8.033 7 | 8.897 2 | 10.282 9 | 11.591 3 | 13.239 6 | 29.615 1 | 32.670 6 | 35.478 9 | 38.932 2 | 41.401 1 |
| 22 | 8.642 7 | 9.542 5 | 10.982 3 | 12.338 0 | 14.041 5 | 30.813 3 | 33.924 4 | 36.780 7 | 40.289 4 | 42.795 7 |
| 23 | 9.260 4 | 10.195 7 | 11.688 6 | 13.090 5 | 14.848 0 | 32.006 9 | 35.172 5 | 38.075 6 | 41.638 4 | 44.181 3 |
| 24 | 9.886 2 | 10.856 4 | 12.401 2 | 13.848 4 | 15.658 7 | 33.196 2 | 36.415 0 | 39.364 1 | 42.979 8 | 45.558 5 |
| 25 | 10.519 7 | 11.524 0 | 13.119 7 | 14.611 4 | 16.473 4 | 34.381 6 | 37.652 5 | 40.646 5 | 44.314 1 | 46.927 9 |
| 26 | 11.160 2 | 12.198 1 | 13.843 9 | 15.379 2 | 17.291 9 | 35.563 2 | 38.885 1 | 41.923 2 | 45.641 7 | 48.289 9 |
| 27 | 11.807 6 | 12.878 5 | 14.573 4 | 16.151 4 | 18.113 9 | 36.741 2 | 40.113 3 | 43.194 5 | 46.962 9 | 49.644 9 |
| 28 | 12.461 3 | 13.564 7 | 15.307 9 | 16.927 9 | 18.939 2 | 37.915 9 | 41.337 1 | 44.460 8 | 48.278 2 | 50.993 4 |
| 29 | 13.121 1 | 14.256 5 | 16.047 1 | 17.708 4 | 19.767 7 | 39.087 5 | 42.557 0 | 45.722 3 | 49.587 9 | 52.335 6 |
| 30 | 13.786 7 | 14.953 5 | 16.790 8 | 18.492 7 | 20.599 2 | 40.256 0 | 43.773 0 | 46.979 2 | 50.892 2 | 53.672 0 |
| 31 | 14.457 8 | 15.655 5 | 17.538 7 | 19.280 6 | 21.433 6 | 41.421 7 | 44.985 3 | 48.231 9 | 52.191 4 | 55.002 7 |
| 32 | 15.134 0 | 16.362 2 | 18.290 8 | 20.071 9 | 22.270 6 | 42.584 7 | 46.194 3 | 49.480 4 | 53.485 8 | 56.328 1 |
| 33 | 15.815 3 | 17.073 5 | 19.046 7 | 20.866 5 | 23.110 2 | 43.745 2 | 47.399 9 | 50.725 1 | 54.775 5 | 57.648 4 |
| 34 | 16.501 3 | 17.789 1 | 19.806 3 | 21.664 3 | 23.952 3 | 44.903 2 | 48.602 4 | 51.966 0 | 56.060 9 | 58.963 9 |
| 35 | 17.191 8 | 18.508 9 | 20.569 4 | 22.465 0 | 24.796 7 | 46.058 8 | 49.801 8 | 53.203 3 | 57.342 1 | 60.274 8 |
| 36 | 17.886 7 | 19.232 7 | 21.335 9 | 23.268 6 | 25.643 3 | 47.212 2 | 50.998 5 | 54.437 3 | 58.619 2 | 61.581 2 |
| 37 | 18.585 8 | 19.960 2 | 22.105 6 | 24.074 9 | 26.492 1 | 48.363 4 | 52.192 3 | 55.668 0 | 59.892 5 | 62.883 3 |
| 38 | 19.288 9 | 20.691 4 | 22.878 5 | 24.883 9 | 27.343 0 | 49.512 6 | 53.383 5 | 56.895 5 | 61.162 1 | 64.181 4 |
| 39 | 19.995 9 | 21.426 2 | 23.654 3 | 25.695 4 | 28.195 8 | 50.659 8 | 54.572 2 | 58.120 1 | 62.428 1 | 65.475 6 |
| 40 | 20.706 5 | 22.164 3 | 24.433 0 | 26.509 3 | 29.050 5 | 51.805 1 | 55.758 5 | 59.341 7 | 63.690 7 | 66.766 0 |

# 附表4　$t$分布分位数表

$$P(t(n)\leqslant t_{\alpha}(n))=\alpha$$

| $n$ \ $\alpha$ | 0.75 | 0.80 | 0.90 | 0.95 | 0.975 | 0.99 | 0.995 | 0.999 |
|---|---|---|---|---|---|---|---|---|
| 1 | 1.000 0 | 1.376 4 | 3.077 7 | 6.313 8 | 12.706 2 | 31.820 5 | 63.656 7 | 318.308 8 |
| 2 | 0.816 5 | 1.060 7 | 1.885 6 | 2.920 0 | 4.302 7 | 6.964 6 | 9.924 8 | 22.327 1 |
| 3 | 0.764 9 | 0.978 5 | 1.637 7 | 2.353 4 | 3.182 4 | 4.540 7 | 5.840 9 | 10.214 5 |
| 4 | 0.740 7 | 0.941 0 | 1.533 2 | 2.131 8 | 2.776 4 | 3.746 9 | 4.604 1 | 7.173 2 |
| 5 | 0.726 7 | 0.919 5 | 1.475 9 | 2.015 0 | 2.570 6 | 3.364 9 | 4.032 1 | 5.893 4 |
| 6 | 0.717 6 | 0.905 7 | 1.439 8 | 1.943 2 | 2.446 9 | 3.142 7 | 3.707 4 | 5.207 6 |
| 7 | 0.711 1 | 0.896 0 | 1.414 9 | 1.894 6 | 2.364 6 | 2.998 0 | 3.499 5 | 4.785 3 |
| 8 | 0.706 4 | 0.888 9 | 1.396 8 | 1.859 5 | 2.306 0 | 2.896 5 | 3.355 4 | 4.500 8 |
| 9 | 0.702 7 | 0.883 4 | 1.383 0 | 1.833 1 | 2.262 2 | 2.821 4 | 3.249 8 | 4.296 8 |
| 10 | 0.699 8 | 0.879 1 | 1.372 2 | 1.812 5 | 2.228 1 | 2.763 8 | 3.169 3 | 4.143 7 |
| 11 | 0.697 4 | 0.875 5 | 1.363 4 | 1.795 9 | 2.201 0 | 2.718 1 | 3.105 8 | 4.024 7 |
| 12 | 0.695 5 | 0.872 6 | 1.356 2 | 1.782 3 | 2.178 8 | 2.681 0 | 3.054 5 | 3.929 6 |
| 13 | 0.693 8 | 0.870 2 | 1.350 2 | 1.770 9 | 2.160 4 | 2.650 3 | 3.012 3 | 3.852 0 |
| 14 | 0.692 4 | 0.868 1 | 1.345 0 | 1.761 3 | 2.144 8 | 2.624 5 | 2.976 8 | 3.787 4 |
| 15 | 0.691 2 | 0.866 2 | 1.340 6 | 1.753 1 | 2.131 4 | 2.602 5 | 2.946 7 | 3.732 8 |
| 16 | 0.690 1 | 0.864 7 | 1.336 8 | 1.745 9 | 2.119 9 | 2.583 5 | 2.920 8 | 3.686 2 |
| 17 | 0.689 2 | 0.863 3 | 1.333 4 | 1.739 6 | 2.109 8 | 2.566 9 | 2.898 2 | 3.645 8 |
| 18 | 0.688 4 | 0.862 0 | 1.330 4 | 1.734 1 | 2.100 9 | 2.552 4 | 2.878 4 | 3.610 5 |
| 19 | 0.687 6 | 0.861 0 | 1.327 7 | 1.729 1 | 2.093 0 | 2.539 5 | 2.860 9 | 3.579 4 |
| 20 | 0.687 0 | 0.860 0 | 1.325 3 | 1.724 7 | 2.086 0 | 2.528 0 | 2.845 3 | 3.551 8 |
| 21 | 0.686 4 | 0.859 1 | 1.323 2 | 1.720 7 | 2.079 6 | 2.517 6 | 2.831 4 | 3.527 2 |
| 22 | 0.685 8 | 0.858 3 | 1.321 2 | 1.717 1 | 2.073 9 | 2.508 3 | 2.818 8 | 3.505 0 |
| 23 | 0.685 3 | 0.857 5 | 1.319 5 | 1.713 9 | 2.068 7 | 2.499 9 | 2.807 3 | 3.485 0 |
| 24 | 0.684 8 | 0.856 9 | 1.317 8 | 1.710 9 | 2.063 9 | 2.492 2 | 2.796 9 | 3.466 8 |
| 25 | 0.684 4 | 0.856 2 | 1.316 3 | 1.708 1 | 2.059 5 | 2.485 1 | 2.787 4 | 3.450 2 |
| 26 | 0.684 0 | 0.855 7 | 1.315 0 | 1.705 6 | 2.055 5 | 2.478 6 | 2.778 7 | 3.435 0 |
| 27 | 0.683 7 | 0.855 1 | 1.313 7 | 1.703 3 | 2.051 8 | 2.472 7 | 2.770 7 | 3.421 0 |
| 28 | 0.683 4 | 0.854 6 | 1.312 5 | 1.701 1 | 2.048 4 | 2.467 1 | 2.763 3 | 3.408 2 |
| 29 | 0.683 0 | 0.854 2 | 1.311 4 | 1.699 1 | 2.045 2 | 2.462 0 | 2.756 4 | 3.396 2 |
| 30 | 0.682 8 | 0.853 8 | 1.310 4 | 1.697 3 | 2.042 3 | 2.457 3 | 2.750 0 | 3.385 2 |
| 31 | 0.682 5 | 0.853 4 | 1.309 5 | 1.695 5 | 2.039 5 | 2.452 8 | 2.744 0 | 3.374 9 |
| 32 | 0.682 2 | 0.853 0 | 1.308 6 | 1.693 9 | 2.036 9 | 2.448 7 | 2.738 5 | 3.365 3 |
| 33 | 0.682 0 | 0.852 6 | 1.307 7 | 1.692 4 | 2.034 5 | 2.444 8 | 2.733 3 | 3.356 3 |
| 34 | 0.681 8 | 0.852 3 | 1.307 0 | 1.690 9 | 2.032 2 | 2.441 1 | 2.728 4 | 3.347 9 |
| 35 | 0.681 6 | 0.852 0 | 1.306 2 | 1.689 6 | 2.030 1 | 2.437 7 | 2.723 8 | 3.340 0 |
| 36 | 0.681 4 | 0.851 7 | 1.305 5 | 1.688 3 | 2.028 1 | 2.434 5 | 2.719 5 | 3.332 6 |
| 37 | 0.681 2 | 0.851 4 | 1.304 9 | 1.687 1 | 2.026 2 | 2.431 4 | 2.715 4 | 3.325 6 |
| 38 | 0.681 0 | 0.851 2 | 1.304 2 | 1.686 0 | 2.024 4 | 2.428 6 | 2.711 6 | 3.319 0 |
| 39 | 0.680 8 | 0.850 9 | 1.303 6 | 1.684 9 | 2.022 7 | 2.425 8 | 2.707 9 | 3.312 8 |
| 40 | 0.680 7 | 0.850 7 | 1.303 1 | 1.683 9 | 2.021 1 | 2.423 3 | 2.704 5 | 3.306 9 |

# 附表5 $F$分布分位数表

$$P(F \leqslant F_\alpha(f_1, f_2)) = \alpha$$

$$\alpha = 0.90$$

| $f_2$ | $f_1$ | | | | | | | | | | | | | | | | | | | |
|---|---|---|---|---|---|---|---|---|---|---|---|---|---|---|---|---|---|---|---|---|
| | 1 | 2 | 3 | 4 | 5 | 6 | 7 | 8 | 9 | 10 | 12 | 14 | 16 | 18 | 20 | 25 | 30 | 60 | 120 | ∞ |
| 1 | 39.86 | 49.50 | 53.59 | 55.83 | 57.24 | 58.20 | 58.91 | 59.44 | 59.86 | 60.19 | 60.71 | 61.07 | 61.35 | 61.57 | 61.74 | 62.05 | 62.26 | 62.79 | 63.06 | 63.31 |
| 2 | 8.53 | 9.00 | 9.16 | 9.24 | 9.29 | 9.33 | 9.35 | 9.37 | 9.38 | 9.39 | 9.41 | 9.42 | 9.43 | 9.44 | 9.44 | 9.45 | 9.46 | 9.47 | 9.48 | 9.49 |
| 3 | 5.54 | 5.46 | 5.39 | 5.34 | 5.31 | 5.28 | 5.27 | 5.25 | 5.24 | 5.23 | 5.22 | 5.20 | 5.20 | 5.19 | 5.18 | 5.17 | 5.17 | 5.15 | 5.14 | 5.13 |
| 4 | 4.54 | 4.32 | 4.19 | 4.11 | 4.05 | 4.01 | 3.98 | 3.95 | 3.94 | 3.92 | 3.90 | 3.88 | 3.86 | 3.85 | 3.84 | 3.83 | 3.82 | 3.79 | 3.78 | 3.76 |
| 5 | 4.06 | 3.78 | 3.62 | 3.52 | 3.45 | 3.40 | 3.37 | 3.34 | 3.32 | 3.30 | 3.27 | 3.25 | 3.23 | 3.22 | 3.21 | 3.19 | 3.17 | 3.14 | 3.12 | 3.11 |
| 6 | 3.78 | 3.46 | 3.29 | 3.18 | 3.11 | 3.05 | 3.01 | 2.98 | 2.96 | 2.94 | 2.90 | 2.88 | 2.86 | 2.85 | 2.84 | 2.81 | 2.80 | 2.76 | 2.74 | 2.72 |
| 7 | 3.59 | 3.26 | 3.07 | 2.96 | 2.88 | 2.83 | 2.78 | 2.75 | 2.72 | 2.70 | 2.67 | 2.64 | 2.62 | 2.61 | 2.59 | 2.57 | 2.56 | 2.51 | 2.49 | 2.47 |
| 8 | 3.46 | 3.11 | 2.92 | 2.81 | 2.73 | 2.67 | 2.62 | 2.59 | 2.56 | 2.54 | 2.50 | 2.48 | 2.45 | 2.44 | 2.42 | 2.40 | 2.38 | 2.34 | 2.32 | 2.29 |
| 9 | 3.36 | 3.01 | 2.81 | 2.69 | 2.61 | 2.55 | 2.51 | 2.47 | 2.44 | 2.42 | 2.38 | 2.35 | 2.33 | 2.31 | 2.30 | 2.27 | 2.25 | 2.21 | 2.18 | 2.16 |
| 10 | 3.29 | 2.92 | 2.73 | 2.61 | 2.52 | 2.46 | 2.41 | 2.38 | 2.35 | 2.32 | 2.28 | 2.26 | 2.23 | 2.22 | 2.20 | 2.17 | 2.16 | 2.11 | 2.08 | 2.06 |
| 12 | 3.18 | 2.81 | 2.61 | 2.48 | 2.39 | 2.33 | 2.28 | 2.24 | 2.21 | 2.19 | 2.15 | 2.12 | 2.09 | 2.08 | 2.06 | 2.03 | 2.01 | 1.96 | 1.93 | 1.91 |
| 14 | 3.10 | 2.73 | 2.52 | 2.39 | 2.31 | 2.24 | 2.19 | 2.15 | 2.12 | 2.10 | 2.05 | 2.02 | 2.00 | 1.98 | 1.96 | 1.93 | 1.91 | 1.86 | 1.83 | 1.80 |
| 16 | 3.05 | 2.67 | 2.46 | 2.33 | 2.24 | 2.18 | 2.13 | 2.09 | 2.06 | 2.03 | 1.99 | 1.95 | 1.93 | 1.91 | 1.89 | 1.86 | 1.84 | 1.78 | 1.75 | 1.72 |
| 18 | 3.01 | 2.62 | 2.42 | 2.29 | 2.20 | 2.13 | 2.08 | 2.04 | 2.00 | 1.98 | 1.93 | 1.90 | 1.87 | 1.85 | 1.84 | 1.80 | 1.78 | 1.72 | 1.69 | 1.66 |
| 20 | 2.97 | 2.59 | 2.38 | 2.25 | 2.16 | 2.09 | 2.04 | 2.00 | 1.96 | 1.94 | 1.89 | 1.86 | 1.83 | 1.81 | 1.79 | 1.76 | 1.74 | 1.68 | 1.64 | 1.61 |
| 25 | 2.92 | 2.53 | 2.32 | 2.18 | 2.09 | 2.20 | 1.97 | 1.93 | 1.89 | 1.87 | 1.82 | 1.79 | 1.76 | 1.74 | 1.72 | 1.68 | 1.66 | 1.59 | 1.56 | 1.52 |
| 30 | 2.88 | 2.49 | 2.28 | 2.14 | 2.05 | 1.98 | 1.93 | 1.88 | 1.85 | 1.82 | 1.77 | 1.74 | 1.71 | 1.69 | 1.67 | 1.63 | 1.61 | 1.54 | 1.50 | 1.46 |
| 60 | 2.79 | 2.39 | 2.18 | 2.04 | 1.95 | 1.87 | 1.82 | 1.77 | 1.74 | 1.71 | 1.66 | 1.62 | 1.59 | 1.56 | 1.54 | 1.50 | 1.48 | 1.40 | 1.35 | 1.30 |
| 120 | 2.75 | 2.35 | 2.13 | 1.99 | 1.90 | 1.82 | 1.77 | 1.72 | 1.68 | 1.65 | 1.60 | 1.56 | 1.53 | 1.50 | 1.48 | 1.44 | 1.41 | 1.32 | 1.26 | 1.20 |
| ∞ | 2.71 | 2.31 | 2.09 | 1.95 | 1.85 | 1.78 | 1.72 | 1.67 | 1.63 | 1.60 | 1.55 | 1.51 | 1.47 | 1.45 | 1.42 | 1.38 | 1.35 | 1.25 | 1.18 | 1.06 |

续表

$\alpha=0.95$

| $f_2$ | $f_1$ | | | | | | | | | | | | | | | | | | |
|---|---|---|---|---|---|---|---|---|---|---|---|---|---|---|---|---|---|---|---|
| | 1 | 2 | 3 | 4 | 5 | 6 | 7 | 8 | 9 | 10 | 12 | 14 | 16 | 18 | 20 | 25 | 30 | 60 | 120 | ∞ |
| 1 | 161.45 | 199.50 | 215.71 | 224.58 | 230.16 | 233.99 | 236.77 | 238.88 | 240.54 | 241.88 | 243.91 | 245.36 | 246.46 | 247.32 | 248.01 | 249.26 | 250.10 | 252.20 | 253.25 | 254.25 |
| 2 | 18.51 | 19.00 | 19.16 | 19.25 | 19.30 | 19.33 | 19.35 | 19.37 | 19.38 | 19.40 | 19.41 | 19.42 | 19.43 | 19.44 | 19.45 | 19.46 | 19.46 | 19.48 | 19.49 | 19.50 |
| 3 | 10.13 | 9.55 | 9.28 | 9.12 | 9.01 | 8.94 | 8.89 | 8.85 | 8.81 | 8.79 | 8.74 | 8.71 | 8.69 | 8.67 | 8.66 | 8.63 | 8.62 | 8.57 | 8.55 | 8.53 |
| 4 | 7.71 | 6.94 | 6.59 | 6.39 | 6.26 | 6.16 | 6.09 | 6.04 | 6.00 | 5.96 | 5.91 | 5.87 | 5.84 | 5.82 | 5.80 | 5.77 | 5.75 | 5.69 | 5.66 | 5.63 |
| 5 | 6.61 | 5.79 | 5.41 | 5.19 | 5.05 | 4.95 | 4.88 | 4.82 | 4.77 | 4.74 | 4.68 | 4.64 | 4.60 | 4.58 | 4.56 | 4.52 | 4.50 | 4.43 | 4.40 | 4.37 |
| 6 | 5.99 | 5.14 | 4.76 | 4.53 | 4.39 | 4.28 | 4.21 | 4.15 | 4.10 | 4.06 | 4.00 | 3.96 | 3.92 | 3.90 | 3.87 | 3.83 | 3.81 | 3.74 | 3.70 | 3.67 |
| 7 | 5.59 | 4.74 | 4.35 | 4.12 | 3.97 | 3.87 | 3.79 | 3.73 | 3.68 | 3.64 | 3.57 | 3.53 | 3.49 | 3.47 | 3.44 | 3.40 | 3.38 | 3.30 | 3.27 | 3.23 |
| 8 | 5.32 | 4.46 | 4.07 | 3.84 | 3.69 | 3.58 | 3.50 | 3.44 | 3.39 | 3.35 | 3.28 | 3.24 | 3.20 | 3.17 | 3.15 | 3.11 | 3.08 | 3.01 | 2.97 | 2.93 |
| 9 | 5.12 | 4.26 | 3.86 | 3.63 | 3.48 | 3.37 | 3.29 | 3.23 | 3.18 | 3.14 | 3.07 | 3.03 | 2.99 | 2.96 | 2.94 | 2.89 | 2.86 | 2.79 | 2.75 | 2.71 |
| 10 | 4.96 | 4.10 | 3.71 | 3.48 | 3.33 | 3.22 | 3.14 | 3.07 | 3.02 | 2.98 | 2.91 | 2.86 | 2.83 | 2.80 | 2.77 | 2.73 | 2.70 | 2.62 | 2.58 | 2.54 |
| 12 | 4.75 | 3.89 | 3.49 | 3.26 | 3.11 | 3.00 | 2.91 | 2.85 | 2.80 | 2.75 | 2.69 | 2.64 | 2.60 | 2.57 | 2.54 | 2.50 | 2.47 | 2.38 | 2.34 | 2.30 |
| 14 | 4.60 | 3.74 | 3.34 | 3.11 | 2.96 | 2.85 | 2.76 | 2.70 | 2.65 | 2.60 | 2.53 | 2.48 | 2.44 | 2.41 | 2.39 | 2.34 | 2.31 | 2.22 | 2.18 | 2.13 |
| 16 | 4.49 | 3.63 | 3.24 | 3.01 | 2.85 | 2.74 | 2.66 | 2.59 | 2.54 | 2.49 | 2.42 | 2.37 | 2.33 | 2.30 | 2.28 | 2.23 | 2.19 | 2.11 | 2.06 | 2.01 |
| 18 | 4.41 | 3.55 | 3.16 | 2.93 | 2.77 | 2.66 | 2.58 | 2.51 | 2.46 | 2.41 | 2.34 | 2.29 | 2.25 | 2.22 | 2.19 | 2.14 | 2.11 | 2.02 | 1.97 | 1.92 |
| 20 | 4.35 | 3.49 | 3.10 | 2.87 | 2.71 | 2.60 | 2.51 | 2.45 | 2.39 | 2.35 | 2.28 | 2.22 | 2.18 | 2.15 | 2.12 | 2.07 | 2.04 | 1.95 | 1.90 | 1.85 |
| 25 | 4.24 | 3.39 | 2.99 | 2.76 | 2.60 | 2.49 | 2.40 | 2.34 | 2.28 | 2.24 | 2.16 | 2.11 | 2.07 | 2.04 | 2.01 | 1.96 | 1.92 | 1.82 | 1.77 | 1.71 |
| 30 | 4.17 | 3.32 | 2.92 | 2.69 | 2.53 | 2.42 | 2.33 | 2.27 | 2.21 | 2.16 | 2.09 | 2.04 | 1.99 | 1.96 | 1.93 | 1.88 | 1.84 | 1.74 | 1.68 | 1.63 |
| 60 | 4.00 | 3.15 | 2.76 | 2.53 | 2.37 | 2.25 | 2.17 | 2.10 | 2.04 | 1.99 | 1.92 | 1.86 | 1.82 | 1.78 | 1.75 | 1.69 | 1.65 | 1.53 | 1.47 | 1.39 |
| 120 | 3.92 | 3.07 | 2.68 | 2.45 | 2.29 | 2.18 | 2.09 | 2.02 | 1.96 | 1.91 | 1.83 | 1.78 | 1.73 | 1.69 | 1.66 | 1.60 | 1.55 | 1.43 | 1.35 | 1.26 |
| ∞ | 3.85 | 3.00 | 2.61 | 2.38 | 2.22 | 2.10 | 2.01 | 1.94 | 1.88 | 1.84 | 1.76 | 1.70 | 1.65 | 1.61 | 1.58 | 1.51 | 1.46 | 1.32 | 1.23 | 1.08 |

续表

$\alpha=0.975$

| $f_2$ \ $f_1$ | 1 | 2 | 3 | 4 | 5 | 6 | 7 | 8 | 9 | 10 | 12 | 14 | 16 | 18 | 20 | 25 | 30 | 60 | 120 | ∞ |
|---|---|---|---|---|---|---|---|---|---|---|---|---|---|---|---|---|---|---|---|---|
| 1 | 647.79 | 799.50 | 864.16 | 899.58 | 921.85 | 937.11 | 948.22 | 956.66 | 963.28 | 968.63 | 976.71 | 982.53 | 986.92 | 990.35 | 993.10 | 998.08 | 1 001.41 | 1 009.80 | 1 014.02 | 1 018.00 |
| 2 | 38.51 | 39.00 | 39.17 | 39.25 | 39.30 | 39.33 | 39.36 | 39.37 | 39.39 | 39.40 | 39.41 | 39.43 | 39.44 | 39.44 | 39.45 | 39.46 | 39.46 | 39.48 | 39.49 | 39.50 |
| 3 | 17.44 | 16.04 | 15.44 | 15.10 | 14.88 | 14.73 | 14.62 | 14.54 | 14.47 | 14.42 | 14.34 | 14.28 | 14.23 | 14.20 | 14.17 | 14.12 | 14.08 | 13.99 | 13.95 | 13.90 |
| 4 | 12.22 | 10.65 | 9.98 | 9.60 | 9.36 | 9.20 | 9.07 | 8.98 | 8.90 | 8.84 | 8.75 | 8.68 | 8.63 | 8.59 | 8.56 | 8.50 | 8.46 | 8.36 | 8.31 | 8.26 |
| 5 | 10.01 | 8.43 | 7.76 | 7.39 | 7.15 | 6.98 | 6.85 | 6.76 | 6.68 | 6.62 | 6.52 | 6.46 | 6.40 | 6.36 | 6.33 | 6.27 | 6.23 | 6.12 | 6.07 | 6.02 |
| 6 | 8.81 | 7.26 | 6.60 | 6.23 | 5.99 | 5.82 | 5.70 | 5.60 | 5.52 | 5.46 | 5.37 | 5.30 | 5.24 | 5.20 | 5.17 | 5.11 | 5.07 | 4.96 | 4.90 | 4.85 |
| 7 | 8.07 | 6.54 | 5.89 | 5.52 | 5.29 | 5.12 | 4.99 | 4.90 | 4.82 | 4.76 | 4.67 | 4.60 | 4.54 | 4.50 | 4.47 | 4.40 | 4.36 | 4.25 | 4.20 | 4.15 |
| 8 | 7.57 | 6.06 | 5.42 | 5.05 | 4.82 | 4.65 | 4.53 | 4.43 | 4.36 | 4.30 | 4.20 | 4.13 | 4.08 | 4.03 | 4.00 | 3.94 | 3.89 | 3.78 | 3.73 | 3.67 |
| 9 | 7.21 | 5.71 | 5.08 | 4.72 | 4.48 | 4.32 | 4.20 | 4.10 | 4.03 | 3.96 | 3.87 | 3.80 | 3.74 | 3.70 | 3.67 | 3.60 | 3.56 | 3.45 | 3.39 | 3.34 |
| 10 | 6.94 | 5.46 | 4.83 | 4.47 | 4.24 | 4.07 | 3.95 | 3.85 | 3.78 | 3.72 | 3.62 | 3.55 | 3.50 | 3.45 | 3.42 | 3.35 | 3.31 | 3.20 | 3.14 | 3.08 |
| 12 | 6.55 | 5.10 | 4.47 | 4.12 | 3.89 | 3.73 | 3.61 | 3.51 | 3.44 | 3.37 | 3.28 | 3.21 | 3.15 | 3.11 | 3.07 | 3.01 | 2.96 | 2.85 | 2.79 | 2.73 |
| 14 | 6.30 | 4.86 | 4.24 | 3.89 | 3.66 | 3.50 | 3.38 | 3.29 | 3.21 | 3.15 | 3.05 | 2.98 | 2.92 | 2.88 | 2.84 | 2.78 | 2.73 | 2.61 | 2.55 | 2.49 |
| 16 | 6.12 | 4.69 | 4.08 | 3.73 | 3.50 | 3.34 | 3.22 | 3.12 | 3.05 | 2.99 | 2.89 | 2.82 | 2.76 | 2.72 | 2.68 | 2.61 | 2.57 | 2.45 | 2.38 | 2.32 |
| 18 | 5.98 | 4.56 | 3.95 | 3.61 | 3.38 | 3.22 | 3.10 | 3.01 | 2.93 | 2.87 | 2.77 | 2.70 | 2.64 | 2.60 | 2.56 | 2.49 | 2.44 | 2.32 | 2.26 | 2.19 |
| 20 | 5.87 | 4.46 | 3.86 | 3.51 | 3.29 | 3.13 | 3.01 | 2.91 | 2.84 | 2.77 | 2.68 | 2.60 | 2.55 | 2.50 | 2.46 | 2.40 | 2.35 | 2.22 | 2.16 | 2.09 |
| 25 | 5.69 | 4.29 | 3.69 | 3.35 | 3.13 | 2.97 | 2.85 | 2.75 | 2.68 | 2.61 | 2.51 | 2.44 | 2.38 | 2.34 | 2.30 | 2.23 | 2.18 | 2.05 | 1.98 | 1.91 |
| 30 | 5.57 | 4.18 | 3.59 | 3.25 | 3.03 | 2.87 | 2.75 | 2.65 | 2.57 | 2.51 | 2.41 | 2.34 | 2.28 | 2.23 | 2.20 | 2.12 | 2.07 | 1.94 | 1.87 | 1.79 |
| 60 | 5.29 | 3.93 | 3.34 | 3.01 | 2.79 | 2.63 | 2.51 | 2.41 | 2.33 | 2.27 | 2.17 | 2.23 | 2.03 | 1.98 | 1.94 | 1.87 | 1.82 | 1.67 | 1.58 | 1.49 |
| 120 | 5.15 | 3.80 | 3.23 | 2.89 | 2.67 | 2.52 | 2.39 | 2.30 | 2.22 | 2.16 | 2.05 | 1.98 | 1.92 | 1.87 | 1.82 | 1.75 | 1.69 | 1.53 | 1.43 | 1.32 |
| ∞ | 5.03 | 3.70 | 3.12 | 2.79 | 2.57 | 2.41 | 2.29 | 2.20 | 2.12 | 2.05 | 1.95 | 1.87 | 1.81 | 1.76 | 1.72 | 1.63 | 1.57 | 1.40 | 1.28 | 1.09 |

续表

$\alpha=0.99$

| $f_2$ | $f_1$ | | | | | | | | | | | | | | | | | | | |
|---|---|---|---|---|---|---|---|---|---|---|---|---|---|---|---|---|---|---|---|---|
| | 1 | 2 | 3 | 4 | 5 | 6 | 7 | 8 | 9 | 10 | 12 | 14 | 16 | 18 | 20 | 25 | 30 | 60 | 120 | ∞ |
| 1 | 4 052.18 | 4 999.50 | 5 403.35 | 5 624.58 | 5 763.65 | 5 858.99 | 5 928.36 | 5 981.07 | 6 022.47 | 6 055.85 | 6 106.32 | 6 142.67 | 6 170.10 | 6 191.53 | 6 208.73 | 6 239.83 | 6 260.65 | 6 313.03 | 6 339.39 | 6 364.27 |
| 2 | 98.50 | 99.00 | 99.17 | 99.25 | 99.30 | 99.33 | 99.36 | 99.37 | 99.39 | 99.40 | 99.42 | 99.43 | 99.44 | 99.44 | 99.45 | 99.46 | 99.47 | 99.48 | 99.49 | 99.50 |
| 3 | 34.12 | 30.82 | 29.46 | 28.71 | 28.24 | 27.91 | 27.67 | 27.49 | 27.35 | 27.23 | 27.05 | 26.92 | 26.83 | 26.75 | 26.69 | 26.58 | 26.50 | 26.32 | 26.22 | 26.13 |
| 4 | 21.20 | 18.00 | 16.69 | 15.98 | 15.52 | 15.21 | 14.98 | 14.80 | 14.66 | 14.25 | 14.37 | 14.25 | 14.15 | 14.08 | 14.02 | 13.91 | 13.84 | 13.65 | 13.56 | 13.47 |
| 5 | 16.26 | 13.27 | 12.06 | 11.39 | 10.97 | 10.67 | 10.46 | 10.29 | 10.16 | 10.05 | 9.89 | 9.77 | 9.68 | 9.61 | 9.55 | 9.45 | 9.38 | 9.20 | 9.11 | 9.03 |
| 6 | 13.75 | 10.92 | 9.78 | 9.15 | 8.75 | 8.47 | 8.26 | 8.10 | 7.98 | 7.87 | 7.72 | 7.60 | 7.52 | 7.45 | 7.40 | 7.30 | 7.23 | 7.06 | 6.97 | 6.89 |
| 7 | 12.25 | 9.55 | 8.45 | 7.85 | 7.46 | 7.19 | 6.99 | 6.84 | 6.72 | 6.62 | 6.47 | 6.36 | 6.28 | 6.21 | 6.16 | 6.06 | 5.99 | 5.82 | 5.74 | 5.65 |
| 8 | 11.26 | 8.65 | 7.59 | 7.01 | 6.63 | 6.37 | 6.18 | 6.03 | 5.91 | 5.81 | 5.67 | 5.56 | 5.48 | 5.41 | 5.36 | 5.26 | 5.20 | 5.03 | 4.95 | 4.86 |
| 9 | 10.56 | 8.02 | 6.99 | 6.42 | 6.06 | 5.80 | 5.61 | 5.47 | 5.35 | 5.26 | 5.11 | 5.01 | 4.92 | 4.86 | 4.81 | 4.71 | 4.65 | 4.48 | 4.40 | 4.32 |
| 10 | 10.04 | 7.56 | 6.55 | 5.99 | 5.64 | 5.39 | 5.20 | 5.06 | 4.94 | 4.85 | 4.71 | 4.60 | 4.52 | 4.46 | 4.41 | 4.31 | 4.25 | 4.08 | 4.00 | 3.91 |
| 12 | 9.33 | 6.93 | 5.95 | 5.41 | 5.06 | 4.82 | 4.64 | 4.50 | 4.39 | 4.30 | 4.16 | 4.05 | 3.97 | 3.91 | 3.86 | 3.76 | 3.70 | 3.54 | 3.45 | 3.37 |
| 14 | 8.86 | 6.51 | 5.56 | 5.04 | 4.69 | 4.46 | 4.28 | 4.14 | 4.03 | 3.94 | 3.80 | 3.70 | 3.62 | 3.56 | 3.51 | 3.41 | 3.35 | 3.18 | 3.09 | 3.01 |
| 16 | 8.53 | 6.23 | 5.29 | 4.77 | 4.44 | 4.20 | 4.03 | 3.89 | 3.78 | 3.69 | 3.55 | 3.45 | 3.37 | 3.31 | 3.26 | 3.16 | 3.10 | 2.93 | 2.84 | 2.76 |
| 18 | 8.29 | 6.01 | 5.09 | 4.58 | 4.25 | 4.01 | 3.84 | 3.71 | 3.60 | 3.51 | 3.37 | 3.27 | 3.19 | 3.13 | 3.08 | 2.98 | 2.92 | 2.75 | 2.66 | 2.57 |
| 20 | 8.10 | 5.85 | 4.94 | 4.43 | 4.10 | 3.87 | 3.70 | 3.56 | 3.46 | 3.37 | 3.23 | 3.13 | 3.05 | 2.99 | 2.94 | 2.84 | 2.78 | 2.61 | 2.52 | 2.43 |
| 25 | 7.77 | 5.57 | 4.68 | 4.18 | 3.85 | 3.63 | 3.46 | 3.32 | 3.22 | 3.13 | 2.99 | 2.89 | 2.81 | 2.75 | 2.70 | 2.60 | 2.54 | 2.36 | 2.27 | 2.18 |
| 30 | 7.56 | 5.39 | 4.51 | 4.02 | 3.70 | 3.47 | 3.30 | 3.17 | 3.07 | 2.98 | 2.84 | 2.74 | 2.66 | 2.60 | 2.55 | 2.45 | 2.39 | 2.21 | 2.11 | 2.01 |
| 60 | 7.08 | 4.98 | 4.13 | 3.65 | 3.34 | 3.12 | 2.95 | 2.82 | 2.72 | 2.63 | 2.50 | 2.39 | 3.31 | 2.25 | 2.20 | 2.10 | 2.03 | 1.84 | 1.73 | 1.61 |
| 120 | 6.85 | 4.79 | 3.95 | 3.48 | 3.17 | 2.96 | 2.79 | 2.66 | 2.56 | 2.47 | 2.34 | 2.23 | 2.15 | 2.09 | 2.03 | 1.93 | 1.86 | 1.66 | 1.53 | 1.39 |
| ∞ | 6.65 | 4.62 | 3.79 | 3.33 | 3.03 | 2.81 | 2.65 | 2.52 | 2.42 | 2.33 | 2.19 | 2.09 | 2.01 | 1.94 | 1.89 | 1.78 | 1.71 | 1.48 | 1.34 | 1.11 |

# 参考文献

[1] 袁德美,安军,陶宝. 概率论与数理统计[M]. 北京:高等教育出版社,2011.
[2] 王松桂,等. 概率论与数理统计[M]. 3 版. 北京:科学出版社,2011.
[3] 杨爱军,等. 概率论与数理统计学习辅导[M]. 北京:科学出版社,2008.
[4] 王洪珂,王晓峰,严羿鹏,等. 概率论与数理统计[M]. 北京:教育科学出版社,2015.
[5] 李贤平. 概率论基础[M]. 3 版. 北京:高等教育出版社,2010.
[6] 袁荫棠. 概率论与数理统计(修订本)[M]. 北京:中国人民大学出版社,1990.
[7] 鲜思东. 概率论与数理统计[M]. 北京:科学出版社,2010.
[8] 吴赣昌. 概率论与数理统计[M]. 4 版. 北京:中国人民大学出版社,2011.
[9] 吴赣昌. 概率论与数理统计学习辅导与习题解答[M]. 3 版. 北京:中国人民大学出版社,2010.